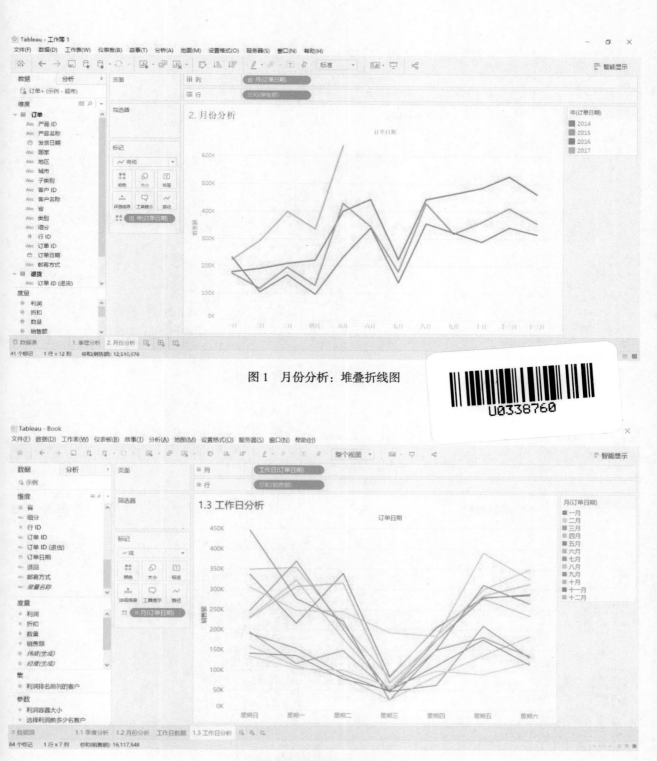

图 1　月份分析：堆叠折线图

图 2　销售额工作日分析：堆叠折线图

图 3　销售额工作日分析：堆叠面积图

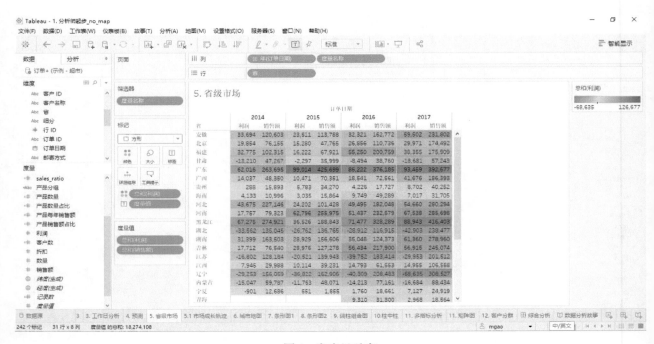

图 4　突出显示表

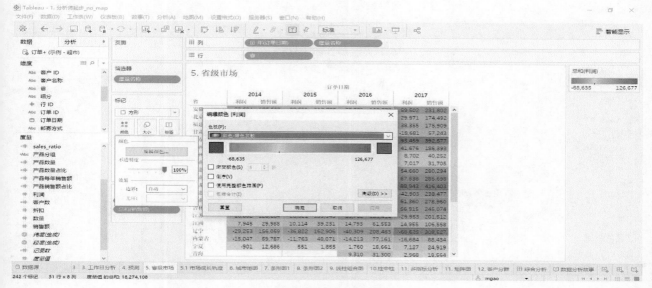

图 5　将默认色系换成红绿色系

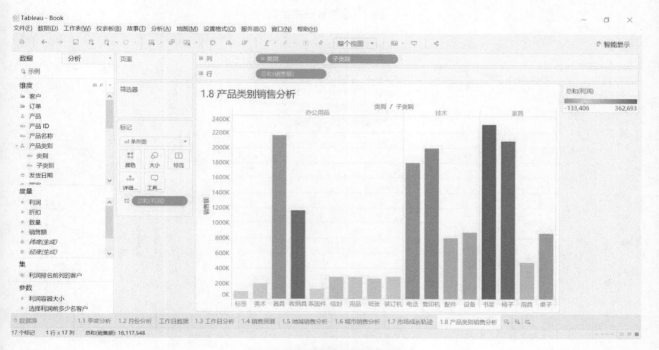

图 6　长度和颜色可视化运用

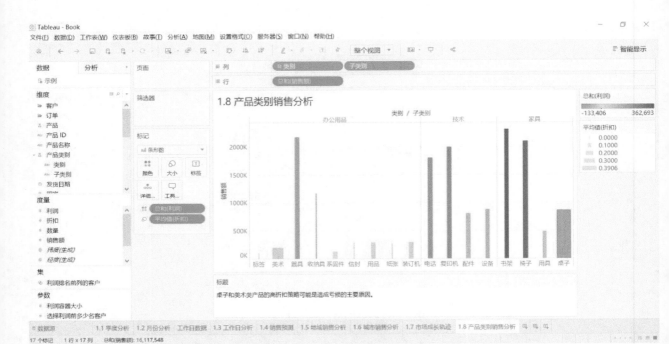

图 7　多指标分析结论

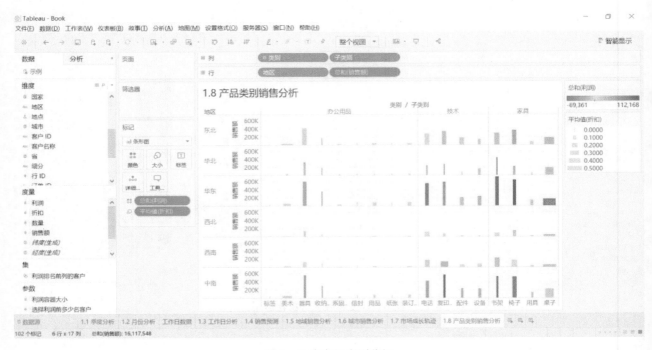

图 8　地区产品类别分析

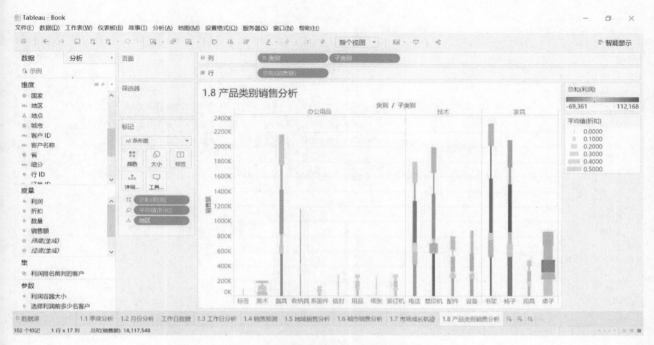

图 9　地区产品类别分析：堆叠条形图

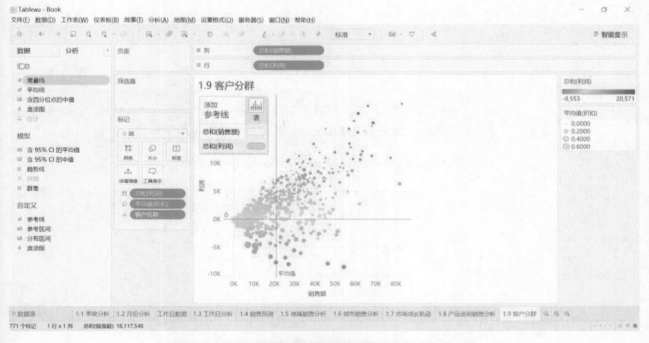

图 10　在散点图上添加常量线和平均线，把客户分成 4 组

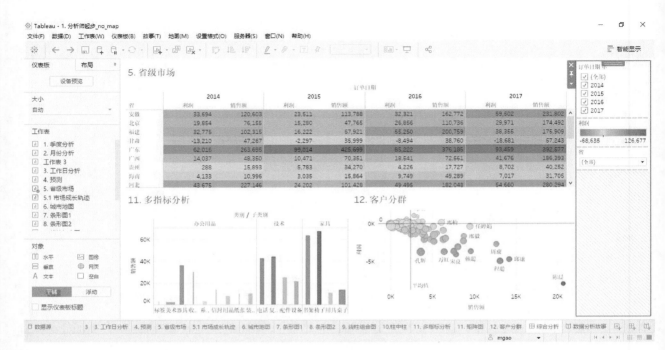

图 11　地区、产品及客户综合分析仪表板

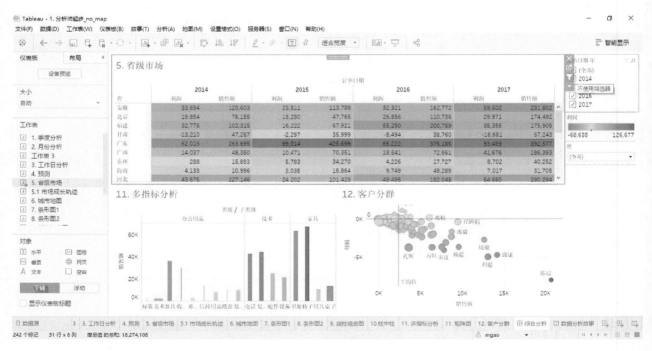

图 12　工作表用作过滤器

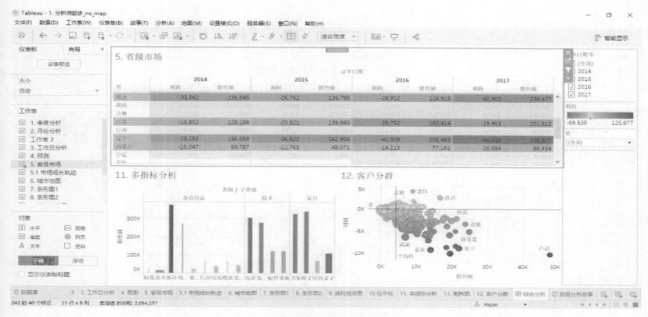

图 13　对亏损省选择联动分析

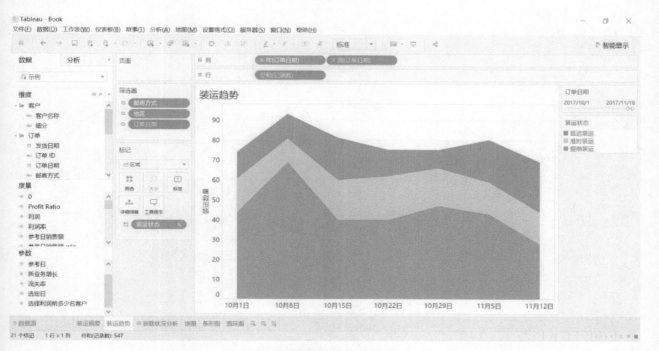

图 14　装运状态历史跟踪河道图

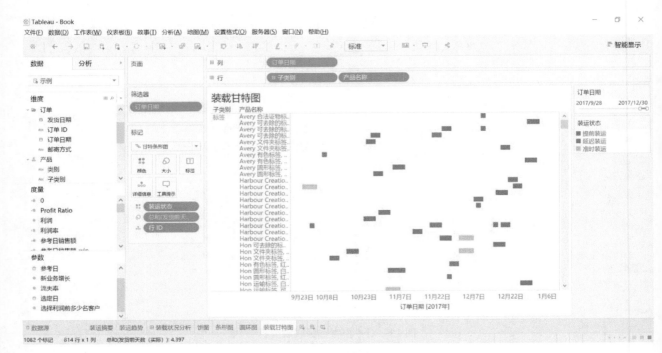

图 15　筛选甘特图分析

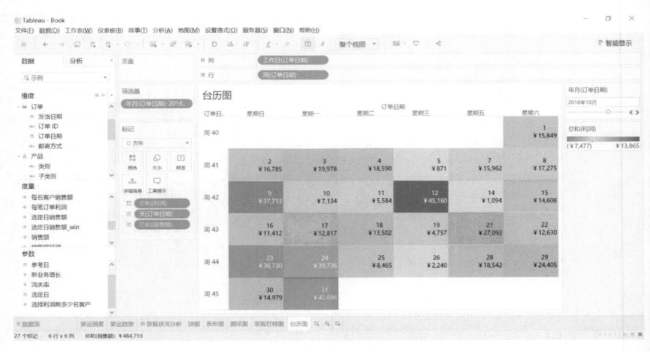

图 16　销售及利润台历图分析

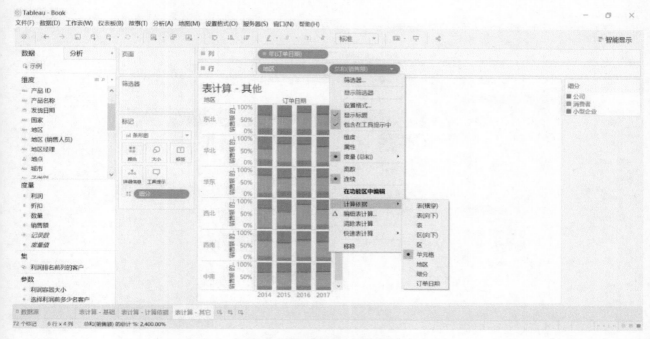

图 17　单元格表计算应用举例

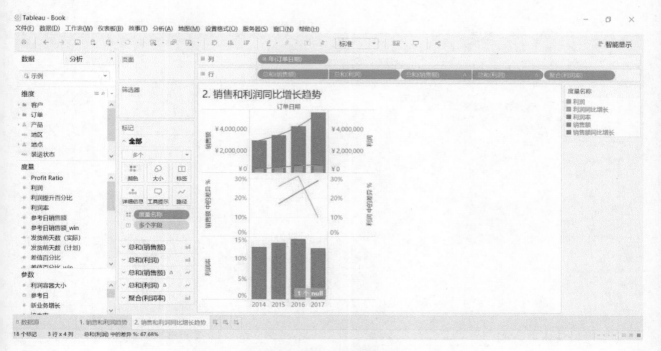

图 18　销售额、利润、利润率以及同比分析

图 19　区域销售分析

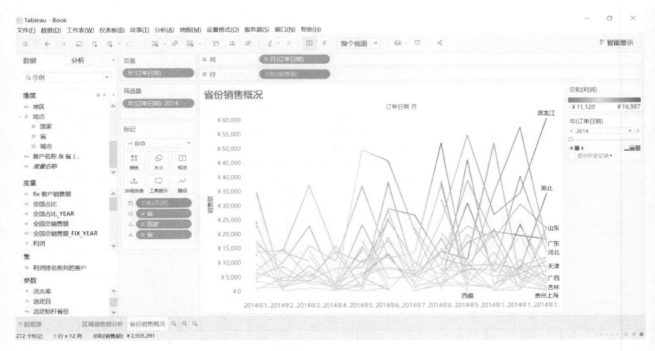

图 20　省份销售概况

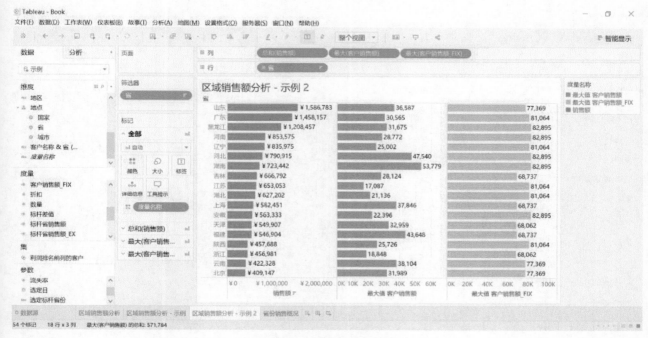

图 21　客户最大销售额分析

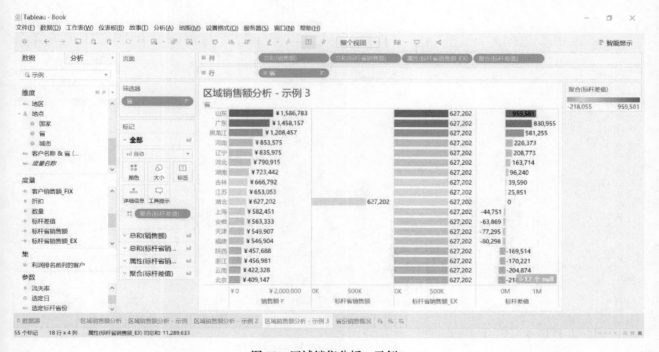

图 22　区域销售分析：示例 3

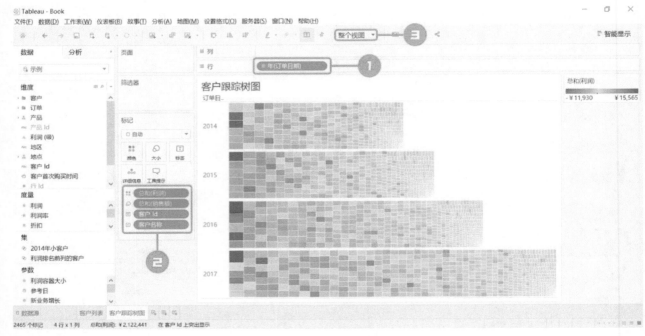

图 23　客户跟踪树图

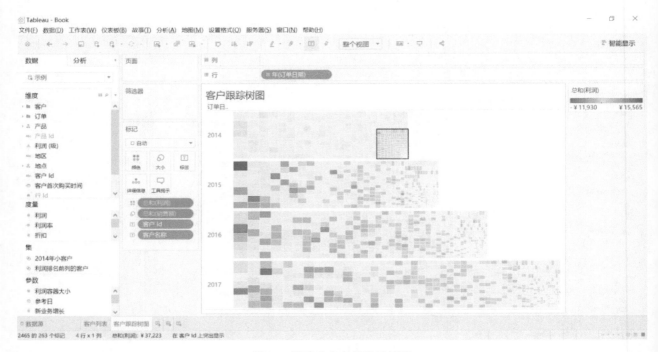

图 24　跟踪小客户的发展情况

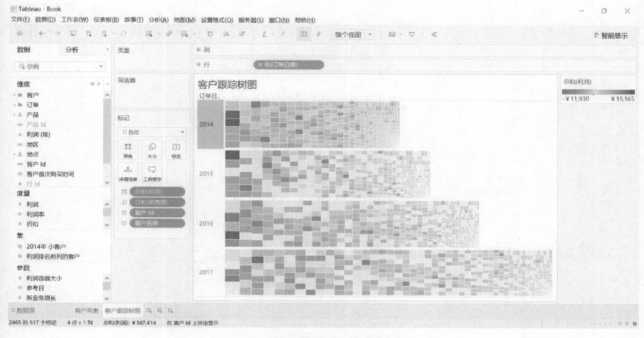

图 25　跟踪所有人气会员的发展

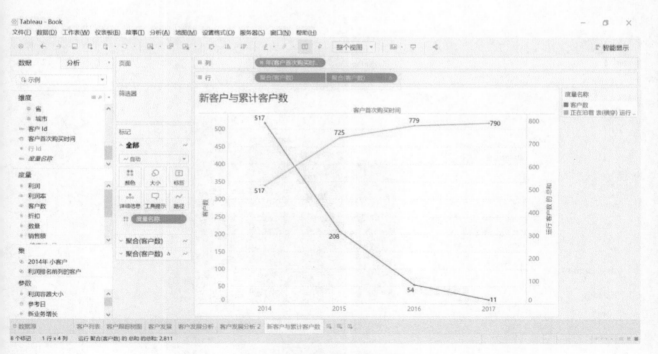

图 26　新客户与累计客户数量

图 27　老客户贡献堆叠图

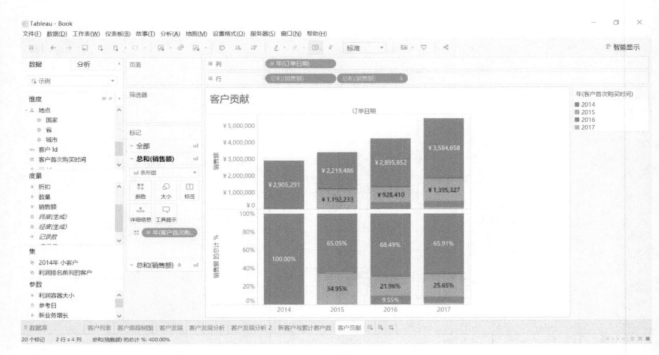

图 28　老客户贡献占比表计算依据设置

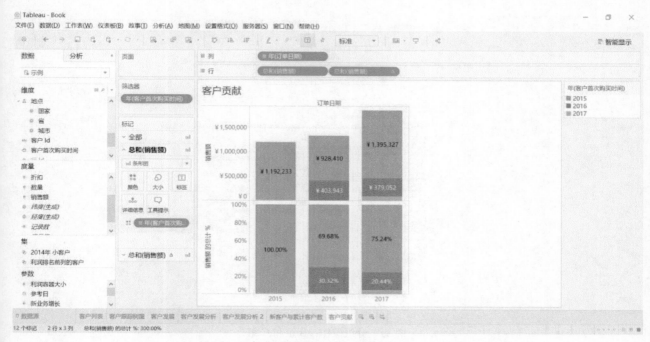

图 29 2015~2017年客户贡献占比

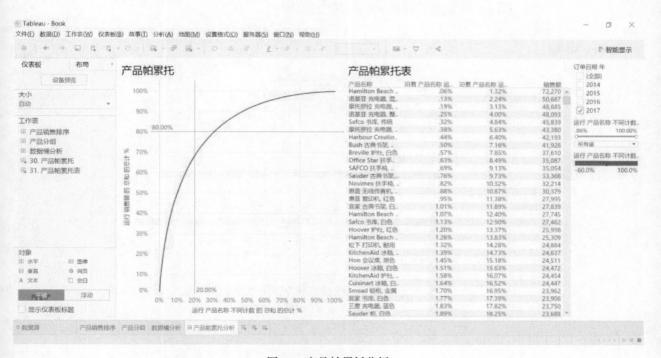

图 30 产品帕累托分析

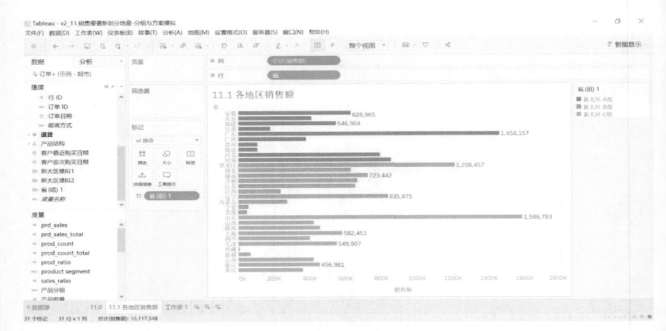

图 31 分组操作：B 组和 C 组

图 32 各地区、省的销售额和利润

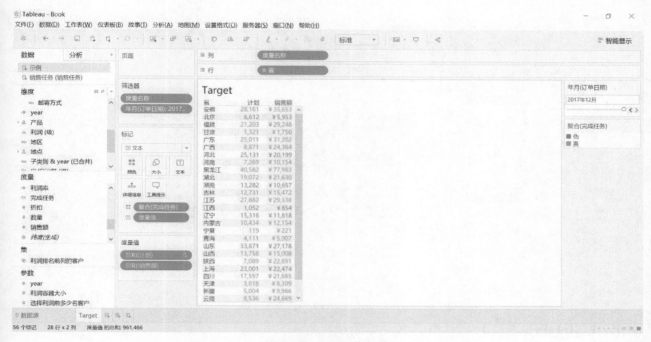

图 33　完成状态 KPI 颜色

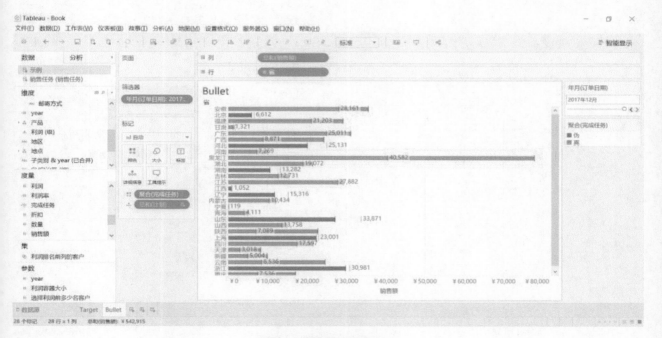

图 34　带颜色的标靶图

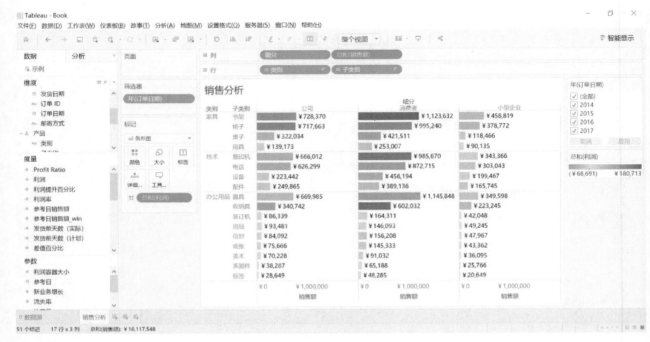

图 35　应用按钮

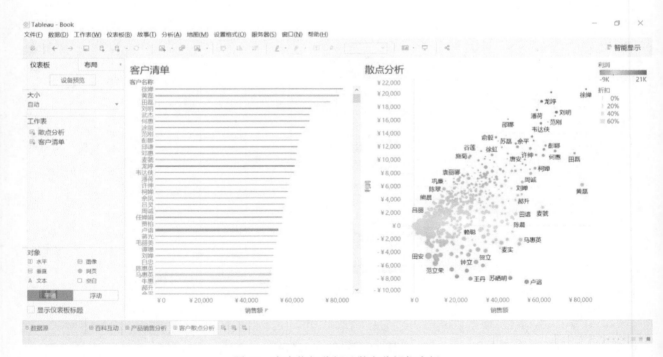

图 36　客户指标分析及散点分析仪表板

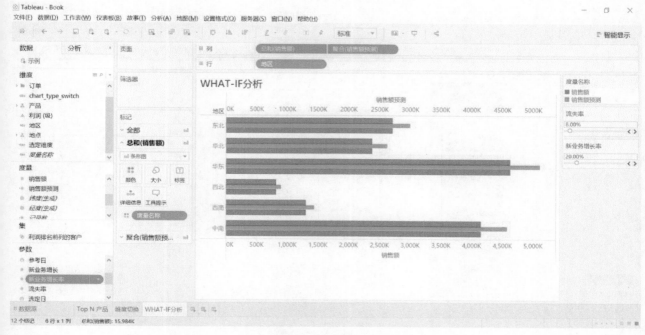

图 37　What-if 分析 1

图 38　用参数切换树状图

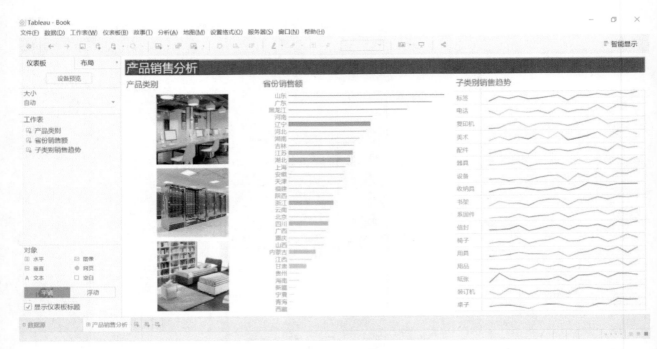

图 39　产品销售分析仪表板

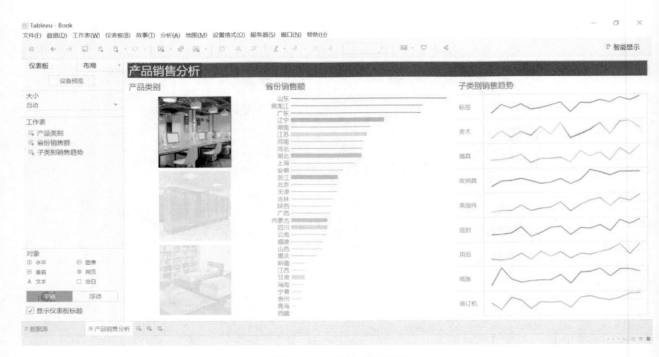

图 40　办公用品销售分析

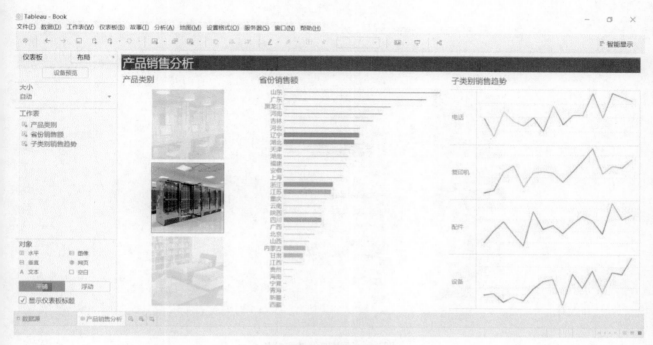

图 41　技术产品销售分析

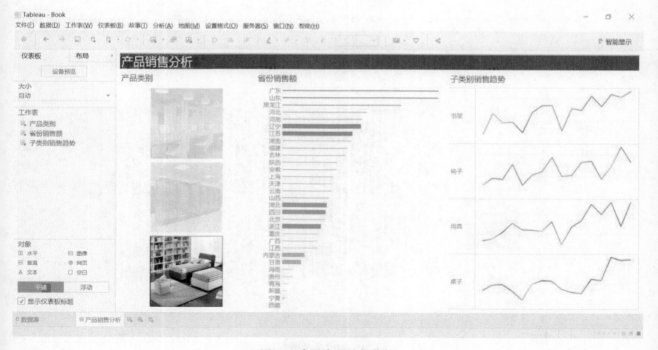

图 42　家具产品销售分析

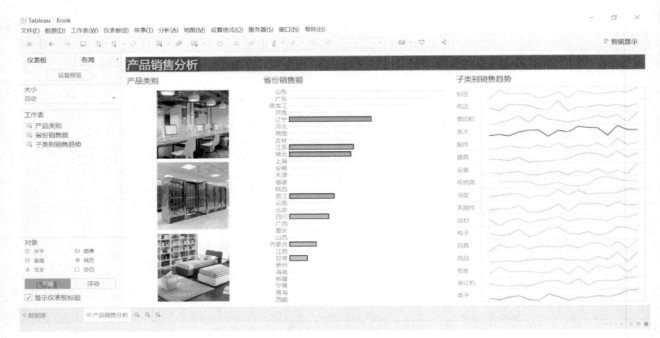

图 43　亏损省份销售分析

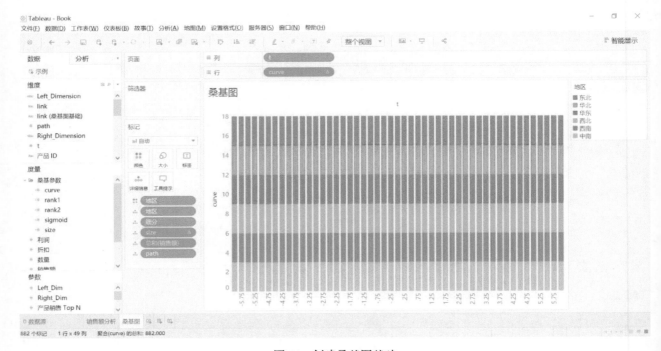

图 44　创建桑基图基础

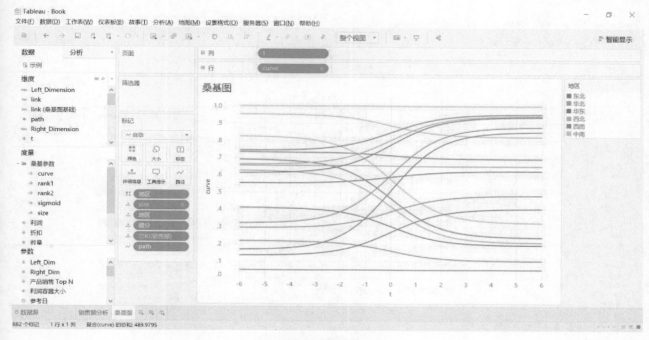

图 45　线型图显示

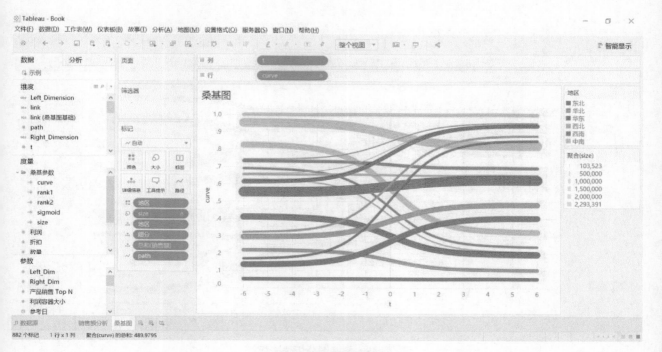

图 46　线条粗细调整

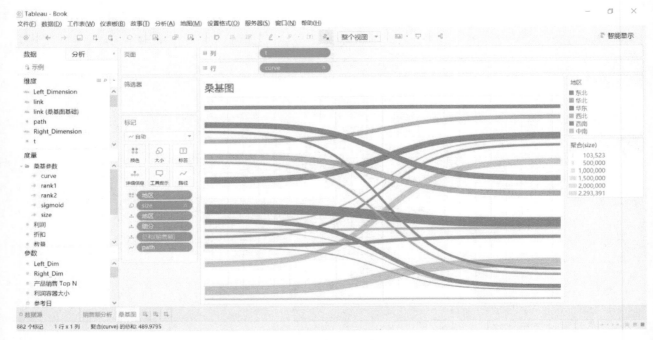

图 47　隐藏轴标题

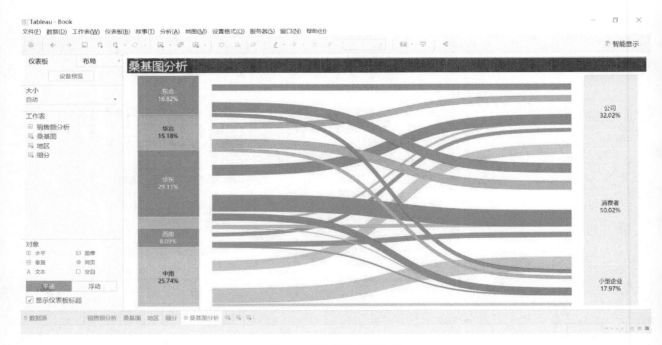

图 48　桑基图分析仪表板

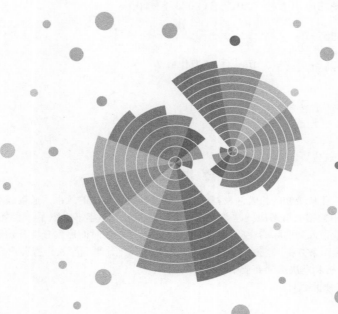

大话数据分析

Tableau数据可视化实战

高云龙 孙辰◎著

人民邮电出版社

北　京

图书在版编目（ＣＩＰ）数据

大话数据分析：Tableau数据可视化实战 / 高云龙，
孙辰著. -- 北京：人民邮电出版社，2019.2（2023.3重印）
（图灵原创）
ISBN 978-7-115-49967-7

Ⅰ．①大… Ⅱ．①高… ②孙… Ⅲ．①可视化软件
Ⅳ．①TP31

中国版本图书馆CIP数据核字(2018)第253426号

内 容 提 要

　　本书讲述了一个现代企业从最初的报表开发模式转向敏捷型分析模式的故事，通篇以对话的形式模拟职场人员在日常工作中使用数据分析解决问题并进行业务决策的过程。本书组织了一套全新的学习体系，内容由浅入深，从一开始就带入到实际的业务分析应用中，从最基本的时间序列分析开始发现销售模式和季节性波动规律，到通过热图来分析一线销售和服务人员的排班优化，再到深入分析客户的 80/20 规律等，每一章都在使用 Tableau 分析和解决实际商业中遇到的问题。

　　本书适合 Tableau 数据分析师阅读。

◆ 著　　　　　高云龙　孙　辰
　　责任编辑　王军花
　　责任印制　周昇亮

◆ 人民邮电出版社出版发行　　北京市丰台区成寿寺路 11 号
　　邮编　100164　电子邮件　315@ptpress.com.cn
　　网址　http://www.ptpress.com.cn
　　固安县铭成印刷有限公司印刷

◆ 开本：800×1000　1/16　　　彩插：12
　　印张：24.5　　　　　　　　2019 年 2 月第 1 版
　　字数：527千字　　　　　　2023 年 3 月河北第 10 次印刷

定价：89.00元

读者服务热线：(010)84084456-6009　印装质量热线：(010)81055316
反盗版热线：(010)81055315
广告经营许可证：京东市监广登字 20170147 号

前　言

本书以一个现代企业使用数据方式的转变历程为背景，讲述该企业从最初的报表开发模式，转向敏捷型分析模式的过程。在这个过程中，一个 Tableau 小白成长为一个专业的数据分析师，并最终决定到业务部门去兑现数据价值；一位资深数据分析师带出一个数据分析团队，并最终获得自身职业发展的机会。而传统报表部门转型为 CoE（卓越中心），整个企业正在转变为数据驱动的组织。在这个故事中，数据是核心，Tableau 是撬动数据价值的杠杆。本书通过一个个实际的业务分析场景，由浅入深地详解 Tableau 的应用，包括基本概念、核心操作、数据解读方法，以及可视化最佳实践等。

从 Tableau 软件的学习角度看待本书，你会发现本书组织了一套全新的学习体系，不是依照软件的每一项功能进行讲解，也不以制作每一个图表为目的，而是由浅入深，直接带入到实际的业务分析应用中。从最基本的时间序列分析开始发现销售模式和季节性波动规律，到通过热图来分析一线销售和服务人员的排班优化，再到深入分析客户的 80/20 规律等，每一章都在使用 Tableau 的某些功能分析或者解决问题，并且通常都会导出为实际的业务决策行动，而在这个过程中，Tableau 软件中的每一步操作都会加以详细的讲解。

从分析实例的角度看待本书，你会发现这本书与其说是一本软件教程，不如说是一本分析思维的指导书。本书自始至终都在强调图表不是目的，分析员要专注数据内容本身，而不仅仅是表现形式。如何从数据中发现问题、找到答案、模拟方案，这些才是分析员应该重视的东西。读完之后，你会发现软件如何使用是次要的，能够从数据中挖掘到实际的业务价值才是真正重要的。

如果你希望跟着书中的故事亲自做一遍练习，那么有一些技巧需要知道。

❑ Tableau 的操作步骤本质上是将维度、度量和集等数据窗格中的对象拖放到行、列、筛选器、页面和标记这 5 个功能区中，其中标记功能区又包括若干个按钮以及 LOD（Level Of Detail，详细级别）区域。所以当你看到故事对话中说把某维度/度量拖放到某功能区，你就知道应该做什么操作了。

❑ 既然是步骤，那么就是有顺序的。一般情况下，操作步骤前后可以交换，但少数情况下要遵循特定的操作步骤，标记功能区的 LOD 区域中多个胶囊对象的上下位置与最终呈现的效果也是有关系的。本书没有像传统教科书那样逐条列举操作步骤，只在前几章针对部分插图的操作步骤用条目化的方式进行了说明，后续章节则是把步骤放在人物对话之中，请读者按照对话中的操作顺序进行操作，并参照截图检查操作结果是否正确。**尤其要注意对照截图中行功能区与列功能区中胶囊的前后顺序、LOD 区域胶囊的上下顺序、表计算设置中的特定维度顺序等。**

❑ 强烈建议读者按序阅读全书各章，熟悉关于软件操作以及数据解读的基本讲述方法，这对于完整地学习会很有帮助。另外，注意阅读章节摘要，了解核心内容要点。

各章的知识要点简要汇总如下，由此大家可以大致了解全书的知识体系组织。

第 1 章：Tableau 快速入门，从连接数据开始，进一步进行数据探索，最终呈现分析成果。

第 2 章：Tableau 连接 Excel 文件的增强功能，特别面向日常工作中需要对 Excel 文件进行分析的用户。

第 3 章：Tableau 自定义字段和函数入门，使用自定义字段对数据进行深入分析。

第 4 章：Tableau 表计算基础，表计算是 Tableau 的特色功能之一，本章重点讲解表计算的原理和计算依据的设置。

第 5 章：Tableau 函数和计算进阶，使用函数实现复杂场景分析。

第 6 章：介绍 Tableau 详细级别表达式（LOD 表达式），这是 Tableau 的特色功能之一，分析员进阶必须掌握这一内容。

第 7 章：集（SET）的应用，通过业务实例介绍集的几种常见应用场景。

第 8 章：通过帕累托图的示例，介绍嵌套表计算的原理和方法。

第 9 章：系统介绍 Tableau 对数据排序的方法，包括嵌套排序。

第 10 章：介绍如何将度量值进行分段，产生额外的分析维度对数据进行分析。

第 11 章：分组（GROUP）的几种常见应用场景。

第 12 章：介绍如何将销售明细数据汇总为月累计、季度累计、年度累计，并且与销售目标进行对比分析，综合运用了数据混合、嵌套表计算等功能。

第 13 章：介绍如何通过数据提取提升分析性能。

第 14 章：仪表板中的几种"操作"的使用方法，提升仪表板的互动性。

第 15 章：介绍地图的各种应用模式，包括背景图片上画线以及画多边形等高级应用方法。

第 16 章：介绍参数的几种常用场景，通过参数进一步提升分析的互动性，并介绍如何进行假设分析（What-if）。

第 17 章：系统介绍筛选器的应用技巧，如何灵活设置筛选器的应用范围和执行顺序。

第 18 章：自定义形状的应用，通过自定义形状在分析中使用各种图片。

第 19 章：桑基图的制作方法，综合运用了表计算等多种功能。在 2018 年 8 月发布的 Tableau Desktop v10.2 中，增加了 Extension API，第三方开发人员通过 API 实现了桑基图的简单配置化展现。但对于学习者来说，理解桑基图的做法，对于深入应用 Tableau 软件仍然非常有价值。

第 20 章：数据准备工具 Tableau Prep 的入门级应用介绍，帮助用户能够快速上手 Prep 工具，提高数据准备的工作效率。

第 21 章：锚点分析应用，通过表计算实现"锚点"（比较基准点）和对比点之间的数据对比分析。

祝大家阅读愉快[①]！

---

① 本书的配套资源可在图灵社区（iTuring.cn）的本书主页中免费注册下载。

目　录

第 0 章　没有 Tableau 的日子 ⋯⋯⋯⋯⋯ 1

第 1 章　分析师起步：Tableau 的
　　　　第一堂课 ⋯⋯⋯⋯⋯⋯⋯⋯ 5

1.1　先了解一下 Tableau 公司 ⋯⋯⋯⋯ 5
1.2　动手连接数据吧 ⋯⋯⋯⋯⋯⋯⋯ 8
1.3　发现销售规律：时间序列分析 ⋯⋯21
1.4　洞察亏损地区：地理维度分析 ⋯⋯35
1.5　探究产品亏损的原因：产品维度分析 ⋯40
1.6　初步客户画像：客户维度分析 ⋯⋯49
1.7　呈现你的观点和结论：仪表板和故事 ⋯51

第 2 章　破解难题：Tableau 连接复杂
　　　　Excel 数据 ⋯⋯⋯⋯⋯⋯ 60

2.1　陷入困难 ⋯⋯⋯⋯⋯⋯⋯⋯⋯60
2.2　Tableau 轻松搞定 ⋯⋯⋯⋯⋯⋯63

第 3 章　通过数据洞察业务：Tableau
　　　　计算基础 ⋯⋯⋯⋯⋯⋯⋯ 75

3.1　雾霾对客服是否有影响 ⋯⋯⋯⋯75
3.2　计算实际发货周期 ⋯⋯⋯⋯⋯⋯77
3.3　可视化最佳实践：为什么不用饼图 ⋯79
3.4　从概况到细节：具体至每笔交易发
　　　货状态 ⋯⋯⋯⋯⋯⋯⋯⋯⋯84
3.5　数据分析师的台历：台历图 ⋯⋯⋯88

第 4 章　初识表计算 ⋯⋯⋯⋯⋯⋯⋯92

4.1　如果生意本来就很好，还需要分析吗 ⋯92
4.2　基础表计算选项 ⋯⋯⋯⋯⋯⋯⋯93
4.3　计算依据难度 1 级：表横穿向下 ⋯96
4.4　计算依据难度 2 级：区横穿向下 ⋯99
4.5　计算依据难度 3 级：单元格内
　　　表计算 ⋯⋯⋯⋯⋯⋯⋯⋯⋯101

4.6　计算依据难度 4 级：特定维度 ⋯⋯102
4.7　计算依据难度 5 级：多维度组合 ⋯⋯104
4.8　计算依据难度 6 级：重启顺序 ⋯⋯109
4.9　计算依据难度 7 级：嵌套表计算 ⋯⋯112

第 5 章　增收不增利，成长有隐忧：
　　　　Tableau 计算进阶 ⋯⋯⋯⋯ 115

5.1　数据可能误导决策 ⋯⋯⋯⋯⋯⋯115
5.2　聚合非聚合 ⋯⋯⋯⋯⋯⋯⋯⋯118
5.3　Tableau 函数一瞥 ⋯⋯⋯⋯⋯⋯124

第 6 章　欢迎进入 Tableau 计算深
　　　　水区：LOD 表达式概述 ⋯⋯ 128

6.1　有道理的奇葩要求 ⋯⋯⋯⋯⋯⋯128
6.2　LOD 基础 ⋯⋯⋯⋯⋯⋯⋯⋯129
6.3　过滤后的全国占比问题：FIXED
　　　应用 ⋯⋯⋯⋯⋯⋯⋯⋯⋯132
6.4　每个省最大的客户：INCLUDE 应用 ⋯135
6.5　对标分析：EXCLUDE 应用 ⋯⋯⋯137

第 7 章　老客户贡献分析：集的应用 ⋯⋯140

7.1　吵架也要有数据支持 ⋯⋯⋯⋯⋯140
7.2　如何从数据中找出头绪 ⋯⋯⋯⋯141
7.3　客户跟踪分析 ⋯⋯⋯⋯⋯⋯⋯144
7.4　集合的创建和使用 ⋯⋯⋯⋯⋯⋯147
7.5　客户发展分析 ⋯⋯⋯⋯⋯⋯⋯149
7.6　老客户究竟贡献有多大 ⋯⋯⋯⋯153

第 8 章　客户 80/20 定律：快速嵌
　　　　套表计算 ⋯⋯⋯⋯⋯⋯⋯ 159

8.1　数据平息争论 ⋯⋯⋯⋯⋯⋯⋯159
8.2　客户流失分析 ⋯⋯⋯⋯⋯⋯⋯161
8.3　80/20 分析：客户帕累托 ⋯⋯⋯⋯163

第9章 关注重点产品：排序 ············ 169

9.1 Top *N* 中的陷阱 ············ 169

9.2 rank 方法 ············ 172

9.3 嵌套排序 ············ 175

9.4 合并字段方法 ············ 177

9.5 Index 方法 ············ 181

**第10章 数据桶与指标分段：数据
分组** ············ 185

10.1 按照销售量的简单分组 ············ 185

10.2 数据桶 ············ 200

10.3 产品帕累托 ············ 202

**第11章 销售要重新划地盘儿啦：
手工分组** ············ 203

11.1 调整销售区划 ············ 203

11.2 产品归类分组 ············ 209

11.3 用函数切分产品名称，获取品牌
信息 ············ 211

**第12章 灵活的 KPI 分析：数据混合
与嵌套表计算** ············ 212

12.1 卖得多就是业绩好吗 ············ 212

12.2 实际值遇到目标值，得到 KPI：
数据混合和表计算 ············ 214

12.3 紧盯目标：标靶图 ············ 219

12.4 各种 TD 的分析 ············ 221

12.5 混合，然后去掉混合 ············ 237

12.6 不关联的混合 ············ 246

第13章 提升分析性能：数据提取 ············ 249

13.1 快则酣畅，慢则憋气 ············ 249

13.2 条件都选好再刷新 ············ 250

13.3 性能分析 ············ 251

13.4 实时与提取 ············ 253

**第14章 把数据分析和网络百科相连：
动态仪表板** ············ 260

14.1 不公平的对比分析 ············ 260

14.2 引导式分析 ············ 262

14.3 仪表板操作 ············ 265

14.4 仪表板上的 URL 动作 ············ 268

14.5 悬停加亮 ············ 271

**第15章 一切都可以图形化：自定义
地图应用详解** ············ 276

15.1 地图的玩法 ············ 276

15.2 背景地图标记应用 ············ 277

15.3 背景图片上画线 ············ 283

15.4 背景图片上画多边形区域 ············ 285

**第16章 更多的灵活与互动性：
参数概述** ············ 287

16.1 问题 ············ 287

16.2 变动的 Top *N* ············ 288

16.3 可变的维度和度量 ············ 293

16.4 What-if 分析 ············ 295

16.5 切换不同的图表 ············ 297

**第17章 分析常常就是筛选过程：
筛选器概述** ············ 302

17.1 筛选的基本原理 ············ 302

17.2 各种筛选器的优先顺序 ············ 313

17.3 筛选器的作用范围 ············ 323

第18章 让数据更生动：自定义形状 ············ 325

18.1 仪表板上的产品分析 ············ 325

18.2 自定义形状 ············ 329

18.3 可能的应用场景 ············ 333

第19章 流向分析：桑基十八式 ············ 336

19.1 流向问题的提出 ············ 336

19.2 桑基十八式 ············ 340

**第20章 数据准备也能可视化：
Tableau Prep** ············ 353

**第21章 职业困惑：数据分析师
有没有前途** ············ 377

21.1 机会与困惑 ············ 377

21.2 锚点分析 ············ 379

21.3 柳暗花明 ············ 385

第 0 章

没有 Tableau 的日子

早上刚上班，客服经理苏西就站到小丁前面，神色颇为焦虑。

苏西 我的报表！我的报表！我的报表！啥时候给我？

小丁正埋头看着电脑，被这喊声吓了一跳，抬起头来发现是苏西，赶忙应答。

小丁 苏经理早，您的报表需要下周一才能出来，您上礼拜提需求的时候我也跟您沟通过嘛，今天才星期二，还有好几天呢。

苏西 上礼拜是说下周一给我，可是我们老板下礼拜出差，工作例会改到明天了，所以我今天就得拿到报表！

小丁 哦，是这样啊，我能理解这种情况……可是，我们部门的几个同事这礼拜都非常忙，真的没时间做您这个报表。

苏西 我知道你们忙，可是事情总有个轻重缓急吧！我这个着急，你就帮帮忙给我插个队，把我这个先做出来呗！

小丁 要是能帮忙，我当然也乐得帮忙，可是这礼拜我们手上的工作是下周董事会要过的一套经营分析报表，这个礼拜包括周末我们都得加班呢！苏经理，实在是抱歉，您也理解一下我们吧。

苏西 哈，那算了！我去找人导数据出来自己弄！真是的，没有张屠夫，就吃带毛猪？

说完，苏西踩着高跟鞋咯噔咯噔地走了，这时小丁桌上的电话响起来，小丁接起电话。

小丁 嗯，你这个需求我明白了，刚好数据也有。这样吧，按照咱们的工作流程，一会儿我给你发个需求单的模板，你填一下，重点写清楚需要的数据内容和统计口径，然后等你们部门经理批完后转到我这里。我们这里会评估所需要的时间和工作量，分配具体的负责人，再反馈给你。

什么时候能给你，这个我实在回答不了。要我们具体的负责人评估过实现难度，统一协调优先级之后才能告诉你具体时间，我估计……最早也要下礼拜三以后了。

我理解你很着急，很急需，但是咱们公司现在这种需求真的很多很多，每个部门提交过来的需求都很着急，可是我们这里人员非常有限，现在天天加班还做不完……

就算能招人，也没那么快招到吧？就算招到，也没那么快能马上开始做这些吧？再说了，招不招人你说了不算，我说了也不算，是领导们说了算。据我所知，我们这里没有招人计划，但是有加班计划。所以……

哦，你不用过来说，过来说也没用，你过来说也没法插队。当然，你过来倒是能看到我们部门现在的工作量和工作状态，可是插队做你这个报表还是不可能的，你要是明天就要，等不到下礼拜，那这个需求就不如不提了。

对不起，你不高兴也没用，我也是按照流程和制度来工作的！你犯不着跟我急头白脸！你有本事让总经理来说给你的报表插队！

也不知道对方说了什么惹怒了小丁，小丁啪地挂了电话，脸色颇有几分恼怒。

刚刚这一切都发生在大明旁边，大明很诧异小丁的情绪变化，走过来问候小丁。

大明　嗨，小丁，谁惹你生气啦？

小丁　也没啥，市场部的一个经理要报表，我说下礼拜才能做，让他按流程提需求，他不乐意，还哇啦哇啦不干不净说一大套。哼，少跟我来这套！

大明　那就别生气啦，这不是小事儿嘛，要是整天为这些事儿生气，这日子就没法过了不是？

小丁　也是，不生气啦。每天类似的事儿多了去了，就是他那样说话的实在是少见！

正说着，小丁电话又响了起来，小丁接起来听了两句，小声跟大明说："又来需求啦！"

大明笑笑，是啊，这种电话小丁一天不知道要接多少个，提需求的，催报表的，核对数据的，热热闹闹。

这时候部门经理大胡喊大明到他办公室去。

大明加入公司有两个星期了，已经开始熟悉公司的组织机构和业务流程，更重要的是熟悉数据。他所在的这个部门叫作数据分析部，是挂在 IT 部门下的新部门，只有 6 个人：老板大胡、新来的大明、实习生小白、对接人小丁，另外两个是刚从 IT 部门调过来的。工作平淡无奇，基本上每天都在制作业务部门的各种报表。桌子上随处可见堆着的一摞一摞打印报表，邮箱里也是各种 Excel 文件满天飞，光是看着就头晕。虽然几位同事都是 Excel 高手，但还是需要经常加班，不停地在 Excel 中加工数据，生成各种图表，剪切并粘贴到 PPT 中。大家直言，现在的 Excel 简直就是活地狱。

大胡　大明，这两星期你对基本工作情况都熟悉了吗？

大明　嗯，比较熟悉了。看着大家都很忙，很想快一点帮到大家。

大胡　好。目前咱们数据分析部的工作就是制作报表，其他几个人都是 Excel 高手和 PPT 专家。名曰分析，其实没发挥什么数据分析的职能，每天就是制作各种报表。这些基本情况在你刚来时就大概说过，现在是不是有了一些实际的体会？

大明　有体会，看着那么多报表，触目惊心。

大胡　呵呵，现实如此。需求太多了，现在有了需求提报流程还好一些，以前没有工作流程和规范，每个人都接需求，那时候更乱，大家忙得四脚朝天，还经常做一些重复性的工作，现在让小丁作为统一的需求对接人，整个部门的工作状况已经比过去有秩序多了。

大明　可以想象过去的状态。不过现在的状况也实在不理想啊，大家天天加班，出报表，几乎不做分析。

大胡　没错，几乎没有分析。我总结过现在存在的主要问题：一是没有分析，做报表的只负责做报表，不负责理解数据，而业务用户拿到报表后发现问题也很难进行深入分析，也就是有数据的人不分析，要分析的人没数据；二是数据口径和来源不一致，每个业务部门拿一张报表，如果相同指标有不同的统计口径，就会发生数据对不上的问题，这也发生过好多次；三是工作过于繁重，几个人要累死。这几个问题还有一个共同的后果，那就是我们部门与业务部门之间矛盾重重，互相伤害。业务部门总觉得我们效率低，不能及时提供数据和报表，满足不了业务要求。我们部门又觉得业务部门提的需求大量重复或类似，或统计规则不清楚，要么就是时间要求太紧。总之，一直处于矛盾状态。

大明　您说的问题，这几天我已经深有体会了，小丁就坐我旁边，每天发生的这些事我都知道。

大胡　不过这也正是请你加入咱们公司的目的，我们希望真正能够进行数据分析。过去那些报表，坦白说，对支持业务决策所起的作用是非常有限的，大部分是给公司高层领导和业务部门领导看的。今天变，明天变，就那么些数据，报表却永远做不完。我想请你尽快改变目前的现状。

大明　好的。就像您说的，就那么些数据，报表却永远做不完，作用也非常有限。其实我看了一下，目前咱们大部分的报表都是销售口径的，而销售的数据基本上就是那么几个维度——时间维度、地理维度、产品维度和客户维度，加起来有效的字段大约 20 多个，可是就这 20 多个字段，如果用静态报表的方式组合起来，却是无穷无尽的，用排列组合的原理来看，可组合的角度太多了。

大胡　嗯，有什么想法？

大明　想法是有的，我想把这些报表改成仪表板，用可视化的方法来呈现，增强互动性。将常见维度的组合放到一个仪表板上，这样不仅能减少报表的数量，而且关键是能够提升数据的可读性和可分析性，能够突出数据中的问题，从而更好地支持业务决策。

大胡 很好！我们使用仪表板的目的是把过去在 Excel 里面进行的很多重复性工作固化下来，重新整合、优化日常管理中的静态报表，使其模板化、自动化，使仪表板数据进行自动更新，而不必再重新开发。这只是第一步，是我们要尽快做的，还不是我们的最终目的。

大明 我想您的最终目的是让数据分析部的职能真正回归到"分析"上面吧？

大胡 对。原本公司对我们部门的定位是很高的，要做数据分析，成为决策智囊团，但实际工作中却是越做越 low，变成了现在这样的报表开发部门，忙得不可开交，却很难说有什么价值。

大明 我能理解。我们首先把"报表"转换"仪表板"的事情先做完，然后就能腾出时间和精力做真正的数据分析了。

大胡 嗯，实际上数据分析的工作分成两类：一类是决策支持类的，面向公司的高管，满足战略性的分析需求，这也是我们部门的价值定位；另一类则是分散多样的，分散在各个业务部门，每天都有无穷无尽的分析，我是担心仪表板难以满足他们的需求。

大明 分散多样的需求我能理解，仪表板的确不能解决全部的问题。我想我们可以向业务部门交付工具和方法，日常灵活多变的分析让他们"自助"，我们提供支持就好了。

大胡 你这个想法倒是不错，但我担心这种"自助"模式不能真正推行下去，业务用户已经习惯了目前这种流程，况且现在也没有工具能让他们"自助"使用。

大明 我能理解您的担心，不过我们还是要朝这个方向努力。要做的事情很多，一步一步来吧，要教会业务用户做"自助"分析，首先咱们部门自己得能分析。

大胡 对，我也正是这个思路。做这些转变需要软件和技术的支撑，你过去是用什么软件来着？塔……

大明 Tableau，是一个数据可视化分析软件，它能够覆盖业务用户自主分析、仪表板开发、综合决策和支持分析这几类我们刚才谈到的应用场景。

大胡 那个软件的呈现效果非常好，不知道上手难不难。你认识 Tableau 的人吧？跟他们联系一下，请他们抽空到咱们这来一趟，给咱们部门的几个人讲讲这个软件是怎么用的，我也参加，了解一下。

大明 成！我今天就联系。

第 1 章

分析师起步：Tableau 的第一堂课

本章适合 Tableau 的初学者阅读，首先介绍如何使用 Tableau Desktop 连接数据源，进行基本的时间序列分析、地理分析、产品分析和客户分析，并创建仪表板和故事；然后讲解连接数据的基本概念和操作，并介绍趋势图、热图、条形图等多种常用图表的生成方法，进而解读数据、指导业务；最后给出分析以及解读数据的思路和过程，有 Tableau 使用经验的读者也可从中获得启发。

本章篇幅较长，读完本章，相当于完成 Tableau 的入门课程，就可以在工作中开始使用 Tableau Desktop 来分析数据了。

学习难度：初级
涉及的业务分析场景：销售分析，产品分析，客户分析，时间序列分析
涉及的图表类型：折线图，轨迹图，条形图，热图，面积图，交叉表，散点图
知识点：Tableau Desktop 软件界面组织和术语，数据之间的关联、筛选器应用、时间序列预测、双轴组合分析、多指标分析、参考线、动画轨迹、仪表板等互动性操作

1.1　先了解一下 Tableau 公司

这一天，大明和大麦在会议室聊天等着其他同事。

大明　最近生意不错吧？有啥有意思的故事没？

大麦　生意不错，有意思的事也不少，最近跑一家院线公司，办公室楼下就是电影院，顺便看个电影倒是非常方便。

大明　有这样的肥差？我很久没去电影院看电影了。

大麦　说起来，Tableau 公司跟电影其实非常有渊源的……

正说着，大胡和几位同事进来，听到大麦说这个。

大胡　Tableau 不是做数据分析的吗？怎么还和电影有渊源？

大麦　说来话长，当年皮克斯团队的创始人之一，斯坦福大学的 Pat Hanrahan 教授在皮克斯工作的时候，主要负责电脑视觉渲染的开发。而 Pat 教授后来也是 Tableau 公司的创始人之一。

　　Pat 教授在电影视觉特效方面工作卓越，曾经 3 次获得奥斯卡奖，第一次是 1993 年，第二次是 2004 年，第三次是 2014 年。这个在 Pat 教授的维基百科词条中有所说明。Pat 教授主持开发的 Render Man 是用于制作电脑特效渲染的软件，电影《玩具总动员》就是使用这个软件制作的。

大胡　难怪，Tableau 展现的图表都很漂亮，原来有大师在背后。当初他怎么从电影转行做软件了呢？

大麦　这是另外一个故事了。Tableau 本身源于斯坦福大学的一个项目 Polaris，这个项目主要研究如何可视化地处理数据，让人们更容易看懂。Pat Hanrahan 教授是三名联合创始人之一，而他的一名博士生 Chris Stolte 精通数据库，因此，二人在斯坦福大学共同创建了 Tableau 应用程序，Christian Chabot 随后也加入了他们的队伍。Tableau 在 2003 年的一次技术转让中从斯坦福大学脱离，成为他们三人创立的 Tableau 软件公司的项目。

　　2013 年，Tableau 公司在纽交所上市，股票代码 DATA，尤其是近几年，发展非常迅速。到 2018 年，已经连续 6 年在 Gartner（高德纳）的魔力四象限中位居领导者地位。

大胡　魔力四象限？

大明　Gartner 是全球最具权威的 IT 研究与顾问咨询公司之一，其研究范围覆盖全部 IT 产业，就 IT 的研究、发展、评估、应用和市场等领域，为客户提供客观、公正的论证报告及市场调研报告。魔力四象限是一种研究方法论和形象化工具，用来监测和评估专业科技市场中公司的发展及定位，魔力象限使用二维模型去阐释公司间的实力及差异。魔力象限基于公司发展前景的完备性和执行能力，将构成竞争的公司分成 4 个不同的部分：利基型企业、有远见者、挑战者和行业领袖。在商务智能这个圈子里面，魔力四象限是整个市场的权威指南，Tableau 公司从 2013 年起占据象限的领导者地位。大家可以看一下这个图。

说着，大麦在投影上打出了一幅图。

Tableau 在 Gartner 魔力四象限

大麦　大家可以看到，Tableau 在 2018 年处于领导者象限，而轨迹线则表明过去 8 年 Tableau 在这个象限图中的历史轨迹。

大胡　哦，领导者象限的厂商很少啊，我看一些大公司都在远见者象限？

大麦　没错，在这个仪表板中如果选定某个老牌大厂，也可以看见他们的历史轨迹。S 记和 I 记公司，图中显示这两家公司自 2016 年开始从领导者象限跌落至远见者象限。

大胡　这个表现形式下，变化轨迹看得很清楚。这也是 Tableau 做的吗？

大麦　当然，Tableau 员工基本不用 PPT，看数据必须用 Tableau。事实上，Gartner 也是 Tableau 公司的客户，他们也用 Tableau 来分析 BI 市场。

真正的市场转折发生在 2016 年，在 2016 年以前领导者象限中厂商众多，产品混杂。从 2016 年开始，Gartner 改变了市场评估的角度，不再评价传统商务智能产品，而转向评估新一代自助型商务智能产品。为什么做这种转变呢？原因就是整个市场在发生变化，老的评估方法已经不能反映当前新的形势。大家看一下，这是 Gartner 商务智能魔力象限报告的开篇一段话，就明白了。

Magic Quadrant for Business Intelligence and Analytics Platforms

04 February 2016 | ID:G00275847

Analyst(s): Josh Parenteau, Rita L. Sallam, Cindi Howson, Joao Tapadinhas, Kurt Schlegel, Thomas W. Oestreich

Summary

The BI and analytics platform market's multiyear shift from IT-led enterprise reporting to business-led self-service analytics has passed the tipping point. Most new buying is of modern, business-user-centric platforms forcing a new market perspective, significantly reordering the vendor landscape.

"整个市场从 IT 为中心的企业报表应用，转向了以业务为中心的自助分析"。2016 年是个转折点，绝大多数的企业采购都转向了现代的、以业务用户为中心的新一代软件平台。

大胡　有点意思。自助型数据分析软件，是不是没有 IT 技术基础的人也都能用？

大麦　没错，今天咱们就来体验一下 Tableau 软件。大家都安装试用版了吗？

大胡　安装了，在 Tableau 公司网站下载的。安装之后，有 14 天试用期。这个试用版本没有功能限制吧？

Tableau Desktop 下载链接

https://www.tableau.com/zh-cn/products/desktop/download

大麦　放心，没有任何功能限制。今天咱们就一起来体验一下 Tableau，我请大明准备了一份你们自己的销售数据，就用你们的数据来了解 Tableau 的用法。

1.2　动手连接数据吧

大麦　在开始了解数据之前，大家先来了解一下 Tableau 软件的基本界面。启动之后，我们首先进入初始界面。这个界面除了 Windows 程序必有的标题栏和菜单栏之外，整个界面从左到右分为 3 个大区域。中间部分的上半区域是曾经打开过的历史文件，将鼠标移动到历史文件的缩略图上，此时左上角出现一个图钉，单击它，可以将这个文件保留在这个界面上，也可以点击右上角叉子图标，将这个文件从历史记录中移除。中间部分的下半区域则是系统安装时自带的演示工作簿，可以作为学习资料来使用。

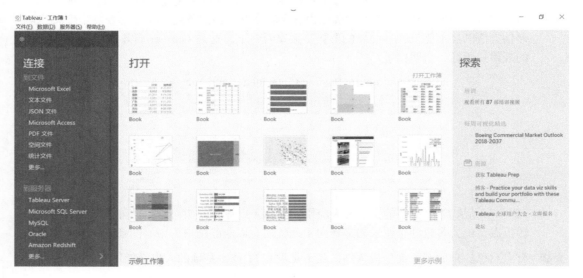

Tableau 启动界面

小白　我的界面怎么是英文的，而你的界面却是中文的？

大麦　Tableau 软件是国际化版本，并不区分中文版和英文版，安装的时候界面语言会默认跟随操作系统的语言。你的操作系统是英文的？

小白　对，我的 Windows 是英文版的，能把 Tableau 界面改成中文的吗？

大麦　可以。在"帮助"菜单下面有一项"选择语言"，可以看到 Tableau 软件支持 8 种语言，选择"中文（简体）"，然后重新启动 Tableau Desktop，就可以切换到中文界面了。

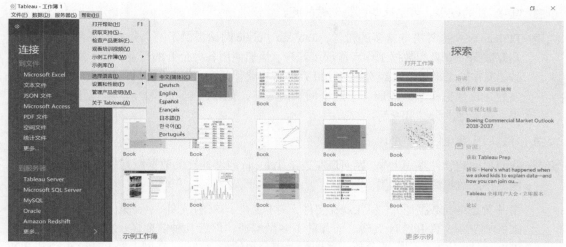

切换 Tableau 中文界面

小白 成了，现在是中文的了。

大麦 除了界面语言设置之外，建议大家将工作簿区域设置为"中文（中国）"，方法是打开"文件"菜单，选择"工作簿区域设置"，然后选择"中文（中国）"，如果这个"中文（中国）"没出现，请大家点击下面的"更多"按钮，从列表中选择"中文（中国）"。设置之后，一些数据格式会自动跟随区域设置予以显示。[①]

小白 好的，也设置好了。

大麦 我们再看看屏幕最右侧，是一些资源列表，这些资源是联网加载的。上面是基本的学习资料，链接到 Tableau 官方网站上的学习频道，有一系列免费培训视频，你需要花一分钟的时间注册一个 Tableau 网站的账户，然后就可以在线播放这些视频。视频内容中涉及的数据集、工作簿以及讲解文字稿都是可以下载的，确保每个用户都能够方便快捷地开始学习和使用 Tableau 软件。中间部分是博客和重要资源链接，是动态推送的，不同时期打开 Tableau 软件，推送的内容是不一样的，这也是为了让用户能够获取到最新的学习资料而设计的。最下面的部分是"每周可视化精选"，也是推送内容，是来自 public.tableau.com 网站（即 Tableau Public 网站）的内容。

小白 我点开了"每周可视化精选"这个链接，是个世界杯历届参赛队成绩表的图，好炫酷！

大麦 在 Tableau Public 网站上，有很多非常优秀的可视化作品，你完全可以把这个网站当作一个参考案例库来使用，其中包括各行各业的可视化分析作品。如果想浏览大师杰作，可以直接点击右上角的"库"链接。

---

① 软件语言设置和工作簿区域设置是必需步骤，本书后续均以此设置为基础。尤其当操作系统控制面板中的区域设置不是中国，操作系统界面也不是中文时，缺失此配置步骤可能导致读者看到的软件界面与本书中描述的有所差异。

小白 哇哦~真的好多。可是这些都是谁做的呢？

大麦 Tableau 在全世界有非常多的粉丝，Tableau Public 网站提供了一个分享的平台，目前有十几万数据爱好者和数据工作者注册了账户，他们使用各种公开的行业数据，发布可视化作品。现在这个平台上已经有超过 100 万个可视化作品，所以是一个非常庞大的资源库。我强烈建议你们每个人注册一个这个网站的账户，把自己学习过程中的可视化作品发布上来，跟其他人分享和交流。

小白 好，回头我也注册一个。

大麦 我们再回到软件界面上来。界面最左边是 Tableau 能够连接的数据源列表。大致上，Tableau 能支持的数据源包括两类。

第一类是桌面数据源，包括 Excel 文件、文本文件、JSON 文件、Access 数据库，以及 PDF 文件、空间文件和统计文件。前几种不多做解释，但后几种需要做一些解释说明。先说 PDF 文件，比如我们需要分析一些同行上市公司的绩效数据，在网上经常能够下载到 PDF 格式的上市公司年报，年报中有一些表格，Tableau 能够识别 PDF 文件中的表格定义，将表格清单列出来供分析使用，但扫描的 PDF 文件是无法被识别的，因为扫描文件中的表格是图片格式，Tableau 是分析内容，不做 OCR 的工作。

统计文件又包括支持 SAS 的统计文件格式、SPSS 的统计文件和 R 语言数据集。如果大家用过这些数据挖掘工具，就会知道对数据进行浏览和探索是数据挖掘建模过程中一个很重要的环节，那么 Tableau 在这个环节可以大大提高效率，从而为后续的模型训练选择主要维度和指标。目前，你们可能还没涉及这些软件，但在未来的工作中可能用得到，希望在用到的时候能够想起 Tableau 可以分析这些数据集。

另一类是空间文件。有时候，我们在分析数据的时候需要使用地图。通常情况下，Tableau 的地图是联网加载的，但有时候我们也需要使用离线地图。因此，空间文件提供了一种离线使用地图的方法，Tableau 可以使用 Shapefile、MapInfo 表、KML 文件和 GeoJSON 文件，这些文件本质上就是一些离线地图文件，Tableau 连接到这些文件之后就可以呈现地图，把实际的业务数据与地图数据相混合，实现离线地图上的数据展现。

小白 听起来这个很有用！不过现在电脑都可以联网，所以应该用在线地图就可以了？

大麦 是的，如果能够联网，当然还是建议你们用在线地图，用起来更简单、直接。

> Tableau 软件除了连接文件数据源之外，还支持其他常见的数据源类型。
> ❑ **关系数据库**：包括 SQL Server、Oracle、DB2、Sybase 和 Teradata 等。
> ❑ **多维数据库**：包括 Essbase、Microsoft Analysis Service 和 SAP BW。
> ❑ **云数据源**：包括 Google 和 Amazon 的各类云数据库平台。
> ❑ **大数据平台**：包括 Cloudera、Hontonworks 和 MapR。
> ❑ **其他现代数据平台**：包括 Greenplum 和 IBM Netezza 等。

每种数据源的连接方法在 Tableau 软件的在线帮助文档中都有示例文档，可以参考。

小白 如果我要连的数据源不在 Tableau 支持的列表中呢？

大麦 此时需要通过通用 ODBC 接口去连接，一般情况下，数据库厂商都提供 ODBC 接口。

小白 OK。那如果我需要从网上抓一些数据来分析，Tableau 能连接网站抓取数据吗？

大麦 这是一个好问题。Tableau 提供了一个特殊的数据源接口，叫作 Web 数据连接器，你可以自己写一个取数程序，然后通过 Web 数据连接器跟 Tableau 相连，让 Tableau 分析网上来的数据。

小白 不错嘛！连接好数据源之后，在 Tableau 中进行分析的方法都是一样的吧？

大麦 是的。现在就连接一下大明提供的销售数据集[①]。首先，在数据源列表中点击左上角的"Microsoft Excel"，在对话框中找到这个文件，然后打开，进入到数据连接界面。

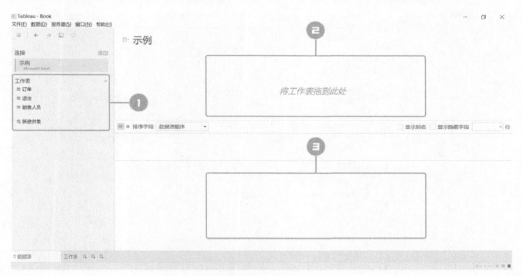

连接 Excel 文件

提示：1. 工作表清单；2. 表格区；3. 数据预览区

这个界面主要分为 3 个部分：左侧是数据源中的表清单；右上区域是表格区，可以将用来分析的表格从左侧的表清单中拖放到这个区域中；右下区域是数据预览区。

小白 左边有个"新建并集"，它是什么意思？

大麦 并集是对于 Excel 和文件来说的，多个结构相同的文件可以合并成一个文件，比如你每月的销售数据是一个独立的 Excel 文件，可以使用并集把多个月的多个文件合并成一个数据集。如果你每月的销售数据是在同一个 Excel 文件的多个 Sheet 中，也可以使用并集进行

---

① 本书的配套资源可在图灵社区（iTuring.cn）的本书主页中免费注册下载。

合并。以后有机会，我们还可以专门来研究一下相关内容，今天先不看复杂场景。

然后我们把想要分析的数据集拖放到右上的表格区，比如要分析订单数据，就把订单表拖放到表格区，此时右下角会出现数据预览。数据预览表格能够帮助我们理解数据内容，表头上方是 Tableau 自动识别的数据类型，"Abc"代表文本字段，日历图标代表日期或者时间字段，"＃"代表数字字段。如果自动识别出来的数据类型不对，可以用鼠标单击数据类型的图标进行更改，双击表头的字段名称可以修改字段名。如果你连的是数据库，那么很可能你的字段名称是字母或者代码，就需要逐个修改成业务分析时所使用的业务名称。注意，你在这里修改的数据类型和字段名称，都不会对原始的数据表或者数据库有任何影响。

当然，如果需要集中修改这些字段名，还可以把数据预览窗格切换到元数据管理窗格进行集中修改，直接点击数据预览图标旁边的"管理元数据"图标即可。

数据源和元数据窗格

提示：1. 预览数据源窗格；2. 管理元数据窗格

不过我们现在使用的这个数据集不需要修改数据类型和字段名称，所以回到数据预览窗口。我们经常需要对多个表进行关联分析，就好比使用 Excel 的时候经常会使用 VLOOKUP 函数一样，大家经常用 VLOOKUP 吗？

小白　当然，经常用，天天用。

大麦　比如，在"退货"表中记录了被退货的订单信息，我们将鼠标放到工作表中的"退货"表上，这时"退货"表旁边会出现了"查看数据"按钮，点击这个按钮，就可以查看这个表格中的数据。

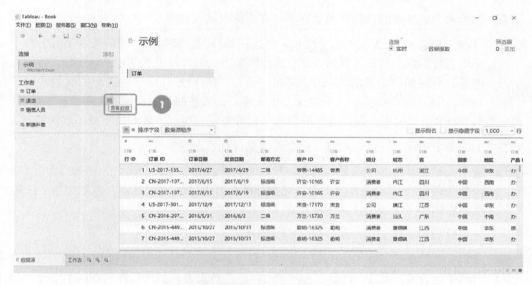

数据连接界面和"查看数据"按钮

提示： 点击"查看数据"按钮，可以预览数据。

我们了解到，在"退货"表中只有订单 ID 和退回标志。如果要分析退货的数据，就把"退货"表也拖放到右上的表格区，Tableau 会自动在两个表之间建立连接关系，点击两个表之间的连接图标，可以查看连接条件和连接类型。

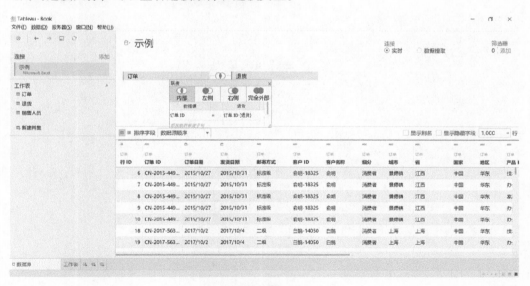

表与表之间的关联

小白 如果两个表里面的连接字段名称不一样，能自动识别吗？

大麦 目前，Tableau 是按照同名字段来识别连接条件的。如果两个表的关联字段名称不一样，是不能自动识别自动关联的，但是这种情况下我们可以手工制定关联字段。特别需要注意的是，有时候两个表的关联字段不止一个，会出现好几个字段进行关联的情况；另外，Tableau 除了相等关系的关联之外，也支持不等关系的关联，例如大于、小于或者不等于。但 99.9%的情况下，我们需要的都只是相等关联，所以不展开讲不等关联的情况。

小白 上面那个内部、左侧、右侧、完全外部是什么意思呢？

大麦 这个关联类型是非常重要的概念。我们的两个表相当于两个集合，比如集合 A 和集合 B，内部关联相当于 A 和 B 的交集，完全外部相当于 A 和 B 的并集，左侧相当于以集合 A 为准，右侧相当于以集合 B 为准。

小白还是一脸茫然的样子，大麦只好进一步解释。

大麦 我们举个例子吧。在 Excel 里面做两个表出来看，销量数据表包括产品和销量两个字段，产品中包含有产品 1、产品 2 和产品 3；库存数据表包括产品和库存两个字段，产品中包含有产品 1、产品 3 和产品 5。我们看一下几个数据表的内容。

销量数据表

库存数据表

双击桌面上的 Tableau Desktop 图标，新开一个软件界面。打开这个 Excel 文件，把销量表和库存表都拖放到表格区，打开表格关联窗口，默认是内部关联。我们观察一下数据预览窗格中的数据，发现窗口中显示的数据只包括了产品 1 和产品 3，这正是两个表的交集部分。

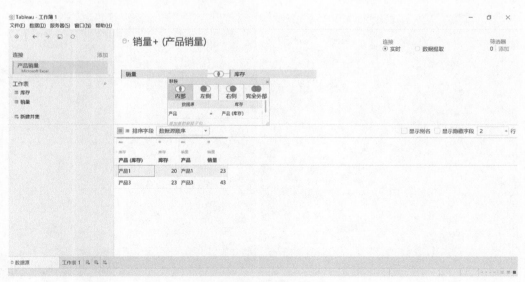

内部关联示例

如果改成左侧关联，则关联后的数据包括了产品 1、产品 2 和产品 3，是销量表中的内容。

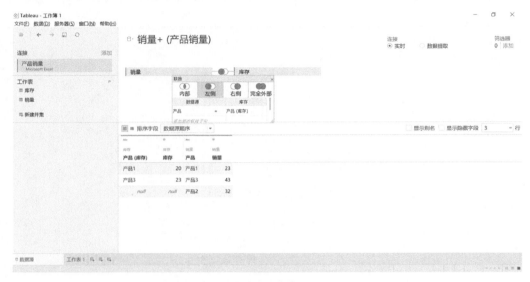

左侧关联示例

小白 如果是右关联，就是产品 1、产品 3 和产品 5 喽！

大麦 是的，我们来看一下。

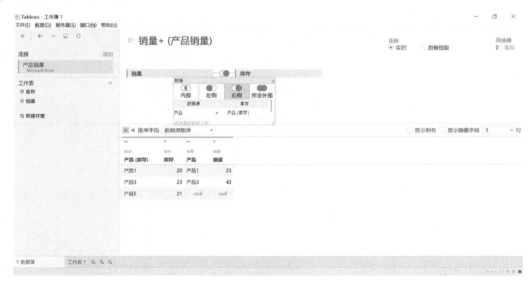

右侧关联示例

大麦 那么，如果是完全外部连接呢？

小白 那就包含产品 1、产品 2、产品 3 和产品 5。

大麦 对。完全外部连接等同于取得两个表的并集。

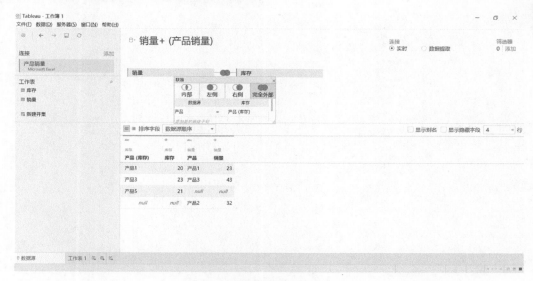

完全外部连接示例

这个概念理解清楚之后，我们再回过头来看"订单"表和"退货"表的关联。在内部关联的条件下，我们得到的数据集的结果是只包括了被退掉的订单，还是全部订单呢？

小白 被退货的订单。

大麦 没错，如果想分析全部订单，应该使用哪种连接？

小白 左侧连接。

大麦 是的。我们今天就用这个左侧连接。

大胡 大家要把这个概念理解清楚，我们做分析的时候经常要进行数据连接，不理解概念，分析结果错了都找不到原因。另外，这就是数据库里的关联操作，有 Inner Join、Left Join、Right Join、Outer Join 几个类型。虽然 Tableau 中这里不需要写 SQL 语句，但原理是一样的。

大麦 谢谢胡经理的补充。我们不在数据源连接画面上过多停留，连上数据之后，我们尽快进入分析状态开始数据分析，有一些数据上的处理，我们可以一边分析一边再处理。

我们点击界面左下角的"工作表 1"，需要先了解这个分析界面的结构和每部分的名称，在日后的工作中会经常用到它。

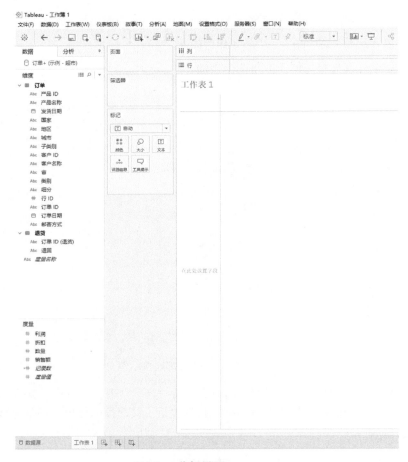

Tableau 分析界面

整个界面中最大的一片空白叫作画布，数据展现的图表将在这个区域显示，这个区域中有浅灰色的文字提示，大家可以设置字段，观察一下把字段拖放到这些地方会发生什么。画布周围有 5 个地方，分别叫作行、列、页面、筛选器和标记，它们叫作功能区，其中"标记"功能区有一个下拉框，下拉框下面默认情况下还有 5 个按钮，分为是颜色、大小、文本、详细信息和工具提示。注意，这里的按钮有时候是 6 个，这与下拉框里面选择的标记类型相关。按钮下面的空白区域是非常特别的一个地方，叫作 LOD（Level Of Detail）区域，也叫作详细级别区域，后面我们会经常用到这个区域。这 5 个功能区就是我们控制数据输出、展现奥秘的所在了。如果把"类别"维度拖放至"功能区"，或者把"销售额"和"度量值"拖放到"筛选器"功能区，又或者把"订单日期"拖放到"颜色"上，你就知道我是在做什么操作了。

小白　那么，左边的"维度"和"度量"是什么？

大麦 正要说这个。度量就是要分析的对象。过去大家做报表的时候，经常说要分析哪些指标，指标也就是这里的度量。度量是数字类型的。我们在分析过程中会对度量值进行各种计算，比如求和、求平均、求最大值、求最小值和求中值等。通俗地说，维度就是分析指标的角度。我们平时经常说从地区角度来观察销售额，那么这句话里面的"地区角度"在数据分析中的行话就是维度。在分析过程中，"维度"和"度量"值会一起使用，我们经常通过将一个度量值与各种维度进行组合的方式，来对数据进行观察和分析，从而发现问题或者寻找解决方案。

小白 这些维度和度量是 Tableau 自动识别的吗？

大麦 是的，Tableau 会根据数据类型自动识别数据中的字段是维度还是度量。通常情况下，Tableau 会将数字型的字段识别为度量，而把文本类型和日期类型的字段识别成维度。

小白 可是，好像维度中也有一个字段是数字类型的啊？

大麦 你观察得很细致，在我们的数据中，的确有一个数字类型的字段被识别为维度，是行 ID，在业务上通常叫作流水号。我刚才说的识别规则只是通常情况，而 Tableau 具备智能化的特征，比如这个流水号，显然它不是要分析的度量对象，所以 Tableau 也把它识别为维度。

小白 会不会识别错呢？

大麦 也有可能识别错。通常的错误是把数字型的字段识别为度量，而它其实是维度。举例来说，如果有一个字段是产品代码，恰好这个产品代码是数字格式的，那么 Tableau 很可能会把它误解为度量，归到"度量"里面。

小白 那如果发生这种情况，怎么把它改回"维度"呢？

大麦 把度量改成维度，或者把维度改为度量，都非常简单：用鼠标选中这个字段，拖放到"度量"窗格或者"维度"窗格中就可以了。比如现在这个数据，我们把"行 ID"拖放到"度量"窗格，那么它就变成度量。当然，这不符合业务实际，我们再把它拖回去。正好我问大家一个问题，有没有某些情况下，一个字段既是维度又是度量呢？或者说，一个字段既可能当作度量用于汇总分析，又可能当作维度用于分析其他数据呢？

小白 这个……想不出来。

大麦 举例来说，如果你要分析一份客户数据，里面有客户的各种信息，其中包括客户的年龄，有时候我们要求某类客户的平均年龄，这时候这个年龄就是度量；而另外一些时候，我们需要分析不同年龄客户的销售额，这时候这个年龄就又成了维度。

小白 的确会有这种情况，可是怎样让这个字段既出现在"度量"里，又出现在"维度"里面呢？

大麦 方法也很简单，我们在这个字段上单击鼠标右键，然后在出现的快捷菜单上选择"复制"命令，这时候就会出现一个复制出来的字段，我们把这个复制出来的字段拖放到另外的"维度"或者"度量"窗格中就可以了，这样同一个字段既可以用作度量，又可以用作维度。

小白 神奇！有机会试试。

大麦　我们继续看一下分析界面的其他部分，在"维度"和"度量"窗格上面，是"数据连接"窗格，其中显示了当前连接到的数据源。其实如果同时连到多个数据源，这里会出现多个连接名称。刚才说的"维度"窗格、"度量"窗格和"数据连接"窗格，都属于"数据"窗格的几个分项。随着使用的深入，在"度量"窗格下面还可能会出现"参数"窗格和"集"窗格，这些等我们用到的时候再解释。在"数据"窗格旁边，还有一个"分析"窗格。用鼠标点击一下"分析"窗格，会切换为"分析"窗格画面，我们观察一下。

分析功能窗格

提示：点击"分析"窗格，打开分析工具列表。

"分析"窗格中有一系列数据分析过程中可能用到的工具，包括参考线、趋势分析、预测分析和集群分析等，这里我们也不展开，等用到的时候再解释。"分析"界面的其他部分中，最上面是所有 Windows 程序具有的标题栏、菜单栏和工具栏，最下面有状态栏。这些地方的功能比较繁杂，我们也边用边解释。现在切回"数据"窗格，开始进行数据分析。

我们现在的数据中有时间信息，包括订单日期和发货日期；有地理信息，包括国家、省和城市；有产品信息，包括产品类别、子类别和产品名称；还有客户信息，包括客户名称和客户类别。这份数据中包括的度量值有销售额、利润、数量和折扣。现在问题来了，我们拿到一份数据，知道大概包括哪些信息，可是我们究竟该如何开始分析呢？有没有一个什么样的方法或者最佳实践，可以帮助我们使用 Tableau 软件快速理解这份数据呢？或者快速从中发现一些问题？

大家都没说话，大明和大胡显然是心里有数，不过也是看着其他几个人等他们来回答。

大麦　有吗？

小丁 我们……通常拿到数据的时候也会拿到一些表样，就是一些图表，要求用数据把图表做出来，我们会先研究图表里面使用了什么数据、什么指标、什么维度，然后再看是怎么计算的，接着再观察数据，看怎么把图表做出来。

大胡 所以你们现在是报表设计师，而不是数据分析师。

大麦 是的，数据分析师的思路不是这样的。数据分析师不急于做图表，他工作的目标也不是做图表，而是理解数据、分析数据、发现问题、找到原因和给出方案。所以，我们今天要以数据分析师的思维来开始数据的探索和分析。

1.3　发现销售规律：时间序列分析

大麦 使用 Tableau 的最佳实践，就是对数据保持一份好奇心，向数据提问。比如最开始想知道销售额的趋势，在发现问题时，我们会继续追问原因，再根据原因探求解决方法。我们提一个问题吧，小白，咱们刚才已经了解到了数据中有哪些内容，你想知道什么？

小白 我想知道销售额总量。

大麦 好，销售额总量。Tableau 软件的操作要跟着你的问题走，跟着你的思维走，你想知道销售额总量，那么就双击"销售额"，Tableau 会根据你的操作来自动展现适合的图表。现在画布上出现了一个柱子，将鼠标移到柱子上面会在提示里显示具体数字。此外，还可以在工具栏上点击"显示标签"图标把这个数字显示出来。那么，从这个柱子上能发现什么问题呢？

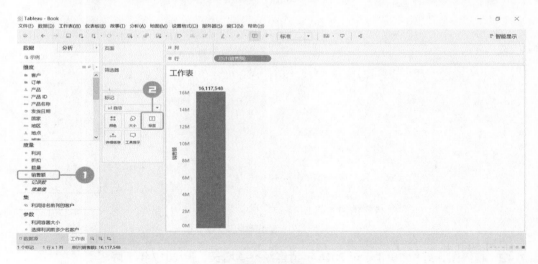

销售额总计分析

提示：1.在左侧"度量"列表中，双击"销售额"；2.在"标记"栏中，点击"标签"功能，并勾选"显示标记"标签，或者直接单击工具栏上的"显示标签"图标（T字母按钮）。

小白 光是一个数字说明不了问题啊，我们再看一下这个销售额在时间上的趋势吧。

大麦 时间趋势，很好。我们说操作要跟着问题走、跟着思维走，要看时间趋势，用鼠标双击订单日期，看画面上出现了什么。

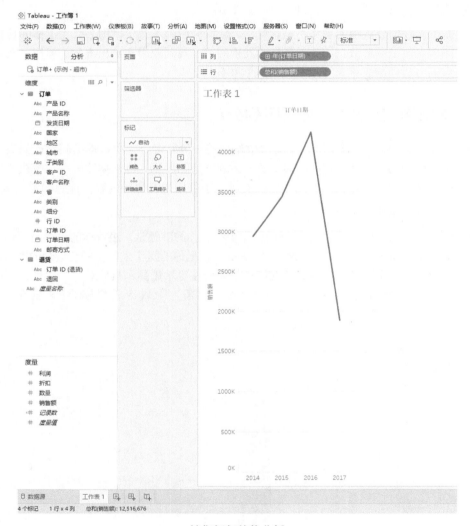

销售额年趋势分析

小白 趋势图，好像 2014 年至 2016 年销售额持续增长，但 2017 年下降了。

大麦 很好，你的思路是非常对的。要对你看到的数据进行解读，一边想问题一边操作，看到图表进行解读，寻找问题。但是 2017 年下降了这个结论似乎不对，大明咱们的数据到什么时候？

大明 到 2017 年 5 月底。

大麦 嗯，2017 年数据还不是全年的，所以 2017 年销售额下降是一个错误判断。我们刚才看数据的时候，订单日期字段里记录的是"年"还是"天"？

小白 是"天"。

大麦 但是在你操作"日期"维度的时候，Tableau 会进行智能处理，尤其对于"时间"维度，会自动先聚合到"年"级别。在数据分析的过程中，有一个规则叫作从宏观到微观，逐层展开。对于日期来讲，它的展开过程是年、季度、月和日，所以 Tableau 首先呈现的数据是聚合到年的数据。而由于你操作了"时间"维，Tableau 会根据你的操作自动推荐最适合的图表类型/在时间序列分析中，最佳的表现形式当然是趋势图，也就是曲线图。

小白 那么，怎么在时间上展开呢？

大麦 我们看到"列"功能区上的"年（订单日期）"前面有个小加号，这是下钻标识，点击它就可以展开下钻。我们展开到"年"→"季度"层次，观察数据，有什么发现吗？

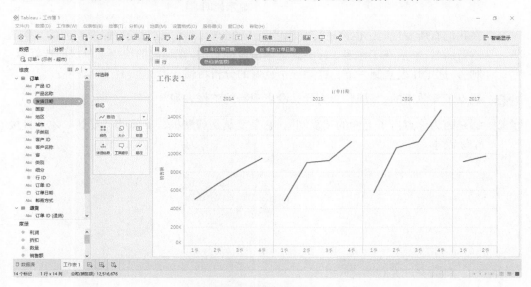

销售额季度趋势分析

小白 每年的第一季度至第四季度的销售额都在持续增长，但跨年时第一季度的销售额会比上一年第四季度大幅回落。

大麦 非常好，你总结的这句话就是典型的分析员思维。什么图表不重要，重要的是你刚刚总结出来的这句话！建议大家养成良好习惯，把自己的分析和发现写到图表的注释或者说明里。

我们可以在"工作表"菜单中打开"显示说明"，写下你的总结，这样其他人看这份数据的时候就知道要点是什么了。

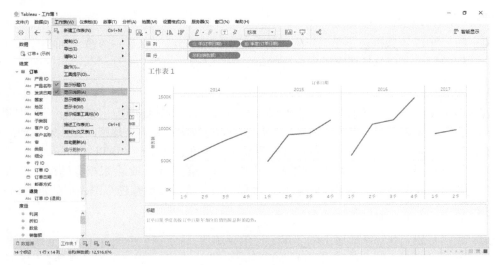

显示说明

在我们有所发现时，也许还需要作进一步的分析，所以这时最好保留当前的工作表，给它重新命名，然后在工作表 1 标签页上单击鼠标右键，在弹出的快捷菜单里面选择第二个"复制"，把工作表复制一下，这是一个良好的分析习惯。

小白 我点了菜单里的"复制"，为什么没出现新的工作表呢？

大麦 那是因为你点击了上面的"复制"，它是复制到剪贴板，下面的"复制"才是直接创建一个新副本。

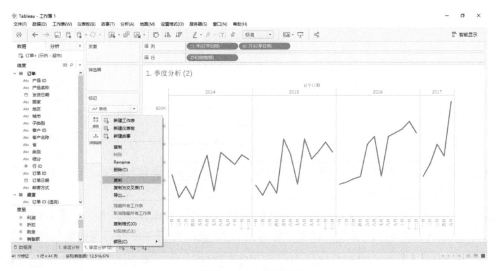

复制 Tableau 工作表

继续分析，在"季度"层面上，我们看不到每个月的销售分析情况，因此再点击"季度"左边的加号，展开到"月份"。每个季度有 3 个月，现在的图表被切成了 3 个月一段，看起来非常散乱，这时可以用鼠标把"季度"胶囊拖放到功能区和画布之外的地方，从视图中移除季度。对了，所有被拖放到"功能区"的"维度"和"度量"，都会变成一个胶囊图标，我们把它们统称为胶囊。现在画面上有年和月的数据，请小白再观察一下吧，对这个图做个分析总结？

小白　这个……看不太出来有什么分析结论，每个月的销售额都是波动的，2017 年 5 月份销售额奇高。

大麦　嗯，其实在年和月的数据展现出来的时候，我们可以研究销售的季节性波动规律。既然每个月的销售额都是波动的，那么每年的波动是否呈现一致的规律呢？这就是我们经常说的模式（pattern），它对业务的指导作用是很大的，可以帮助业务决策应该把营销的重点放在哪个月。可是现在这个图，的确不太方便观察模式的规律。Tableau 是可视化分析软件，帮助人们查看和理解数据，是希望提供非常直观的数据表现形式，让我们一下子就能注意到数据中的规律或者问题。看来可能需要换一种查看方式了。我们把"年（订单日期）"胶囊从"列"功能区拖放到"标记"功能区的"颜色"按钮上。

大麦一边操作一边讲解，问小白："现在再观察一下，有什么发现？"

小白　每年的 7 月份是一个特别低迷的月份。

大麦　是的，结论非常清晰。我们也把这个总结写到说明里，7 月份销售低迷，在业务上建议加强促销。顺便把这个复制得到的工作表改名为"月份分析"。

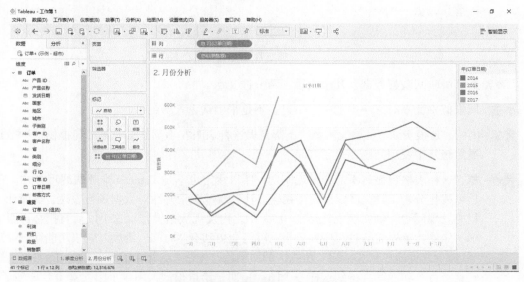

月份分析：堆叠折线图（另见彩插图 1）

我们发现了销售在月份上的波动规律，受此启发，再问一个问题，销售在一个星期内是否有一些规律可循呢？比如说，周末跟工作日相比，销售量低还是高？或者在一个星期内，是否有特别的销售高峰或者低谷？

我们现在就来分析一下工作日的销售情况。把"订单日期"拖放到"列"上，另拖一份到"行"上。右键单击"列"上的"年（订单日期）"胶囊，在快捷菜单种选择"工作日"，在"行"功能区的"年（订单日期）"胶囊快捷菜单上选择"月"。

然后把"销售额"度量值拖放到表格中，我们平时最常见的报表出现了。请根据这个表来告诉我周末比平时的销售量高还是低，有没有哪一天销售额异常波动？

销售额工作日分析：表格

大麦给大家留时间观察数据，几个人看了两分钟。

小白 周末似乎比平时好一点吧……不过也不是很确认，太费劲了。

大胡 呵呵，是很费劲，可是大家平时不都是做这种表吗？不都是给业务部门提供这种数据吗？显然想从中发现问题还是不容易。

大麦 嗯，这种表格很显然不适合发现问题，所以肯定也不是 Tableau 推荐的展现方式。Tableau 是可视化分析工具，目标是用可视化方法，通过视觉特性对数据进行表达，从而让人一眼就能发现问题。确切地说，是在 0.25 秒之内发现数据异常，这个以后有机会再跟大家分享。如果参考先前的时间序列分析，可能会想到有"时间"维度，应该用曲线图。现在把"月份"胶囊拖放到"标记"功能区的"颜色"按钮上，把 LOD 区域的"销售额"胶囊拖放到"行"功能区，得到这样一个图。星期三销量很低，用这个图就看得容易多了。

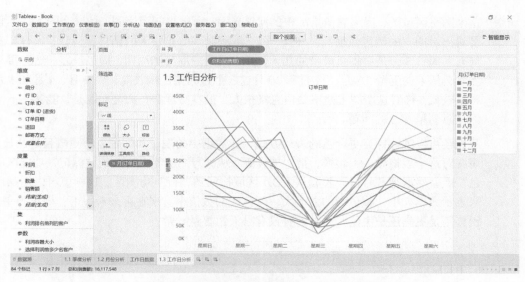

销售额工作日分析：堆叠折线图（另见彩插图 2）

的确星期三的问题很明显。不过大家有没有觉得这个画面看着很乱？不如把图形换成区域图再看看。只要我们在"标记"功能区的下拉框中选中"区域"就可以了。

于是屏幕上出现了这样的画面。

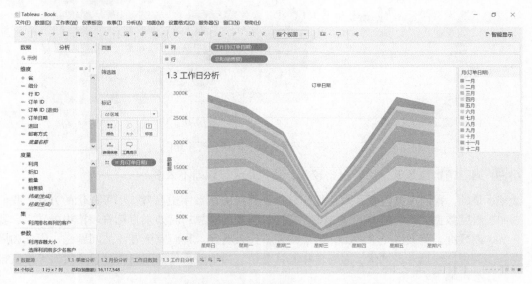

销售额工作日分析：堆叠面积图（另见彩插图 3）

大麦 这个图是区域图，因为它像是沉积的河道界面，所以也叫河道图。从这个图上是不是更容易看出星期三的销售额很低？并且，由于堆积起来就是每天的销售额总计，很容易看出来周五到周日 3 天是销售量最高的几天，其次是周一周二和周四，周三最差。然后再从月份上看，从下向上看，8 月、11 月和 10 月这 3 个月的销售量较高，而 2 月、4 月和 1 月的销售量较低。你看这个图上是不是信息量很大，很容易理解？关键问题是，能够一下子让人们注意到星期三的问题。

我们还可以继续探究更合适的表现方式，让数据中的规律和问题能够更醒目地凸显出来。现在对这个表格做一下转换，把"销售额"从"行"功能区拖放到"标记"功能区的"颜色"上，然后把"月份"胶囊从 LOD 区域拖回到"行"功能区。这样就可以用颜色深浅来表示数据大小，颜色深的数值大，颜色浅的数值小。现在再来看一下，周末与平时比，销售额是更高还是更低？另外，有没有哪天销售量异常？

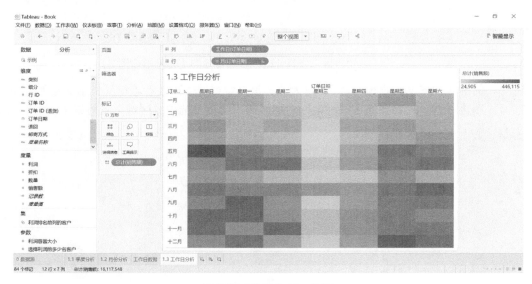

销售额工作日分析：热图

小白 周三销售额最低，周四也比较差，其他几天应该差不太多。

大麦 是的，我们用颜色表示数值大小显然比直接去读数字更有效。用可视化的方式，我们可以看见数据，英文里面叫作 SEE，有理解看懂的意思；而如果直接看表格中的数字，我们是读数据，英文里是 READ，这个词并不代表看懂。我们应更专注的问题是，周三和周四是销售比较低迷的两天，而周六和周日是销售额比较高的两天，这对于日常的工作安排有什么影响呢？

大胡 这对我们的业务非常有用。我们很多的线上销售代表和店面的人员值班都应该跟随这个销售规律，如果周末销售清淡，就可以安排更多人在周末休息，而从现在看到的图表来看，显然我们的值班应该重点安排在周末两天，而在周三和周四两天则可以安排更多人轮休。我们现在的销售人员安排是没有这个重点的，也就是说，人员安排并没有根据每天的销售额波动来进行合理安排。而这正是数据分析支持日常业务的一个很好的例子。

大麦　实际中，如果主要做线上销售，通常还会分析时段，根据每天不同时段的业务量来排班。

大胡　我们现在还没有时段的数据，但未来也可能要进行时段的分析。另外，我想问大家一下，如果根据这个热图进行工作安排，有没有什么不合理的问题？

小丁　我觉得虽然从总体情况来看周末是销售高峰，周三和周四是销售低谷，但是具体到某个门店，可能还是与总体情况存在差异的，因此排班应该根据具体单店的情况来定。

大胡　就是这个问题，过去我们一直想做强大的总部，由总部统一制定业务规则，而一线只是执行，但在具体执行的过程中发现了一些问题，总部的策略与一线具体业务的实际情况有时候会有很大的差异。所以我们也在调整，要让一线拥有更高的主动性和决定权，根据具体情况灵活安排工作和开展业务。毕竟我们要的是业务发展，要赋权给一线，而不是把一线绑住。

听大胡这样说，大家都受到一些启发，考虑这个强大总部和灵活一线的问题。作为管理层，大胡看问题的确还是更深、更远一些。

大麦　下面我们就在这个图的基础上深入看一下一线的具体业务情况，不过遗憾的是数据中并没有店面的 ID，那么我们用地区模拟代替一下店面，然后看一下这个规律是否每年都有所区别。我们在"地区"维度上右击鼠标，在快捷菜单里选择"显示筛选器"，在"订单日期"上做同样的操作，此时就在这个视图上面增加了两个筛选器。

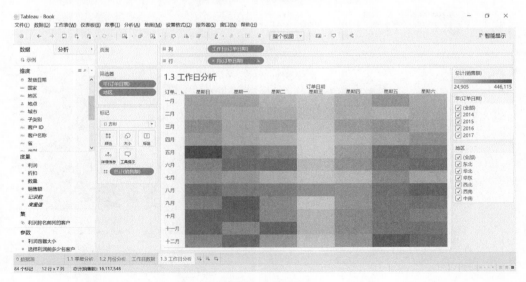

筛选器：地区/年

这两个筛选器的样式默认都是多选的，我们可以把筛选器改为单选，便于逐年、逐地区观察数据。其方法是在筛选器的快捷菜单上选择"单值（列表）"。

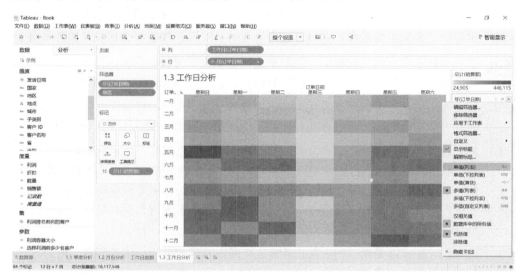

改变筛选器样式

修改过筛选器样式之后，我们得到这样一个分析工作表。通过对不同年度、不同地区的数据进行分析，我们发现基本上每周的销售规律都是非常接近的。我们把这个规律也写到说明中。

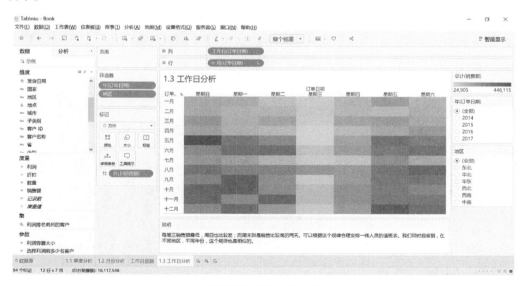

销售额工作日分析总结

小白 刚才我也在一直跟着操作分析，有两个问题，第一个问题是订单日期切换为月份的时候，我注意到快捷菜单里面有上下两部分，都是年、季度、月、日，这两部分有什么区别呢？第二个问题是我这里的视图上每周的第一天是星期日而不是星期一，这个怎样设置星期一是每周第一天呢？

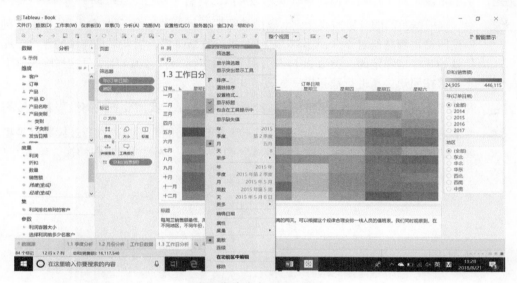

快捷菜单分为上下两部分

大麦 我们先说第一个问题。在快捷菜单中的确是有两部分看似内容相同的，但大家请注意一下菜单项后面的提示就明白了，比如上面的月，是 5 月；而下面的那个月份，是 2017 年 5 月，是年月格式。同样地，上面的季度是年季格式，下面的日是年月日格式。在分析的时候，如果你选择的是上面的月，那么只有 1 月到 12 月，默认情况下不考虑年份，也就是说 1 月显示的是所有年份的 1 月数据汇总，2 月显示的是所有年份 2 月的数据汇总，因此视图中最终只会有 12 个数据点。而使用年月进行分析的时候，实际上每个月都会有一个数据点，分析 3 年的数据将会有 36 个数据点，4 年数据有 48 个数据点。

大麦 除了这一点区别之外，菜单中上半部分的日期默认是离散类型的，而下半部分的日期默认是连续型的。

小白 什么是连续离散？

大麦 连续，顾名思义就是连续变化的数据，在两个数据之间可能存在无限多个数据，比如身高、体重、销售额和利润等，比较特殊的是日期时间，它也是连续的，有固定的顺序，任意两个日期时间值之间都可能存在无穷多的数据点。而离散数据，是可以枚举出来的有限的数据，比如产品类型、国家、顾客数据中的性别和民族等。

小白 那么，在 Tableau 中怎么区别数据是连续还是离散的呢？

大麦 当我们把数据拖放到"功能区"的时候，如果胶囊颜色是蓝色，那么它是离散的；如果胶囊颜色是绿色，那么它是连续的。就比如我们刚才操作"日期"维度的时候，如果将日期切换为月，那么它默认是离散的；如果把它切换为年月，那么它默认是连续的。

小白 也就是说，对于日期来说，有时候它是离散的，有时候它是连续的？

大麦 对，这根据我们的分析需要而定。离散的数据是可以进行重新排序的，比如离散的月，可以按照销售额高低对 1 月、2 月……12 月进行重新排序。但如果是连续的年月，那么这些年月的顺序是固定的，类似 2014 年 1 月、2014 年 2 月、2014 年 3 月这样顺序排下来，是不能够按照销售额进行重新排序的。

小白 我试了一下，果然是这样。那么，有没有某种情况下，我需要更改离散或者连续类型呢？

大麦 当然是有这种情况的，Tableau 提供了非常方便的功能来切换离散和连续数据类型。在胶囊的快捷菜单中，我们可以看到"连续"和"离散"两项可以来回切换，非常方便。

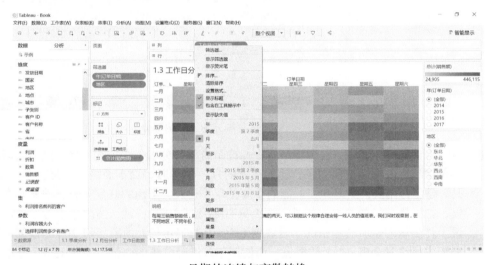

日期的连续与离散转换

特别需要注意的是，对于 Tableau 来说，连续数据和离散数据展现的方法是不一样的。一般情况下，连续数据在行或者列上，会展现一个数轴；离散数据则展现为一个一个系列标签。对于日期来说，有一个很重要的细节需要提示一下，如果我们使用的数据中包括 2017 年 1 月、2017 年 2 月和 2017 年 4 月的数据，但中间缺失了 2017 年 3 月份的数据，此时如果用连续的年月格式来呈现数据，就会发现数据中间有一个缺口。因为"日期"轴上是 2017 年 1 月、2017 年 2 月、2017 年 3 月和 2017 年 4 月，也就是说，虽然 2017 年 3 月份没有数据，但在轴上仍然保留了它的位置。但如果把连续年月手动切换为离散，就会发现这个缺口消失了，数据轴上的标签排列是 2017 年 2 月、2017 年 4 月，所以在这种情况下，如果数据有小部分缺失，就不容易被发现。

小白 那是不是可以这样理解，维度是离散的，度量是连续的？

大麦 不能这样理解，数据是离散还是连续的，与它是维度还是度量没有任何关系。虽然你刚才说的情况大部分情况下成立，但我们刚才也谈到，日期是一个维度，但它有时候也是连续的。并且，数据是离散的还是连续的，我们还可以手工切换。特别是，度量值在分析的时候，可以切换为离散类型。因为虽然理论上连续值的取值范围不可枚举，但是事实上任意一个数据集都是有限个数，不管这个数据集是 100 行还是 1 亿行，仍然是有限数量的。因此，度量可以手工切换为离散值。手工切换连续和离散，对我们的分析经常有一些特殊的用处，在日后工作中大家会慢慢接触到。

刚才用热图进行了时间序列分析，得到了一些结论，我们发现时间序列分析不仅仅可以用曲线图来进行，用热图也是非常好的方法。我们也根据数据对实际业务提出了一些对应的建议，这些都是非常好的开始。数据分析师的日常工作，就是要分析数据，获得见解，给出建议。刚才我们分析了过去几年的数据，那么能不能对未来的销售趋势进行预测呢？其实当然是可以的，我们一起来看一下。

大麦仍旧是一边解说，一边操作。

大麦 新建一个工作表，把"订单日期"拖放到"列"功能区，然后将它切换为连续的年月格式，再把"销售额"拖放到"行"功能区，得到过去销售额的曲线。现在把"数据"窗格切换为"分析"窗格，把左侧的"预测"拖放到画布区域，这时候画布区域出现一个小窗口，是预测的悬浮窗，我们把"预测"拖放到这个小悬浮窗上，曲线图上就出现了未来几个月的预测值，并用不同的颜色标示出来。

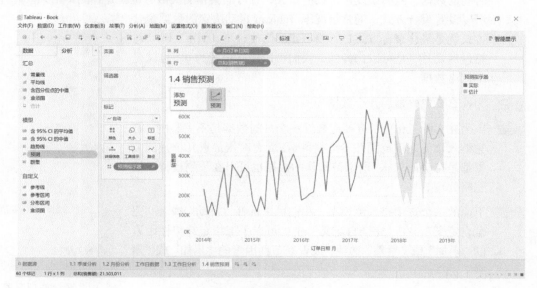

销售预测

小白 用起来很简单啊！不过，有没有一些参数可以设置呢？比如预测未来多长时间之类的？

大麦 当然是有设置的，在画布空白区域单击鼠标右键，此时弹出的快捷菜单中有一项"预测"，子菜单中有"预测选项"，这里可以进行设置。

"预测选项"菜单

在"预测选项"中，我们看到有若干选项可以设置，比如预测长度可以决定预测未来多长时间的数据，但如果设置得数值很大，有可能会预测失败，也就是预测不出来。此外，还可以设置聚合方式，通常情况下 Tableau 自动决定的数据聚合方式就是最佳聚合方式，所以不建议修改这里。但下一项"忽略最后几月"是可以选择的，我们可以将其设置为 0，也就是不忽略数据。

小白 为什么要忽略最后几个数据呢？

大麦 因为在实际工作中，有可能最近一个月的数据是不完整的，把它纳入预测建模范围并不是很科学；而有时候最近几个月的数据都是待确认状态，所以待确认的数据也可以在预测模型中被忽略处理。

大麦 下面的一个选项是预测模型，我们可以选择"自动"或者"完全自定义"。在"完全自定义"中，可以手工指定趋势性因素的"累加"或"累乘"选项，或者季节性因素的"累加"或"累乘"选项。

小白 那究竟 Tableau 的预测是使用什么算法呢？

预测选项配置

大麦 确切地说，Tableau 内置的时间序列预测使用的是指数平滑算法。自动使用 8 种方法进行预测，并且自动输出结果最优的那一个。具体的算法在产品的帮助手册里有详细说明，甚至还提供了一个链接，其中详细讲解 8 种方法的数学原理和公式。

小白 好吧，算法公式估计看也看不明白了，有空再研究，呵呵。

大麦 最下面的一个选项是"显示预测区间"，可选"95%"或者"99%"。实际上，预测所得到的结果是一个数值范围，而不是确切的数字，所以我们可以看到，在预测曲线上用淡蓝色的线条标示了一个数据范围。如果设定"显示预测区间"为"95%"，我们可以理解为在95%的概率之下，未来的数值会落在这个区间之内。

小白 嗯，看来做参考还是很有用的。能进行分类预测吗？比如对不同的产品线分别进行预测？

大麦 可以，比如我们把"类别"维度拖放到"行"功能区，这时候 Tableau 就会对每个产品类别的数据分别进行预测，得到类似如下的结果。

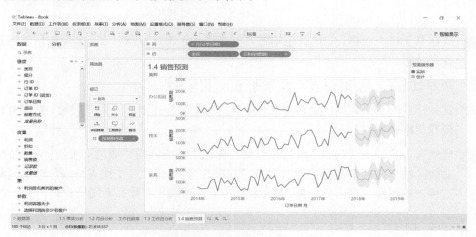

不同产品类别的销售预测

1.4　洞察亏损地区：地理维度分析

大麦 时间序列分析暂时先看到这里。实际上，对于时间序列分析，还有很多更加深入的内容，以后在工作中可以继续深入研究。下面分析"地理"维度。在我们的数据中，与地理有关的字段包括国家、地区、省[①]和城市，首先双击"省"及"订单日期"两个维度，然后依次双击"销售额"和"利润"两个度量值，可以得到各省级市场历年的销售额和利润。接下来，我们把"行"功能区上面的"度量名称"胶囊拖放到"列"功能区，就得到了这样一个表格。

---

① 本书中提及的省、省份，均指省级行政区，包括省、直辖市、自治区以及特别行政区。

各省历年销售利润表

大麦 现在基于这个表格，如果我想知道各省在哪些年份是亏损状态，大家能快速回答出来吗？
我来计时。

30秒过去了，我相信大家已经找到一些，但比较困难。

小白 这种样式的表格我们已经司空见惯了，的确很难快速地回答业务问题，有没有什么办法能
提升观察效率呢？

大麦 当然有。我们把"利润"度量拖放到"标记"功能区的"颜色"按钮上，然后从"标记"
功能区的下拉框中把标记类型改为"方形"，就得到了一个用表格底色渲染利润的表格，
这种表格叫作"突出显示表"。大家看一下，跟刚才有什么不同？

突出显示表（另见彩插图4）

小白 颜色变成了橙色和蓝色，从图例上看应该是颜色深浅表示数值高低，我没理解错的话，橙色表示利润为负，也就是亏损的？

大麦 对。用颜色来渲染某个度量值时，如果这个度量值都是正数，就用单色系深浅表示数值高低；如果这个度量值的范围有正有负，那么 Tableau 会自动以 0 为分界用双色系渲染数据，默认是橙蓝色系。现在，应该很清楚哪些省是亏损了吧？现在我想换一个色系给大家演示一下，先点击"标记"功能区的"颜色"按钮，然后点击"编辑颜色"，弹出的对话框后在下拉框里面选择"红色-绿色发散"，点击"确定"看一下，能不能像刚才一样回答出哪些省处于亏损状态？

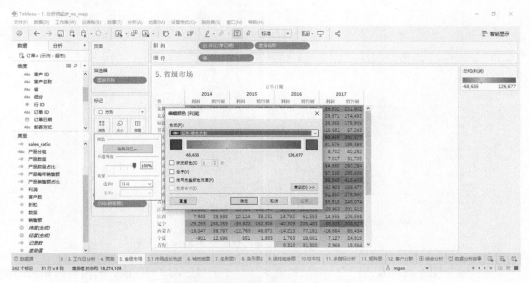

将默认色系换成红绿色系（另见彩插图 5）

小丁 我看不出来，我是红绿色盲。

大麦 谢谢小丁。现在大家明白为什么 Tableau 的色系默认用橙蓝色系了吧？

小白 哇，这也考虑太细致了吧！

大麦 我们把色系改回到默认的橙蓝色系。进一步回答一些问题，哪些省是销售额大、利润高的优质市场呢？哪些是亏损很严重的市场？那些好的市场是平稳的，还是逐步成长的？亏损的市场有没有改善的迹象？这个表格里的数据实际上是可以回答这个问题的，给大家 1 分钟的时间来观察和解读数据。

小白 1 分钟时间到了，我认真地试了一下，完全没有头绪啊！虽然这份数据理论上是可以回答这些业务问题的，但是实践上看又很难回答。难道 Tableau 里面还有什么秘诀能让这些数字说话？

大麦 可以用轨迹分析，现在就用它来分析一下每个省的市场成长情况吧。首先新建一个工作表，因为是分析所有省的市场，所以不对省做过滤。然后把"销售额"拖放至"行"功能区，把"利润"拖放到"列"功能区，接着把"省"拖放到"标记"功能区的"标签"按钮上，把"利润"拖放到"颜色"按钮上，把"订单日期"维度拖放到"筛选器"功能区，最后选择 2014、2015 和 2016 这 3 个年度。因为 2017 年的数据不全，所以这个分析我们先排除 2017 年。然后我们得到这样的结果。

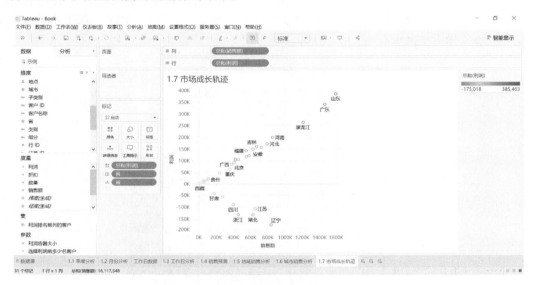

用动画轨迹展现省级市场成长状况

在这个图上可以看到广东、山东和黑龙江是 3 个最好的市场，他们的销售额和利润都很高，而整体各省的市场评价则呈现明显的倒"V"形，其中一端是销售额和利润双高的市场，另一端则是高销售高亏损的市场。现在的问题是：几个最佳市场历年都是最好的，还是成长起来的？或是扭亏为盈的？因此，还要引入"时间"维度进行分析。过去我们的时间序列分析大部分是用折线图，刚才大家还一起尝试了热图，现在尝试一下基于页面功能的时间轨迹分析。

我们把"订单日期"从"维度"窗格拖放到"页面"功能区，它默认变成了"年（订单日期）"胶囊，同时画面右边出现了轨迹播放控件，上面显示了 2016 年。下面还有个滑杆可以滑动调整年份，再往下是播放控制按钮，也就是倒放、停止和播放，而"播放"按钮右边是播放速度的三档选项。最重要的是下面的"显示历史记录"复选框，选中这个复选框，点击这个显示历史记录旁边的小下拉箭头，会弹出播放配置界面，我们自上而下设置为"已选定""全部""两者"，而标记和轨迹的设置则不做更改。

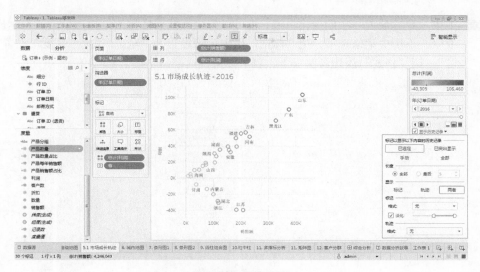

省级市场成长轨迹

然后我们点击"播放"按钮，数据画面开始动态播放，播放到 2016 年时停止。我们按住键盘的 Ctrl 键，用鼠标选中"山东"和"辽宁"这两个省，画面上出现了两条轨迹线，轨迹线表明选中省历史年份的市场情况，我们可以很清楚地看出山东是成长型市场，销售额和利润在逐渐上升，而辽宁则是衰落型市场，近几年来销售额越来越高，亏损也越来越大，丝毫没有扭亏的迹象。

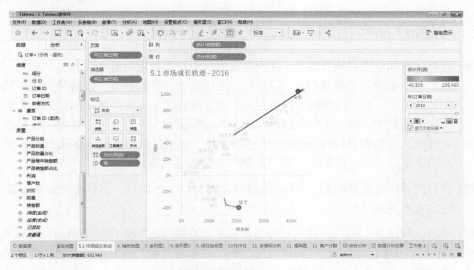

显示历史轨迹

小白 哇！这太酷了吧！

大麦 如果只想看最近一年的变化轨迹，也可以把全部数据标记的最近一个轨迹显示出来，我们
改变一下历史记录选项，把"标记"历史记录设置为"全部"，把"长度"设置为"最后"
"1"，把"格式"淡化调整一下，就可以得到这样一个图。

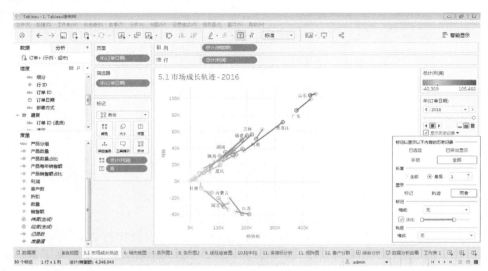

省级市场近一年的变化轨迹

小白 这个我得好好学学，这玩意简直太好玩了！

1.5　探究产品亏损的原因：产品维度分析

大麦 分析完时间维度和地理维度，我们继续来分析产品维度。对于产品维度来说，其中一个分
析难点在于产品的数量很多，但好在一般情况下产品都是有一定的分类结构的，比如在我
们的数据中，就包括类别、子类别和产品。我们希望像时间维度那样，先从宏观入手，逐
层深入到细节，这个从宏观到微观的分析过程就称为下钻，下钻过程中数据逐层展开，越
来越细。我们需要告诉 Tableau 下钻的方法，也就是下钻路径。在我们的数据中，这个产
品的下钻路径是"类别"→"子类别"→"产品名称"。

小白 在时间维度分析的时候，"年"胶囊的左边有一个小加号，你说的下钻路径就是让维度胶
囊左边出现这个小加号？

大麦 是的。构建这个钻取路径的方法非常简单，直接用鼠标按住子类别，将它拖放到"类别"
维度上，这时就会弹出"创建分层结构"对话框，我们将这个分层结构命名为产品结构。
然后再将"产品名称"维度拖放到分层结构中的子类别下面，这样就完成了用于钻取分析
的分层结构，也叫下钻路径。现在把"类别"维度拖放到"列"功能区，把"销售额"拖
放到"行"功能区，可以看到"类别"胶囊的左边有个加号，点击这个加号，"子类别"

胶囊就自动出现在"类别"胶囊的右侧，并且"子类别"胶囊左边也有加号，点击它，"产品名称维度"胶囊就会出现，而整个视图中就会显示每个产品的销售额。

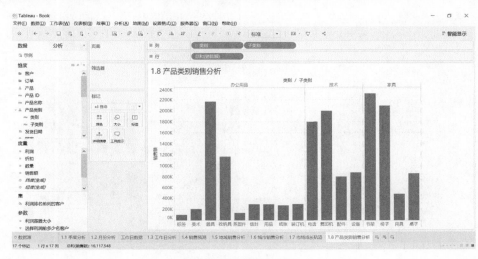

产品类别销售额分析

小白 可是我这里为什么是"类别"展开之后就是"产品名称"，而"产品名称"展开之后是子类别呢？

大麦 那是因为在层次结构中，你的产品名称放到了子类别上层。在层次结构中，维度的上下位置决定了钻取的路径顺序。

小白 哦，现在对了。

大麦 在数据分析的过程中，选择合适的分析粒度很重要，颗粒度太粗，会掩盖问题，颗粒度太细，又会迷失在细节中，难以发现问题。正如我们在做时间序列分析的时候，大多选择年月的颗粒度，而很少选择天的颗粒度。同样，在产品分析中，产品类别只有3大类，子类别有17类，产品名称则接近上千个，所以我们的分析粒度选择为子类别。

小白 "力度"？是分析力量强弱的意思吗？

大麦 不是表示强弱的那个"力度"，而是"颗粒度"，颗粒度越粗，表示分析得越宏观，颗粒度越细，表示分析得越微观、越具体。也有一些高级的分析方法是用很细的颗粒度来分析宏观的趋势或者构成，我们在日后的工作中遇到时再细说。

小白 能同时分析"销售额"和"利润"这两个指标吗？其实我们过去的报表中经常有多指标综合分析的。

大麦 正要说这个问题。销售额分析是单指标分析，如果要结合另外一个指标来分析，就会有多种分析方法。比如在"产品"子类别分析中，我们希望找到哪些是经营异常的子类别，类似于销售额很高却亏损的子类别，或者销售额和利润都很高的"产品"子类别。先说第一种方法，把"利润"度量拖放到"行"功能区，我们就得到上下两个条形图，像这样。

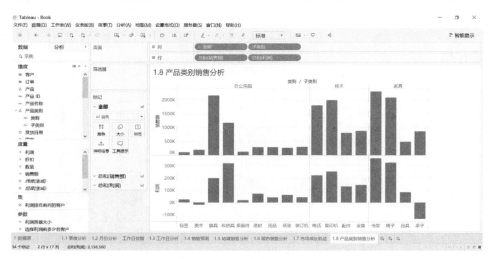

产品类别销售额和利润分析

通过这种方法，我们可以了解到有两个产品子类别处于亏损状态，而其中的美术类别亏损比较少，不太容易被发现，而且从视觉角度来看，人的大脑会把条形图的每根柱子当作一个视觉对象来观察，这样图上要观察的对象就有点多了，而且不方便回答我们刚才提到的问题。所以用这个图做分析不是很理想。我们用工具栏上的"回退"按钮撤销刚才的操作，重新把"利润"度量拖放到画布的左边，鼠标提示这将生成一个并列条形图。

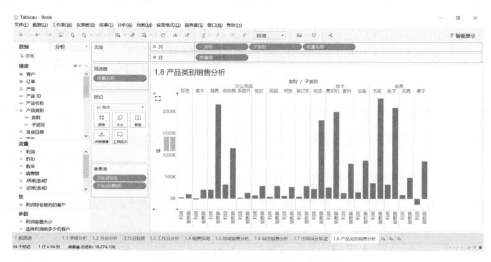

产品类别销售额和利润分析：并列图

可以看出，虽然把上下两个图合并到了一个图上，但是柱子数量并没有减少，所以图表的复杂性并没有降低很多，我们还需要进一步尝试更好的表现方法。再次撤销刚才的操作，重新把"利润"度量拖放到画布的右侧，这时鼠标提示将生成一个双轴图，也就是把利润用另一根数轴来表示。

产品类别销售额和利润分析：双轴图

小白 可是现在变成很多点了，也不直观。

大麦 是的，这时我们需要更改图表的样式，Tableau 中如果在"行"或"列"功能区有多个度量，那么可以为每个度量独立设置展现的图表样式。我们注意到"标记"功能区现在变成了 3 个部分——全部、销售额和利润，展开每个部分都可以独立设置图表样式，也都有颜色、大小、标签、详细信息、工具提示的设置。比如在这个图中，先选中"行"功能区的"销售额"胶囊，"标记"功能区会自动展开到销售额设置，在下拉框中选择"条形图"，画布上就呈现了条形图和散点图的组合。

产品类别销售额和利润分析：条形图/散点双轴

小白 但是有的子类别看起来利润比销售额还高？

大麦 这是左右两根坐标轴的刻度不一致造成的，会造成误解，所以还要做同步轴处理。在右边的"利润"数轴上单击鼠标右键，在弹出的快捷菜单中选择"同步轴"即可。

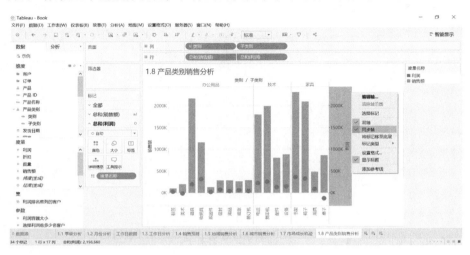

双轴同步菜单

小白 不过条形图和散点图的组合看起来仍然不是很直观，如果多个度量可以独立设置图表样式的话，是不是可以将利润设置成线图？用线柱组合看起来会更好一些。

大麦 可以，选中"利润"胶囊，此时"标记"功能区会自动展开"利润"设置，在下拉框中选择"线"即可。

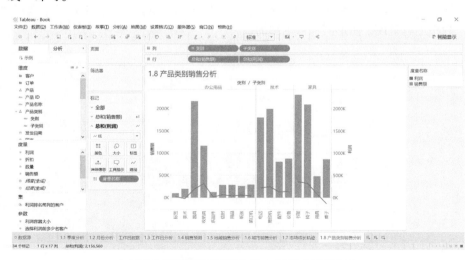

产品类别销售额和利润分析：条形图/线图组合

小白 这个图比较常用，不过看起来有点小啊，画面也没充满……

大麦 可以使用工具栏上的画面比例下拉框来放大画面，其中可以选择标准、适合宽度、适合高度或者整个视图，这里我们选择"整个视图"。

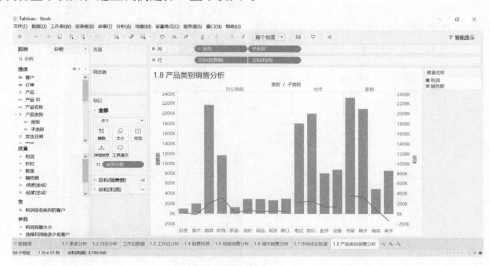

设置视图大小

小白 这个组合图里面美术的亏损仍然不是很明显。

大麦 是的，所以我们可以继续探索更好的展现方法，充分利用可视化技术让数据更直观。比如把利润也改成"条形图"，然后调整一下大小，这样就产生一个柱中柱的双轴图表。

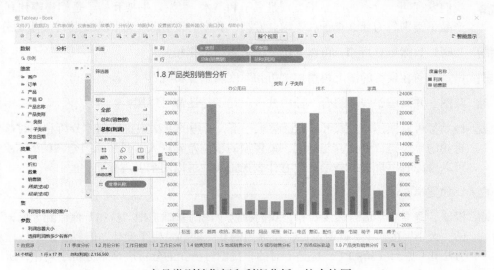

产品类别销售额和利润分析：柱中柱图

柱中柱图适合用来做计划和实际的对比，但是用在这个分析中，对于亏损产品子类别的表现还不够明显，需要继续探索其他方式。我们新建一个工作表，把"类别"和"子类别"两个维度放到"列"功能区，把"销售额"放到"行"功能区，然后直接把"利润"度量拖放到"标记"功能区的"颜色"按钮上，这样就在不增加图表复杂性的基础上利用颜色呈现了第二个数据，并且如同我们之前用过的，对于有正有负的度量值，Tableau 自动以 0 为分界用橙蓝双色系来展现。在这个图上，我们一下子就可以发现桌子和美术两个子类别是亏损的。

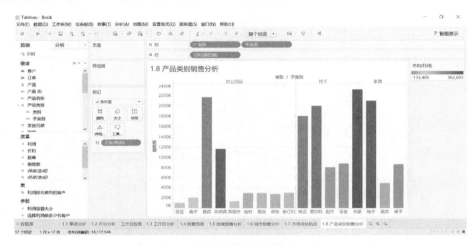

长度和颜色可视化运用（另见彩插图 6）

小白 果然很直观，也很漂亮！

大麦 我们发现两个亏损的产品子类别是桌子和美术，也发现书架和椅子是销售额和利润双高的产品子类别。为什么桌子和美术会亏损，我们有没有其他数据来支持进一步的分析呢？

大胡 有啊！数据里有折扣，可以分析一下是否与折扣相关。

小白 可是如何在现有的图上再增加"折扣"度量来分析呢？

小毛 双图、并列图、线柱组合、柱中柱……是不是还都可以用？

大麦 当然都可以使用，大家可以自己尝试一下，所用的方法跟我们刚才分析利润时一样。但是折扣的单位是百分比，与利润、销售额的单位差异巨大，我感觉组合图的效果会差一些。可以考虑一下现有的条形图还有什么视觉属性可以用来表现数据？

小白 比如宽窄？

大麦 没错，宽窄非常适合表现折扣，我们在这个图的基础上把"折扣"拖放到"标记"功能区的"大小"按钮上，此时画面上条形图的宽窄的确发生了变化，但要注意默认显示的聚合方法是"总计（折扣）"，这是不对的，我们对折扣的分析应该是分析平均值，所以将聚合方法改为平均值。

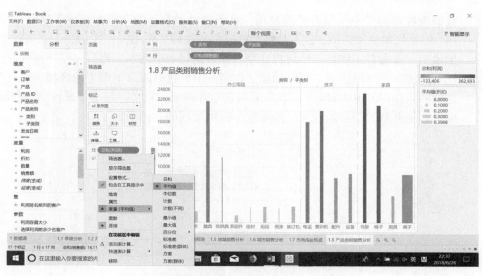

产品类别销售额、利润及折扣状况分析

小白　哦，果然我们发现了桌子和美术两个子类别的折扣最高！这个图用条形图的长度、宽度和颜色表示了 3 个指标，神奇啊！不过那个折扣的聚合方法默认就是汇总，每次都要改吗？

大麦　不用每次都改，对于"折扣"这种度量值，或者某些百分比类型的度量，我们可以将聚合方法的默认值直接设置为平均值，其方法是在"折扣"度量值上右击鼠标，在弹出的快捷菜单中选择"默认属性→聚合→平均值"就可以了。这样在各种分析中，Tableau 就会自动使用平均值计算了。

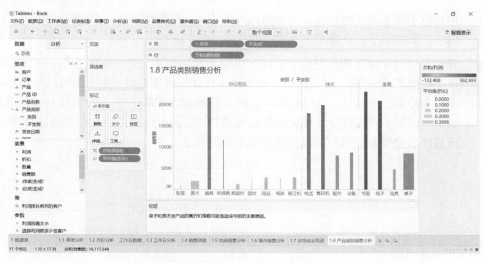

多指标分析结论（另见彩插图 7）

我们现在得到了一个很重要的发现，桌子和美术产品的高折扣造成了这两个子类别的亏损。但是如果继续追问，是不是每个地区都是这样的情形呢？我们先为当前这个工作表添加说明，重命名工作表。然后将这个工作表复制一个副本，再引入一个新维度——地区。把"地区"维度拖放到"行"功能区观察一下，这时画布上每个地区都生成一个条形图，这种图叫作 Small Multiple，我们就叫它矩阵图吧，它实际是由一系列结构相同的图表构成的。矩阵图的信息量较大，是零售分析中常用的一种图表。

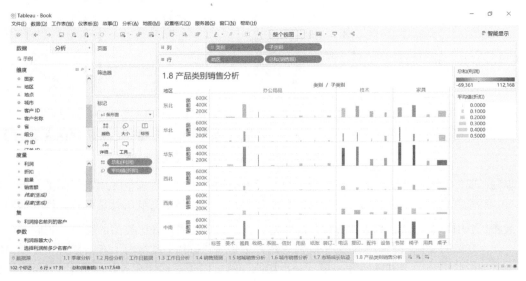

地区产品类别分析（另见彩插图 8）

小白　但是这个图看起来很热闹，按照你原先的说法，每个柱子是一个视觉对象，这个图上要看的东西就太多了，一眼看不过来。

大麦　我们可以简化这个图，把位于"行"功能区的"地区"胶囊拖放到"标记"功能区"平均值（折扣）"胶囊的下方，这个空白区域叫作详细级别区域或者 LOD 区域，它会影响视图中呈现数据的颗粒度。这时候画布上的条形图变成了堆叠图，我们可以一眼看出两个异常点，一是美术产品在华北地区竟然略有盈利，二是复印机产品在西南地区亏损。所以，合适的图表能够帮助我们发现更多数据中的问题。

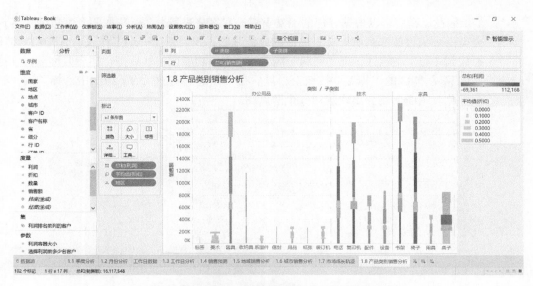

地区产品类别分析：堆叠条形图（另见彩插图 9）

小白 这种图没怎么见过，竟然还有这种操作！

大麦 实际上条形图还有很多其他的变形类型，我们以后在工作中需要的时候再慢慢研究。以上分析的核心意思是，选择哪种图表的目的是让图表更方便地帮助我们查看和理解数据。千万注意，做各种绚丽的图表本身并不是目的！

1.6　初步客户画像：客户维度分析

大麦 分析完时间、地理、产品维度，我们再来分析一下客户维度。一个商业分析的基本思路是先沿着单一维度进行深入分析，最后再进行多维度的综合分析。所以，做完客户维度分析之后，就做跨维度的综合分析了。

小白 可是客户维度只有客户分类和客户名称两个字段，信息是不是有点少？

大麦 信息少没关系，仍然有不少可分析的内容。不过在商业实践中，客户维度是一个很复杂的维度，包含各种信息，比如性别、民族、学历、婚姻、职业、会员级别等，可分析的内容会更加丰富。我们今天先对客户总体情况做个客户分群吧。

大胡 补充一下，实际上我们积累的客户资料也是很丰富的，今天我们所使用的这份数据是销售数据，而客户数据在系统的另外一个表里面，确切地说，在另外一组表里面。而且今后对客户的分析会是数据分析工作的一个重点。

大麦 OK，我们今天先对现有的数据进行分析。刚才说对客户进行分群是希望把客户划分成几类。当然，如果按照地区或者客户类别进行分类，就没啥分析价值了，因为这些都是确定的。因此，我们可以根据客户的消费贡献来对客户进行分群，选取两个度量值对客户进行分类——销售额和利润。有了前面的分析基础，我们新建一个工作表，首先把"销售额"拖放到"行"功能区，把"利润"拖放到"列"功能区，然后把"客户名称"维度拖放到"标记"功能区的"标签"按钮上，最后在"标记"功能区的下拉框中选择"圆"标记类型，此时画面上就会出现这样一个散点图。

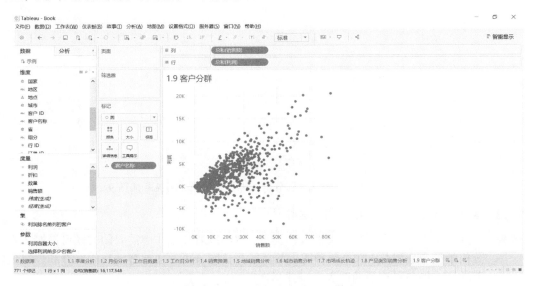

按销售额和利润进行客户分群：散点图

显然右上角区域的客户是利润和销售额双高的客户，是我们的重要客户，而左下角是利润和销售额双低的客户。因为这个图并没有给我们一个明确分类的概念，所以我们对这个图进行进一步的处理。首先把"利润"度量拖放到"标记"功能区的"颜色"按钮上，然后把"折扣"拖放到"大小"按钮上。由于我们先前设置过折扣的默认聚合计算方法，可以看出这次折扣胶囊自动显示为"平均值（折扣）"。然后我们再加两条参考线对所有客户进行划分，把画面左侧的"数据"窗格切换为"分析"窗格，用鼠标按住"平均线"将其向画布中间拖放，这时候画布上出现一个悬浮窗口，把平均线拖放到"表-销售额"交叉区域，意思是对整个表的销售额添加一条平均线。接着我们从"分析"窗格中把"常量线"拖放到悬浮窗口的"表-利润"交叉区域，意思是对整个表的利润值添加一条常量线。最后，在弹出的对话框中输入常量值，我们输入 0，然后回车。这时画面上就出现了十字交叉的两条线——销售额的平均线和利润的 0 值常量线。

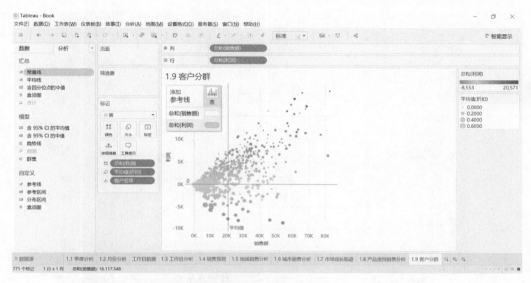

在散点图上添加常量线和平均线，把客户分成4组（另见彩插图10）

这个图将画面分成了4个象限，也就是把客户分成了4个不同的类别，右上角是我们最有价值的客户，左上角是有盈利但销售额较低的客户群，下面两个象限是经营亏损的客户，我们再对工作簿的外观做一些修饰，比如添加边界，这样分析图就完成了。

小白　不赚钱的客户喜欢买高折扣的产品，圆球大小表示折扣高低，显然亏损客户的标记要更大一些！

大麦　是的，这就是我们做客户分析、客户分群的目的所在，通过数据了解我们的客户。

1.7　呈现你的观点和结论：仪表板和故事

大麦　我们刚刚对数据进行了一些基本的分析，包括时间维度、地理维度、产品维度和客户维度。由于大家都是第一次使用 Tableau 软件，我们用了最基本的分析方法，几乎所有的分析都是用鼠标完成的。同时，我们也发现了一些问题，比如销售的季节性波动规律，亏损的省和城市，亏损的产品以及原因等。现在需要做一些综合分析，也就是把刚才分析的内容综合起来，看有没有一些新的发现，这时需要使用仪表板。在"仪表板"菜单中选择"新建仪表板"，创建一个新的仪表板，我们发现整个界面发生了变化，左边是仪表板窗格，最上面有一个"设备预览"按钮，它用来创建适配不同设备类型的仪表板，我们暂且不用管它。下面是仪表板的大小设置，默认为台式机浏览器（1000×800）大小，我们可以通过下拉框将仪表板设置为固定大小、自动或者范围，这里我们选择"自动"，让仪表板画面自动占满整个屏幕空间。

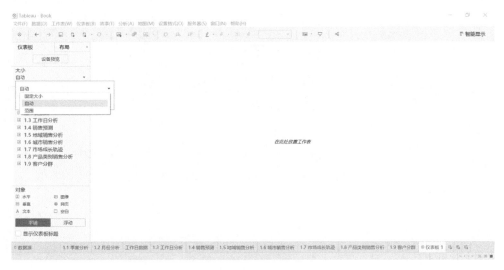

设置仪表板大小

下面是工作表列表，我们可以将工作表拖放到右侧空白的画布上去，默认情况下这些工作表会自动对齐，在合适的位置上松开鼠标，可以控制工作表在仪表板上的位置，我们把省级市场、产品分析的多指标分析图、客户分群散点图依次摆放到右侧画布上，结果像这样。

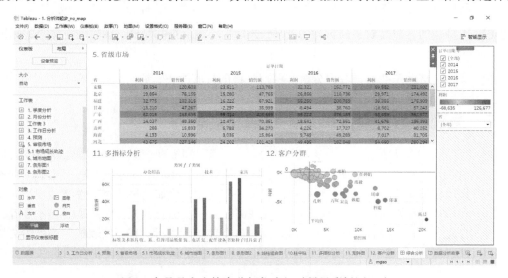

地区、产品及客户综合分析仪表板（另见彩插图 11）

在画布右侧有很多图例，因为我们先前的分析保持了很好的一致性，比如用颜色表示利润，用大小表示折扣高低，所以删除那些大小图例和颜色图例，保留"日期"筛选器。点击"日期"筛选器，我们发现只有省级市场的数据在发生变化。

小白 能让这个筛选器作用于其他几个视图吗？

大麦 当然可以。方法很简单，在"时间"筛选器的旁边有个小的三角符号，用鼠标点击它，会出现一个快捷菜单，选择"应用于工作表"。

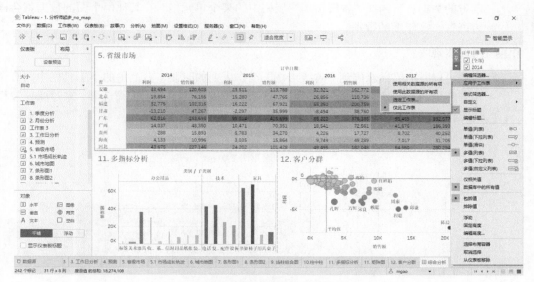

修改筛选器的作用范围

默认情况下，这个筛选器是仅应用于此工作表的，选择"选定工作表"，在弹出的对话框里面选中仪表板上的所有 3 个工作表。单击"确定"按钮之后，再调整"年份"筛选器，此时仪表板上的所有工作表就都跟着变化了。

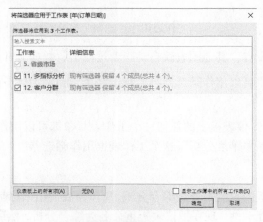

将筛选器作用于工作表

小白 很方便！

大麦 这就是仪表板的互动性设置，如果我们有更多的筛选器，也可以通过同样的方法让本来只属于某个特定工作表的筛选器作用于其他工作表。仪表板的另一个互动特性是图表的联动，当我们选中"省级市场"表格的某一行时，其他两个图表的数据会被过滤为当前所选定省的数据；当选择"省级市场"表格中的某个单元格时，其他两个图的数据就会被过滤为该省、该年度的数据。

小白 可以实现吗？

大麦 当然可以。把鼠标悬停到"省级市场"工作表上的时候，右上角的小工具栏中间有个小漏斗的图标，点击这个小漏斗，可以让这个工作表中的图表用作筛选器，来过滤仪表板上其他工作表的数据。

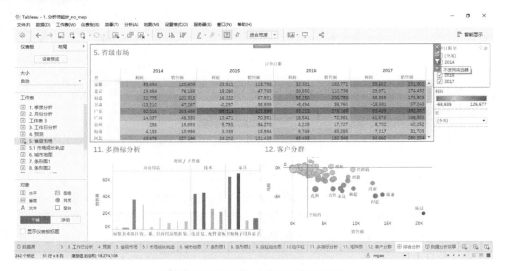

工作表用作过滤器（另见彩插图 12）

现在再点击某个省，其他图表就自动跟着过滤了，数据非常清楚。

小白 那么产品分析也可以用作筛选器吗？点击某个子类别的柱子的时候，其他图过滤显示这个子类别的数据？

大麦 可以的。事实上，仪表板上的任何一个工作表对象都可以用作筛选器，其方法都是一样的。现在就把"产品多维度分析"这个工作表也用作筛选器。

小白 酷！

大麦 我们制作仪表板的目的是要做综合分析，所以需要使用图标筛选、公共过滤器等互动元素，增加仪表板的互动性。现在把仪表板重命名为综合分析，然后基于这个仪表板来分析一下数据。比如我们选择 2017 年，点击亏损省四川，大部分产品子类别都是亏损的，而且绝大部分客户也都是亏损的。不得不说，这是一个非常有意思的现象。

小白 果然啊，其他亏损省呢?

大麦 再选择另一个亏损省湖北，甚至我们可以按住键盘上的 Ctrl 键来进行多选，我们发现了什么?

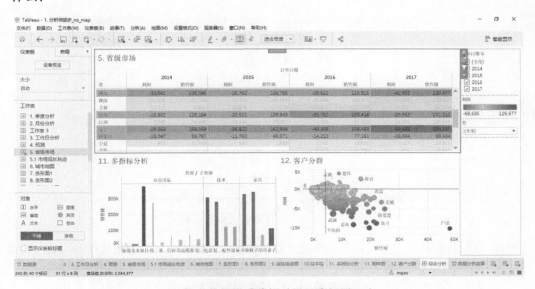

对亏损省选择联动分析（另见彩插图 13）

小白 这些亏损省的情况非常类似，所有产品子类别都亏损，所有客户都亏损!

大麦 是的，基于这个数据，可以给我们的业务哪些建议呢?

大胡 这些省的亏损状况非常严峻，实际上我们先前也知道这个情况，只是没有今天看到的数据这么直观，这么令人印象深刻且感到惊讶。将这些省扭亏为赢是一个非常艰巨的任务，同时，我们需要向公司高层进一步咨询，这些省的亏损是战略策略有意为之，还是的确经营不利。如果是经营不利，那么这些市场会对利润造成拖累，继续经营还不如砍掉。

大麦 您说的非常有道理，有时候盈亏并不是唯一的经营考量，我也接触过一些企业，为迅速占领某地区的市场而采取激进促销，不惜亏损。如果从另外一个方面考虑，假如我们需要迅速提升公司的销售额和利润，又该从哪些市场入手呢?

大胡 这就要反过来看了，要想做得更好，当然要选择经营状况最好的省加大投入。对于现有的这份数据，仪表板上清晰地显示出广东和山东是最好的市场。我们可以看一下这两个省的数据吗?

大麦 可以，我们选中广东和山东，能够发现这两个省的产品经营和客户经营方面都非常好。这验证了我们的想法，如果要开拓市场，做大规模，重点应该对经营状况良好的几个省加大投入。

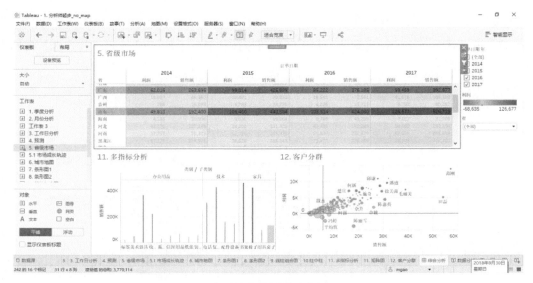

对盈利省选择联动分析

大胡 最后我们再对这个仪表板的格式做修整美化，就完成了一个像模像样的联动分析报告了。其实这个仪表板非常有用，能够帮助我们找到问题，协助我们确定业务发展的重点方向。如果把这个仪表板呈现给决策层，相信会对公司的业务决策产生很大的作用。

大麦 那么过去呈现给决策层的数据是怎样的方式呢？

大胡 PPT。不过 PPT 的数据没有互动性，很难阐述数据中的问题。

大麦 嗯，其实在 Tableau 中提供了一种方法，可以像 PPT 一样进行全屏展示，并且有更好的互动性和展示效果，这就是故事。我们在"故事"菜单中选择"新建故事"项，就会出现"故事编辑"界面。在这个界面中，左边窗格从上到下依次是新建故事按钮、工作表和仪表板列表、添加文本对象、标题显示设置和大小设置，而画面右半部分就是故事主体部分。和仪表板类似，我们先把故事大小改为"自动大小"，让故事占满整个屏幕空间，再把当前这个故事点的标题命名为"概览"，然后将左侧的添加文本图放到画布中间，输入我们分析的目的、数据、方法、核心结论、分析人员等信息，就像这样。

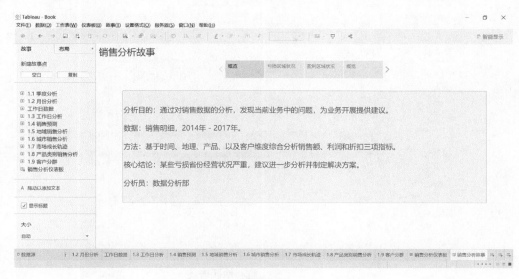

故事概要

点击左侧窗格最上面的"空白"按钮，新建一个故事点，然后把"综合分析仪表板"拖放到画布中间，选中那几个亏损的省，编辑故事点标题为"亏损省份问题大"，再点击故事点上的"更新"按钮，这个按钮比较小，使用的时候要特别注意。

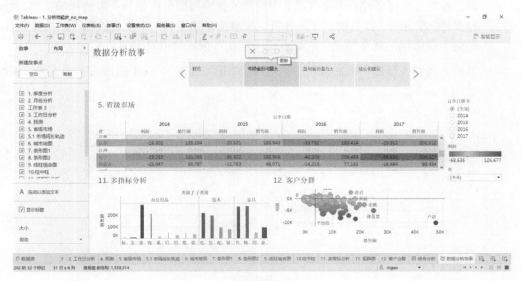

亏损地区概述

接着用类似的方法新建一个故事点，再把"综合分析仪表板"拖放到画布中间，选中广东和山东，编辑故事点标题为"盈利省份潜力大"，然后更新故事点。

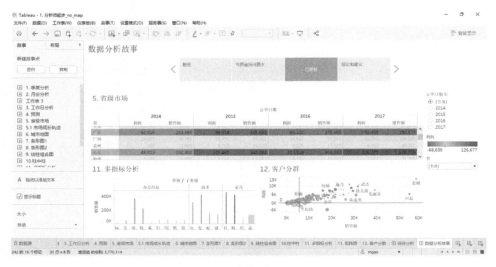

盈利地区概述

大胡 为什么每次都要点击那个"更新"按钮呢？

大麦 这是"故事"应用中一个非常重要的功能特性。每个故事点在更新之后，都能为故事点中的工作表或者仪表板生成一个快照，也就是说，故事点 1 中的仪表板可以是一组选择筛选器、参数、选择条件；而故事点 2 中同样的仪表板则可以是另一组选择筛选器、参数和选择条件。实际上，我们很多业务分析的故事都是基于同一个仪表板的不同选择条件组合得到的不同数据的观察结论。所以点击"更新"按钮是很重要的。

然后，我们再新建一个故事点，命名为"结论和建议"，在中间加入文字说明，就像这样。

故事总结

小白　哇！这个岂不是就可以替代 PPT 了？

大麦　是的，Tableau 的员工很少使用 PPT，我们有很多的客户在使用过一段时间 Tableau 软件之后，也用 Tableau 彻底代替了 PPT 进行会议演示。

大胡　我们在经营分析会上使用的 PPT 基本都是各种静态化的数据分析图表，显然内容缺乏互动性，不能深入分析，往往发现问题时，难以在会上进行进一步分析，只能安排另一次会议，极端情况下第二次会议还是分析不透，就再安排个会议。这样做决策效率低，时效性差，决策支持的效果也差。如果用 Tableau 的故事，就彻底避免这个问题了。

大麦　其实，我们做数据分析和呈现的核心目的是深入分析数据，从而支持决策，所以替换 PPT 本身并不是目的。我们刚才的分析过程也一直在强调，作为数据分析员，工作目的不是制作报表和图表，而是深入理解数据，为业务服务。

大胡　谢谢大麦。我希望部门里几位同事能够听进去，比学习产品用法更重要的是要转换思路。我们过去一直做报表、做图表，却很少做数据分析，更不用说通过数据分析对业务决策提供建议和支持了。如今是大数据时代，数据是公司最重要的资产，数据分析师也将在公司运营中发挥越来越重要的作用。除了让工作更有价值，我们也要让自己的职业生涯更有前景，大家了解报表设计师和数据分析师的差别吗？现在是"表哥""表姐"，但是以后我们要成为数据分析师。有些业务用户已经开始把我们昵称为"茶树菇"（查数姑）了！数据分析师的职业路径就比较简单了，是数据分析师到数据科学家。

小白　扎心了，老铁！

大胡　别扎心，实话总是不好听。小白是实习生，大明对 Tableau 有一定的使用经验，咱们内部先安排一下，大明重点带一下小白，开始用 Tableau 分流我们现有的一些数据分析需求，把适合的需求转化为用 Tableau 来支持，重点是强化分析本身，开始试着通过数据给业务提建议。其他几位同事也要一方面完成手头的任务，另一方面开始学习 Tableau，未来我们都要转型为数据分析师。

小白　哈，大明哥当我的馒头，太好了。

大明　馒头？

小白　哦，Mentor！

大胡　咱们自己也要多组织一些内部的学习活动，共同提高 Tableau 的使用技能。有问题的话攒一攒，请 Tableau 的大麦来帮大家解决一下，大麦可以提供支持吗？

大麦　愿意效劳！

第 2 章

破解难题：Tableau 连接复杂 Excel 数据

本章介绍如何在 Tableau Desktop 中处理常见的 Excel 数据问题，包括多文件数据合并、数据关联、行列转置和数据混合分析等。不需要使用 Tableau 连接到 Excel 数据做分析的读者，请跳过本章，对于平时大量使用 Excel+Tableau 做分析的读者，则强烈建议认真阅读本章，并跟着所有步骤实际操作一遍。

学习难度：初级
知识点：数据解释器，数据并集，数据别名，数据混合

2.1　陷入困难

上周大麦给大家讲解 Tableau 后，大家的热情很高，都尽量多使用 Tableau 做数据分析。不过由于大家日常工作繁杂，对 Tableau 还只是初步上手，有时候忙起来，就不自觉地又回到 Excel+PPT 的路子上去了。

这天早晨，大胡过来跟小白交代了一项新任务。

大胡　小白，我往你的邮箱发了一些市场调查的数据，你收一下，做个市场竞争的分析，明天开
会的时候公司决策层要看。

小白　好的，老板。

大胡　哦，对了，你最好用 Tableau 软件来分析，那个软件分析功能强，展现效果好，这次开会
顺便给公司的高层也推介一下。

小白　哦，好。

大胡走后，小白开始查收邮件，坐在座位上目不转睛地瞪着电脑干活儿。临近中午的时候，大明开完会回到办公室，看见小白聚精会神，两眼发红地看着电脑。

大明 小白，忙啥呢？怎么看上去很累的样子？

小白 哦，大胡早晨发给我一些市场调查数据，让我用 Tableau 分析一下，可是要先整理这些 Excel 的格式才行，这些文件的格式实在是太……唉，要是我用 Excel 和 PPT 做，没准已经做完一些了，现在只能先把所有文件整理完，大胡明天开会要用这些分析，估计今晚我得加班了，还不知道能不能做完。坐在这整整半天没动窝了，感觉咋这么费劲呢？

大明 啊？整理 Excel 格式？为什么啊？我看看都是啥格式。

小白 嗯，你来看看吧。上次大麦来的时候，咱们分析的数据格式很规整，工作表的第一行是列名，接下来是数据，很清楚。可是你看市场数据，所有文件都有一些标题，有的还不是一行；有的一个工作表里面有若干个小表格，看着乱糟糟的，也不知道怎么摘出来；有的是交叉表格式，我得转成简单列表格式；还有的每个月都是一个独立文件，我得先合并到一起；有一些代码的对照表在单独的 Excel 文件里，我得手工先把数据对照出来，弄了半天眼都花了！

大明 等等，慢慢来，一个一个看。这个是有标题的情况对吧？

2017年2月市场分析				
xx市场咨询公司	2017年2月			
月份	公司	地区	产品类别	销售额
2017/2	A	北京	办公用品	890
2017/2	A	北京	家具	160
2017/2	A	北京	技术	143
2017/2	A	河北	办公用品	845
2017/2	A	河北	家具	841
2017/2	A	河北	技术	270
2017/2	B	北京	办公用品	700
2017/2	B	北京	家具	923
2017/2	B	北京	技术	38

有标题的 Excel 表格

小白 嗯，这是工作表里面有多个表格的情况。其中包含一个公司代码对照表和一个需要进行行列转置的利润表。

公司代码对照表				
公司代码	公司名称	性质	总部所在地	注册规模
A	一客隆	A 股上市	北京	10亿
B	十客隆	H 股上市	北京	20亿
C	佰客隆	未上市	上海	1亿
利润				
公司代码	201701利润	201702利润	201703利润	201704利润
A	249	613	704	659
B	997	38	836	186
C	983	14	635	735
说明：利润数据未按产品类别划分				

一个 Excel 工作表中存在多个表格的情况

这几个是格式相同的 Excel 文件，每月会增加一个文件。

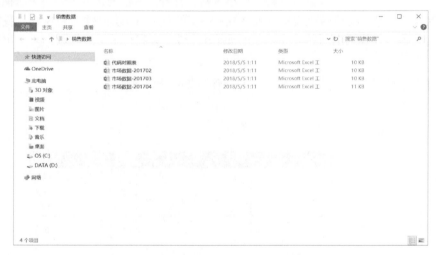

多个格式相同的 Excel 文件

大明　这样吧小白，我觉得这些 Excel 文件整理起来绝不是一天能做完的，就算你今天在这工作通宵，也不一定能搞定。既然这样，还不如先去吃午饭，没准儿吃饱饭—高兴，想个妙招儿三下两下都搞定了呢。

小白　哪有时间吃午饭？要不一会儿你去吃饭的时候帮我打包回来吧，这个任务的时间太紧了……

大明　嘿，我跟你说了嘛，吃饱了才有力气干活儿，才有脑子想办法！

小白　有啥方法呢？你要是有办法，我请你吃饭！

大明　哦？真的？那好吧，请饭就不用了，午饭后请我喝咖啡就行了。

小白 你真有办法？大明哥，你可别害我，这个真的明天要用！

大明 放心放心！不会害你的，走吧！

在餐厅吃午饭时，大明点了几个小菜慢悠悠地吃起来，而小白只买了一碗面却狼吞虎咽，一副心不在焉的样子。

大明 咳，你这萌妹子吃饭整得比爷们儿还豪放，我这压力很大啊~

小白 没有啦，你慢慢吃，我就是在想那些 Excel 文件的事情。

大明 哦，上礼拜不是学了 Tableau 吗？不用那么苦哈哈了吧？

小白 可是，用 Tableau 也得先整理数据啊！

大明 小白你知道吗？Tableau 是让人们生活更美好，绝不是让人们工作更苦逼的。看你急的这样，不逗你了，我也快点吃完给你三两下搞定，下午分析完数据还能有大把时间去喝下午茶。

小白 真的？大明哥你可别骗我，搞定了我请你喝咖啡！

大明 好，就这么定，走。

2.2　Tableau 轻松搞定

回到办公室后，大明让小白打开 Tableau Desktop，然后打开"市场数据-201702.xlsx"文件。

大明 把"数据"工作表拖放到画布上，你会发现在数据预览区域未能正确识别数据区域。

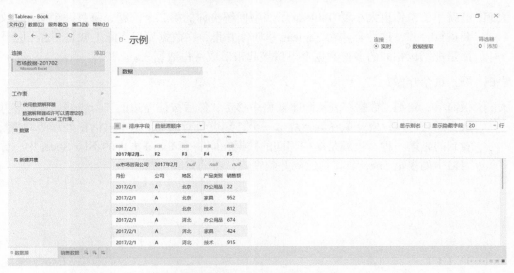

未能识别 Excel 字段名称的数据连接

我们先处理第一个问题，数据文件有标题的情况，Tableau 可以自动跳过那些标题行，识别数据区域。其方法很简单，在"工作表"下方，有一个"使用数据解释器"复选框，选中它，Tableau 就会自动解析数据中的"脏数据"，并且进行自动处理，比如空行压缩、自动跳过标题和表头、寻找数据区域等。选中它，进行数据预览。

启用数据解释器

小白　哇！我还一个文件一个文件地删这些标题和空行呢！太牛了！

大明　这就牛了？你也太小看 Tableau 了。顺便解决你的第二个问题，每月一个 Excel 文件，需要进行合并，这种合并在 Tableau 里叫作并集，在数据库里实际上就是 Union 操作，其特征是把结构相同的多份数据上下拼接起来形成一份数据表。

小白　啊？这个咋做？

大明　很简单，先把"数据"表从画布窗格中移走，然后按住左边的"新建并集"标签并将其拖放到画布区域，松开鼠标就会跳出一个并集设置对话框。这个对话框处理两种情况，现在看到的是第一种，也就是结构相同的数据在同一个 Excel 文件的不同 Sheet 中，你可以把表格中的多个 Sheet 直接拖放到并集窗口，自动完成合并。

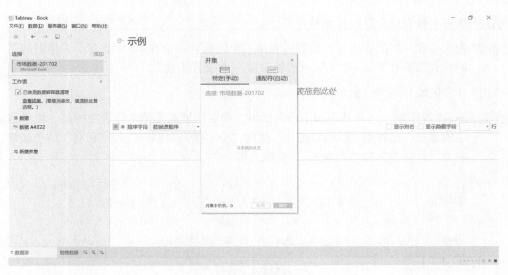

新建并集

不过显然这个场景与你现有的 Excel 文件不同，所以我们切换到另一种模式"通配符（自动）"模式。在工作表中输入"数据"两个字，因为你的每个文件里面需要合并的工作表的名字叫作"数据"，如果你的工作表的名字是数据加一些变化的后缀，可以用"数据*"命名，其中星号代表通配符。工作簿名称中输入"市场数据*.xlsx"。下面是搜索范围，Tableau 可以搜索当前文件夹以及它的子文件夹、父文件夹中的文件。你的文件都在一个文件夹里，所以这两个复选框就不用选了。现在可以点击"确定"，看看发生了什么。

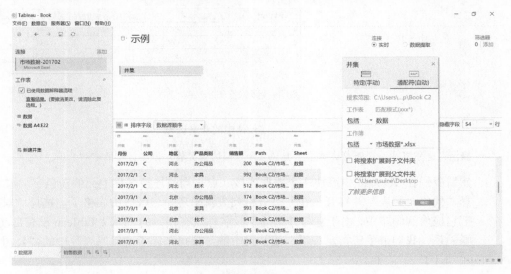

使用通配符并集

小白 所有文件自动合并啦！太神奇了！

大明 先别一惊一乍的好不好？我们再看第三个问题。一个 Sheet 中有多个表格的问题，这里我们首先需要在 Excel 中为每个表格设定一个命名区域。

小白 命名区域？是个什么东西？

大明 Excel 高手啊……竟然不知道命名区域？命名区域就是把工作表中的某一块单独起一个名字的意思，比如把"代码对照表"里的"公司代码对照表"和"利润"两个表格，分别起名为"对照表"和"利润表"，就像这样。

Excel 中的命名区域

提示：选中其中一个表格，在左上角 A、B 上面的位置输入命名区域的名称。

然后我们在 Tableau 中添加一个数据连接，点击当前连接名称上面的蓝色字"添加"，选择"代码对照表"并打开，在左边表格列表就出现命名区域的表格了。选择"对照表"，把它拖放到画布中，由于它与并集的字段名称没有相同的，所以 Tableau 没有自动识别关联关系，我们来手工指定一下，使并集中的"公司"等于"对照表"中的"公司代码"。

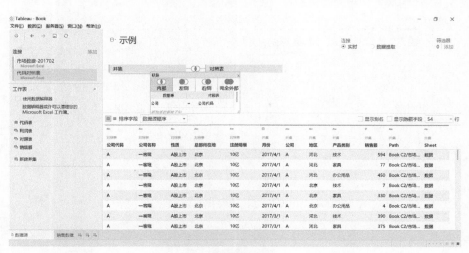

关联对照表

小白 哇塞！我原来只知道用 VLOOKUP，就想着先合并完那几个文件，然后把这个对照表也粘贴到同一个 Excel 工作簿中，可是整个上午我的工作表还没合并完。

大明 刚才我们用的是跨库关联功能，也就是说关联的表格不在同一个数据文件中，甚至不在同一个数据库里面，我们可以同时连接，再进行跨文件、跨库关联。我们继续处理你的下一个问题，"利润表"的行列转置问题和进一步数据关联的问题。这次要使用"数据"菜单下面的"新建数据源"。

"新建数据源"选项

选择"新建数据源"之后，画面就会完全新建一个数据源，这次我们仍然选择"代码对照表"这个 Excel 文件，这次把"利润表"拖放到画布上，就像这样。

连接利润表

对于这个表，我们主要解决行列转置的问题，我们在键盘上按住 Ctrl 键，用鼠标选择"201701 利润""201702 利润""201703 利润""201704 利润"这几列，然后在表头上单击鼠标右键，此时会出现快捷菜单。

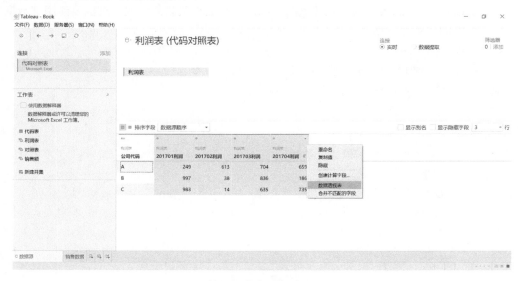

使用"数据透视表"

里面有一项"数据透视表"，就是做行列转置的，我们选择这个菜单项，行列转置完毕！

转置后的"利润表"

如果你想恢复之前的格式，那么选中这两列，在快捷菜单里选择"移除数据透视表"一项即可。我们保留转置后的结果，但还要做进一步的处理。首先要把字段名称改为"月份"和"利润值"。然后对于"月份"列，我们还需要把它转换成日期格式，这需要几个步骤，第一步单击鼠标右键，调出月份字段的快捷菜单，选择"重命名"一项。

重命名字段

在弹出的"编辑别名"菜单里面，为每个字段值取一个别名，很简单，就是去掉利润两个字而已。以后你熟悉了也可以用计算字段来做，现在就先使用这种傻瓜模式吧，就像这样。

编辑别名

然后数据预览窗格里面的月份一列就变成了 201701、201702、201703 和 201704，为了跟其他数据做关联分析，需要把它改为日期格式，Tableau 智能化程度很高，直接把这一列的类型改成日期就可以了！

更改字段类型

小白 这也可以？原来是字符串，改别名还能自动变成日期？

大明 是的，变成日期是非常重要的一个步骤，一方面，只有变成日期，才能使用 Tableau 的智能日期处理，自动进行分层分析，包括年度、季度、月份等，还有连续日期格式和离散日期格式的不同用途。另一方面，只有这里变成日期，才能与另外那份销售额的数据进行关联，分析同一个公司同一个月份的销售额和利润。Tableau 不但在使用"日期"维度进行分析时是智能的，在数据源中识别日期也是智能的。就像刚才这个例子，将"201701"这种格式指定为日期格式，Tableau 就智能地将它转成日期格式。如果是"2017 年 3 月 20 日"这种写法，也能自动转成标准日期格式。甚至在一列数据中，有的行是"201701"，有的行是"2017 年 3 月 20 日"，当你统一指定这一列是日期格式时，Tableau 都能自动将所有行数据转换成标准的日期格式。

小白 这就……所有问题都搞定啦？

大明 原理上是都搞定了，不过我还得告诉你具体怎么用，现在切换到工作表 1（销售数据），数据窗格最上面有两个数据连接，一个是利润表（代码对照表），另一个是市场数据，我们可以在每个数据连接上单击鼠标右键，在弹出菜单中选择"重命名"，给它们重新起个名字。

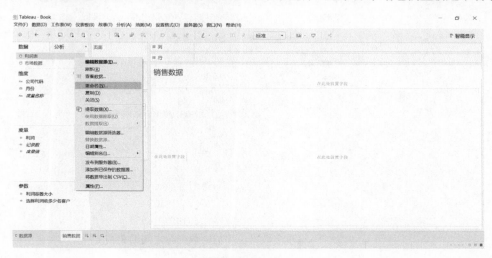

重命名数据源

不过这并不是关键，重要的是"市场数据"里面有销售额，而"利润表"里有利润数据，我们想要在分析过程中把两个数据源关联起来，这时需要使用"数据"菜单下面的"编辑关系"。

编辑数据源关系

Tableau 会自动识别两个数据源的关联条件，通常，日期以及日期的计算结果比如季度、周等都会自动作为关联字段，而且两个数据源中同名的字段会自动建立关联。一般情况下，直接使用自动生成的关联关系，但遇到两个数据源中字段名称不相同的情况，就需要手工指定关联条件。这里，我们就需要自定义一个关系，即公司与公司代码的关系。

编辑主数据源和辅助数据源之间的关系

小白 那个"主数据源""辅助数据源"是什么意思？

大明 观察挺细，不错嘛！还记得大麦来的时候讲过的数据关联类型有内关联、左关联、右关联和完全外部关联等几个选项吗？

小白 记得。类似于集合运算。

大明 现在我们的这个功能叫作数据混合，与关联的原理比较接近。主数据源和辅助数据源的关联相当于左关联，主数据源在左边，关联后的数据集以主数据源为准。现在的两个表里面关联字段的取值范围都是一样的，所以谁做数据源都一样。但在使用数据混合的时候，这些概念要很清楚，否则当数据分析结果不对时，很难弄清楚问题出在哪里。

小白 嗯，那么这个数据混合该怎么用呢？

大明 用起来就简单啦。先从"利润表"里面拖放"月份"到"列"功能区，展开成"年"和"月"两个胶囊，把"公司代码"拖放到 LOD 区域，把"利润"拖放到"行"功能区，得到这样的结果。

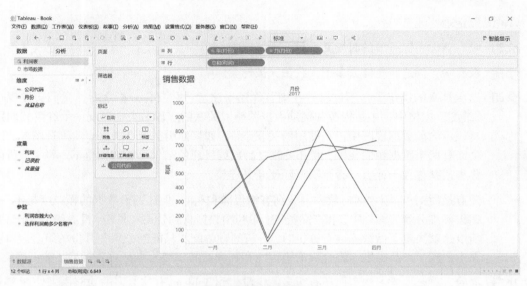

主数据源查询数据

我们知道，销售额数据是在另外一个数据源里面，没关系，可以用鼠标点击"市场数据"数据源，直接将"度量"窗格中的"销售额"拖放到"行"功能区，再把"公司名称"维度拖放到"标记"功能区的"标签"按钮上，然后把"公司名称"拖放到"标记"功能区的"颜色"按钮上。这样，销售额和利润就呈现在同一个图表中了。

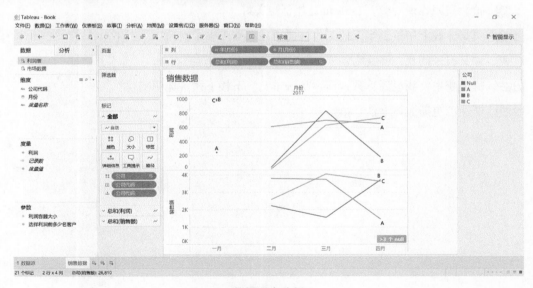

数据混合分析

小白　搞定啦？还有吗？

大明　哎，该你一惊一乍的时候又平静了。搞定啦！

小白　没有啦，你这新花样太多了，我怕又被你笑。

大明　这次是真的搞定了，不过有一些细节你还得注意。在混合分析之后，我们会发现在左侧"维度"窗格中，主数据源和辅助数据源赖以关联的字段右边会出现一个红色的曲别针，这表示当前数据视图中正在使用的关联条件。如果你用鼠标点击这个曲别针图标，Tableau 会断开两个数据源的关联，断开关联之后数据呈现的结果可能就完全不一样了，所以除非你很清楚你在干什么，否则不要随便断开连接。

　　还有最后一点，刚才两份数据中分别有销售额和利润，但这两份数据的颗粒度是不一样的，销售额细分到公司、月份和产品类别，而利润数据只到公司和月份，没有细分到产品类别。所以这就决定了做数据混合分析时，分析的颗粒度就只能到公司和月份的组合。如果在视图中出现了产品类别，混合后的销售额和利润就需要经验丰富的分析员才能正确解读了。

小白　啊哈，看来要学习的东西还有很多啊！没想到 Tableau 有这么多的功能用来处理 Excel！

大明　其实对于文本文件来说，这些功能也都是可以用的，但如果是连接数据库，就不一定都能用了，或者操作的方法有差异。

小白　嗯。看样子我一会儿就能搞定数据了，再花一小时分析，直接用 Tableau 的故事代替 PPT，今天不但不用加班，还能去喝杯下午茶！

大明　哈，我跟你说的嘛，Tableau 让生活更美好。

小白　可是，我上午整整半天的工作，岂不是白费工夫了？

大明　你又没来问我，怪我咯？

小白　哪里哪里，我说话算数，请你喝咖啡吧！下楼下楼，你想喝啥？

大明　斯达巴克斯大杯拿铁！哈哈！

第 3 章

通过数据洞察业务：Tableau 计算基础

从本章开始，我们将综合使用 Tableau 的多种功能分析具体的业务问题。本章涉及表计算和计算字段，同时讲解日历图、饼图、圆环图以及甘特图在数据分析中的用法。

学习难度：中级

涉及的业务分析场景：物流分析，销售分析

涉及的图表类型：饼图，圆环图，面积图，甘特图，台历图

知识点：自定义计算字段，筛选器应用，双轴组合分析

3.1　雾霾对客服是否有影响

接连几天的雾霾，空气像勾了芡，黏黏糊糊，不少人出门时都戴了口罩，每天上班的人们在雾霾中奔波，似乎都没什么好心情。

早晨，大明原本打算跑步，结果一看空气污染指数爆表，决定早早上班，到办公室的时候，离上班时间差不多还有一个小时。刚进办公室，小白就跑过来，一脸的神秘兮兮。

小白　嗨，大明哥，今天客服经理苏西好像很不高兴，一早过来一副苦大仇深的样子，刚来找过你呢！你惹她啦？

大明　简直莫名其妙，我哪敢招惹她？再说了，平时工作上也没啥瓜葛，拿啥招惹她？

正说着，客服经理苏西就出现在他俩面前，看起来没听到他俩刚才的对话，但表情的确是不太高兴。

苏西　大明啊，我想请你帮个忙呢，最近几天客服电话都要被打爆了，基本都是投诉，感觉很不正常呢！能不能帮我看看啥原因？

大明　可以可以，我们现在就看吧，我开一下电脑。对了，你知道都是投诉什么问题吗？

苏西 好像都是投诉物流慢，收不到货。

大明 OK，那你知道投诉电话都来自哪里吗？

苏西 这个还没有完全统计啦，不过没觉出有什么规律。

大明 OK，我电脑开了，咱们看下这个物流发运仪表板。

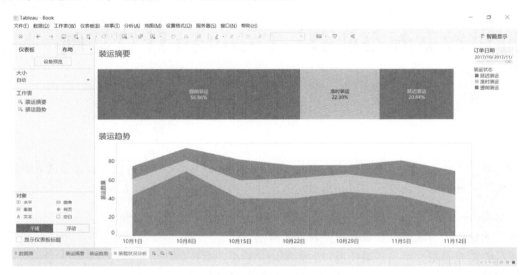

发货延迟统计仪表板

自今年第四季度以来，咱们延迟发货的比例好像真的有点高呢！你看最近两周延迟发货的订单数量一直在增加。

苏西 那可能就是这个原因了。可是……为什么这段时间会有这么多的延迟发货呢？

大明 这个……可能是天气原因吧，或者别的原因。等下，我拿个天气数据出来，咱们的货都是从北京仓库发货的，看看这段时间北京有什么问题？

然后大明找出了一份天气数据，是最近一个月的天气情况。

大明 你瞧这几天，一直都是雾霾，我觉得对物流很有影响。对了，好像听说这几天早晨高速公路封路呢。

小白在旁边，听他俩分析问题，忍不住也插话发表观点。

小白 对呀对呀！我也想起来了，这几天都不能走高速，有时候全天都封路！

苏西 哦，好吧。对了小白，能不能跟咱们合作的那几家物流公司确认一下，看这几天是不是有运输方面的问题？

小白 行！我这就去！

小白说完屁颠儿屁颠儿地打电话问物流公司去了。

苏西 我觉得天气跟物流的关系还是挺密切的，能不能把这些信息放到同一个仪表板上，放到系统上？这样我们就能随时查看，也就能心里有数了。

大明 仪表板放到一起倒是容易，不过咱们目前关于天气数据的更新不是很及时，我们需要把天气后报的数据跟天气预报的数据都放上来，每天更新几次，这样才能够对未来一段时间有个初步预测。

苏西 对对对！天气后报和天气预报都要！

苏西顿了一顿，又想起来点什么。

苏西 还有……在咱们的网站上，好像客户下单的时候都有一个预计送达时间呢，能不能根据未来的天气情况对这个预计送达时间做出动态调整呢？

大明 Good idea! 这需要新建一个模型，根据未来天气预报情况动态计算预计送达时间。我去找销售经理，尽快实施！

有了苏西的这个主意，大明也活跃起来。

这时候小白也跑回来了，看来也把物流的情况问清楚了。

小白 我刚才咨询了几个与咱们合作的物流公司，的确，这几天运输很受影响呢！他们说这几天发车数量还不及平时的一半。

苏西 这也是意料之中了。好吧，明白了，让客服代表跟客户解释是天气原因。

苏西走后，小白凑到大明跟前，说："大明哥，你真牛！"

大明 啥牛？蜗牛！我还以为今天自己来得很早，没想到你和苏西都比我早，而且显然苏西都已经开始工作了，所以还是你们牛，呵呵。

小白 好吧好吧，都牛都牛！

小白瞪着大明电脑上的仪表板，看了又看，想了又想，也不知道这个仪表板怎么来的。

小白 哎，大明哥，不对啊！咱们数据里好像没有按时发货和延时发货的字段啊？你这数据从哪儿来的？

大明 这你都看出来啦！有进步！咱们的数据里的确没有这个字段，可是咱们有下单日期和发货日期啊，还有订单优先级啊，根据这几个字段不就能算出来是否延迟发货了？

小白 啊？算出来的？你教教我呗！我付学费哈！

3.2 计算实际发货周期

大明 学费就不必啦，念在你这么好学的份儿上，给你讲讲。

你看，咱们数据里面有订单优先级，分为当日、一级、二级和标准级 4 个状态，当日是当天发货，一级是 1 天内发货，二级是 3 天内发货，标准级是 6 天内发货。这样就能知道每个订单的计划发货时间了吧？比如写这样一个计算字段。

"发货前天数（计划）"计算字段

小白 嗯，这个看起来还蛮简单的。那么实际的发货前天数就是发货日期减去订单日期？

大明 孺子可教！写起来也不复杂，是这样的。

"发货前天数（实际）"计算字段

大明 如果把实际发货时间跟计划发货时间对比，就知道是否延迟发货了，比如这样。

"装运状态"计算字段

这样就好了，现在你来看一下延迟发货的订单数量所占的百分比吧！

小白　我试一下哈，你用的是条形堆叠图，我先看怎么弄的。将"订单日期"和"记录数"放到"列"上面，"装运状态"放到"颜色"上……然后"装运状态"和"记录数"放到"标签"上……怎么把数量变成百分比？

大明　这个要使用快速表计算，在 LOD 区域的"记录数"胶囊上单击鼠标右键，在弹出的快捷菜单里选择"快速表计算"→"合计百分比"。在"列"功能区上的"总和（记录数）"胶囊上做同样的操作，就可以了。

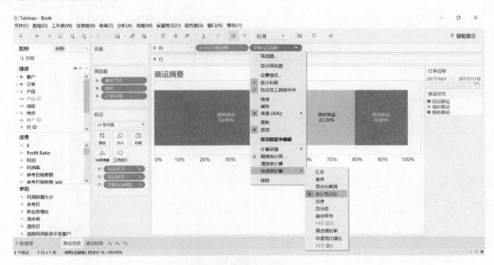

装运状态发货百分比计算

小白　快速表计算？这么强大！最后再隐藏轴标签，就 OK 啦？

大明　我们再加上一个时间范围选择器，观察某一段时间的订单延迟情况。

小白　等一下大明哥，我们为啥不用饼图来表现这个延迟比例呢？我看过去的报表上基本上都用饼图。

3.3　可视化最佳实践：为什么不用饼图

大明　用饼图也不是不可以，但是不建议用，你知道为什么吗？

小白　不知道，你说？

大明　从视觉角度来说，我们用饼图表现数据时，实际上是用面积来呈现数据，而人的视觉对面积大小差异的敏感度，远远弱于对长度差异的敏感度。

小白　真的吗？

大明　举个例子吧。你看一下这个饼图，a、b、c、d、e 中哪个数据最大？

大明打开一幅图给小白看。

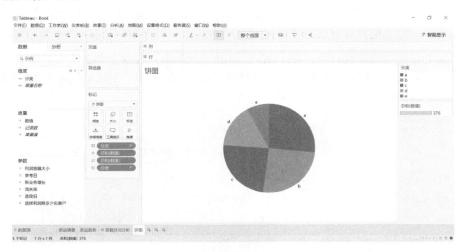

常规饼图

小白看了半天，说：这几个都差不多啊，实在拿不准……

大明 好，同样是这组数据，我再用条形图表现一下，你看看。

常规条形图

小白 这个很明显！果然是条形图更加直观！

大明 所以，饼图用面积大小来表示数值差异，条形图用长度来表示数值差异。而人的视觉对长度的敏感度远远高于对面积的敏感度，因此饼图的使用有一些局限性，尤其是数值差异不大的情况下应该尽量避免使用。

小白 哦……

大明 不过人们经常使用饼图，所以还是要跟你讲一讲饼图和圆环图的做法。

小白 好啊好啊！

小白又高兴起来。

大明 饼图比较简单。我们新建一个工作表，先在"标记"功能区的下拉框中选择标记类型为"饼图"，然后把"细分"维度拖放到"颜色"按钮上，接着把"销售额"度量值拖放到"角度"按钮上，最后把"细分"字段和"销售额"字段都拖放到"标签"按钮上，此时就得到了一个最简单的饼图，好比这样。

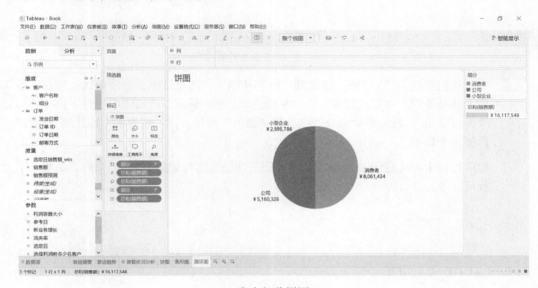

客户细分饼图

小白 做起来倒是挺简单！不过怎么把标签文字放到饼里面呢？

大明 想要调整标签位置和格式，点击"标记"功能区的"标签"按钮，然后自己慢慢调整就好了，我就不给你演示了。其实有很多人都觉得饼图不如圆环图好看……

小白 饼图的确是不如圆环图好看！可是 Tableau 里面没有圆环图类型啊？

大明 Tableau 里面没有的图形类型多了去了，虽然内置的图表类型比较少，但是 Tableau 提供了各种灵活的组合方式，使得实际呈现出来的图形类型千变万化。等你熟悉 Tableau 了，就明白我说的了。现在说圆环图，还记得大麦来的时候给我们演示过双轴图吗？

小白 记得，条形图的双轴叠加，变化出各种组合类型。

大明 其实道理一样，你想想看，饼图跟什么图叠加能够得到一个圆环？

小白 饼图跟一个实心的圆就可以得到一个圆环吧。

大明 没错，我们来试一下。新建一个工作表，命名为"圆环图"，新建一个"计算"字段，里面是常量 0，不要问为什么，一会儿你就明白了。

虚拟 0 计算字段

大明 然后我们把这个"0 字段"拖放到"行"功能区，注意这里要拖放两次。现在"行"功能区上就有了两个 0 度量胶囊，选中左边这个，在"标记"功能区中通过下拉框将标记类型改为"饼图"，然后把"细分"拖放到"颜色"按钮，把"销售额"拖放到"角度"按钮，得到一个饼图。

然后再选中右边这个 0 胶囊，在"标记"功能区将标记类型改为"圆"，调整一下大小，就可以了。

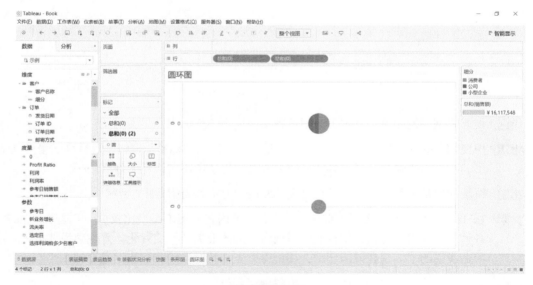

创建饼图和圆

现在我们得到了一个饼图和一个圆，把两个图叠加起来就会得到圆环图。我们点击"行"功能区中右边的"总和（0）"胶囊，在快捷菜单中选择"双轴"，就得到了圆环图。另外要做的是去掉两个坐标轴标签，在两个胶囊上点击右键，从快捷菜单中勾选掉"显示标题"就可以了。

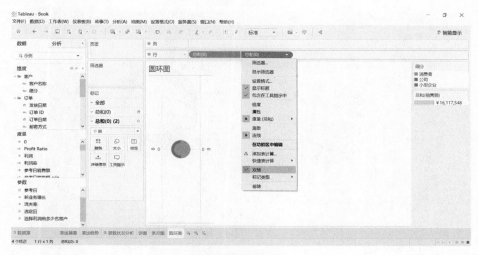

双轴实现的圆环图

小白 好像中间还有一条线……

大明 没错，我们点击"设置格式"菜单，选择"线"，此时画面左侧会出现格式设置，把"零值线"选择为"无"，就可以了。

去掉零值线

接下来，我们再对图形大小和颜色做简单调整就完成了。

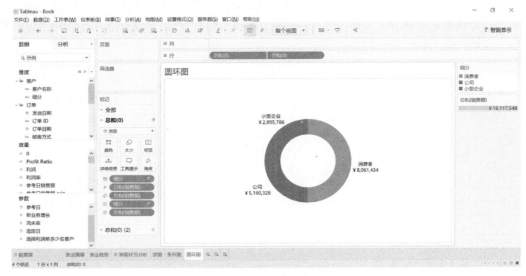

客户细分圆环图

小白　完美啊！

大明　哈，跟你说了，圆环图和饼图能不用就不用，能少用就少用，还是回头看订单延迟分析吧。

小白　好吧，还需要再做一个工作表，做一个趋势图，显示各种状态订单的趋势变化，这样就知道哪段时间内延迟订单比例较高了！

大明　来，你继续把这个完成。

3.4　从概况到细节：具体至每笔交易发货状态

小白　好吧，我来。新建工作表，将"订单日期"拖放到"列"上，显示为连续周，将"记录数"拖放到"行"上，"装运状态"拖放到"颜色"上，添加订单日期范围作为筛选器，把图改成"区域图"，也叫河道图。是这样吧？

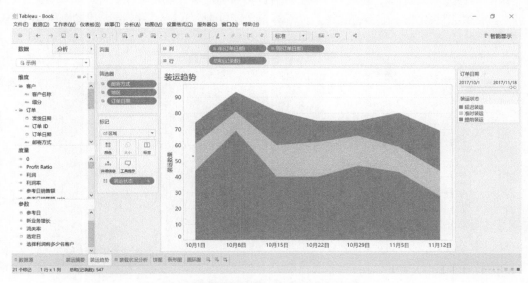

装运状态历史跟踪河道图（另见彩插图 14）

大明 没错，就是这样，你再把刚才那个堆叠图和这个面积图组合成一个仪表板，不就是我们跟苏西一起看的那个仪表板了吗？做仪表板不用教了吧？

小白 仪表板就不用教了，不过我还有问题，现在我们看到的是总的延迟比例，如果我想看每笔交易的发货延迟状态，怎样才能比较直观地查看呢？

大明 这个问题不错！我们经常从宏观入手，看到总体的情况，但随着分析的深入，会希望进一步了解细节，因此通过数据来观察每笔交易的发货延迟状态也是非常必要的。正好我们一起看看甘特图的用法。

小白 甘特图？那个不是用来做项目管理的吗？也可以用来分析订单？

大明 甘特图比较普通的应用场景是项目管理中的时间管理，但实际上，甘特图的应用范围远远不止项目管理，将来我们会看到很多甘特图在数据分析中的创新用法，今天只涉及最基本的部分。新建一个工作表，起名为"装载甘特图"，把"订单日期"拖放到"列"功能区，并且在右键菜单中将其切换为"精确日期"，这时候胶囊的颜色变成了绿色，也就是连续型的。然后我们把"产品名称"拖放到"行"功能区，在"标记"功能区中使用下拉框将"标记类型"改为"甘特条形图"，接着把我们刚才写的自定义字段"发货前天数（实际）"拖放到"大小"按钮上，把"装运状态"拖放到"颜色"按钮上，就像这样。

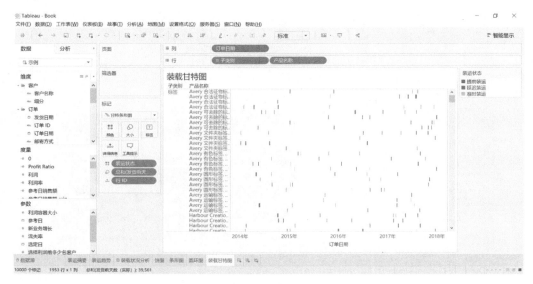

甘特图表示装运状态

小白　但是为什么每个数据都是一条细线呢？这样看不出来每个订单发货时间的差别。

大明　是的，虽然已经完成了甘特图，但是由于时间范围过于宽广，每条数据标记的甘特图都是一条细线，看不出宽窄。现在把"订单日期"拖放到"筛选器"功能区，在弹出页面中选择"日期范围"，在下一步中保持默认状态，直接点击"确定"按钮。

接下来我们会看到日期筛选器菜单。

时间范围选择器

确定时间范围

然后，在"筛选器"功能区中用右键单击"订单日期"胶囊，在快捷菜单中选择"显示筛选器"，此时在画面右侧会出现筛选器画面，拖动滑杆调整一下日期范围，视图中间的甘特图宽度就会变得明显。

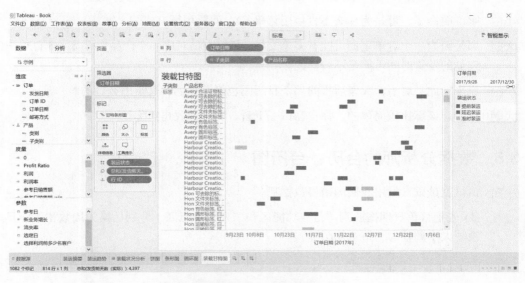

筛选甘特图分析（另见彩插图 15）

小白　嗯，这个不错。可是……我这里怎么没有"行 ID"字段？

大明　一般情况下不需要"行 ID"字段，所以这个数据源中的"行 ID"字段被隐藏了。要让它显示出来也很简单，点击"数据"窗格右上角的小按钮，在弹出菜单中选择"显示隐藏字段"就可以了。

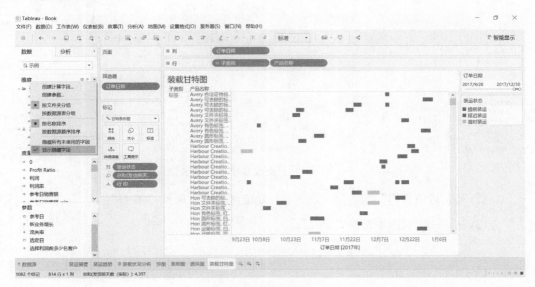

显示隐藏字段

小白　哦，明白了。可是为什么不直接用订单 ID，而要用行 ID 呢？

大明　那是因为一个订单里面可能有多笔交易，每笔交易对应一个产品，所以一个订单中的不同产品的发货时间可能是不一样的。

小白　原来如此！对了，天气后报的那个日历图也挺漂亮的，又是怎么做的？

大明　那个应该算比较简单的，你自己试一下看，有问题我再给你说。

3.5　数据分析师的台历：台历图

小白　试试就试试！就用我们的销售数据吧。

(1) 先把订单日期拖放到"行"功能区和"列"功能区，分别切换为周数和工作日，再把视图大小调整为"整个视图"。

更改订单日期维度

(2) 将"订单日期"拖放到"筛选器"功能区，然后选择"年/月"。

(3) 在下一个画面中选择"全部"。

创建订单日期筛选器

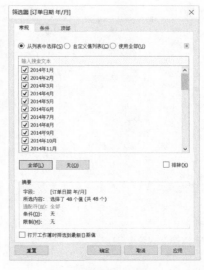

选择数据筛选范围

(4) 在筛选器中的"订单日期"胶囊上点击右键，选择"显示筛选器"。

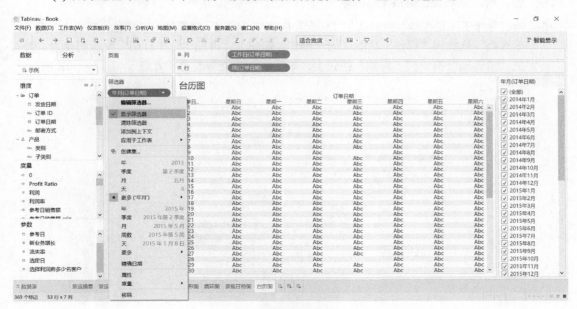

显示筛选器

(5) 改变筛选器样式为"单值（滑块）"。

更改筛选器类型

大明 嗯，到这里来看还是很流畅的嘛！

小白 哈，看样子不是很难！然后我把"利润"拖放到"标记"功能区的"颜色"按钮上，把"订单日期"拖放到"标记"功能区的"标签"按钮上，再把"订单日期"胶囊切换为"天"，把"销售额"拖放到"标签"按钮上，最后将标记类型改为"方型"，看起来 OK 啦！

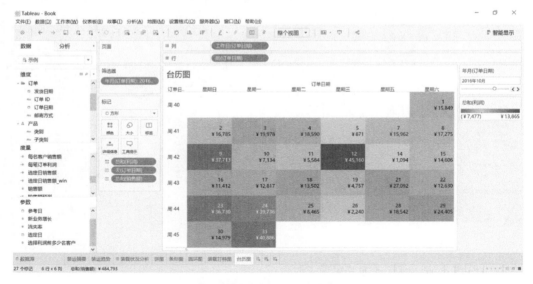

销售及利润台历图分析（另见彩插图 16）

大明　看起来真的很不错！不过，这个图的左侧还有周次，这个怎么去掉呢？

小白　我找找……在这里！右键点击"行"功能区的"工作日（订单日期）"胶囊，把"显示标题"勾掉，就 OK！

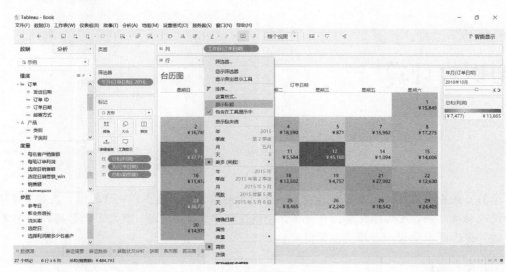

隐藏标题

大明　很好！看来你已经入门 Tableau 了！

小白　啊，这样才算入门啊？离高手还有多远？

大明　呵呵。我觉得……还差得远呢。

小白　具体还差哪些呢？

大明　比如自定义字段和函数应用、表计算、LOD、数据混合、地图应用、筛选器应用、高级图表等，还有各种组合应用。

小白有点受打击，又有点不服气。

小白　这么多！吓到我了，啥时候能学会啊……

大明　不用担心，很快就学会了。不过学习的 Tableau 功能不重要，花花绿绿的图表也不重要，重要的是解读和分析数据，能够"理解数据—发现问题—分析原因—模拟方案—解决问题"，这些才是数据分析工作中应该关注的重点。

小白　哦，好吧，我想只能慢慢来了。下楼喝咖啡，顺便说说 Tableau 表计算？

大明　斯达巴克斯大杯拿铁，哈哈！

第 4 章

初识表计算

本章将系统介绍 Tableau 表计算原理，从最简单到很复杂，集中在一章之中。表计算是 Tableau 的特色功能之一，在实际的数据分析工作中用途非常广泛。同时，复杂表计算的应用也是比较难学的部分，所以建议读者跟着多做练习。

学习难度：高级

知识点：度量值计算属性，快速表计算，表计算依据，多维度组合表计算，表计算顺序，嵌套表计算

4.1　如果生意本来就很好，还需要分析吗

平时，斯达巴克斯咖啡馆播放着优美的音乐，散发着咖啡的芳香，但经常人来人往，或排着长队点单，或环顾左右找不到一个空座。还好，现在这个时候人不多，大明和小白捧着两杯冒着热气的咖啡，坐在靠窗的沙发坐上，有一点点惬意。

小白　大明哥，你说斯达巴克斯每天生意那么好，他们还用得着数据分析吗？

大明　为什么用不着呢？

小白　数据分析的终极目的不就是优化业务，让生意更好吗？可我觉得斯达巴克斯的生意已经好得不能再好了。

大明　你前半句说得很对，不过后半句似乎有点问题，世界上有什么生意能好得不能再好？

小白　当然有啦，比如公共服务，只此一家别无分店，整天排着长队办业务。或者垄断型企业，没得选，只能买。

大明　有些东西我们不能妄自评论，就说斯达巴克斯吧，它算得上是垄断吗？我感觉考斯塔的门店更多呢。再说了，就算斯达巴克斯生意很好，我倒是觉得还能更好。

小白 哦？比如？

大明 来斯达巴克斯的客人其实只有两种，一种是来买咖啡的，另一种是来买座位的。买咖啡的不需要座位，而座位却是店面的主要经营成本之一。所以我觉得可以分析一下每个时段外带咖啡的客人比例，在适当的时间开设外带专卖窗口，给予一定的优惠，分流店内的客流量。而买座位的，也可以按照时段来统计一下客流趋势，在低峰时段给予优惠吸引客流。

小白 哈哈，好有见地。

大明 这不算啥。客人多的时候，提高效率就是提升收益，所以如何提高效率是个永远有提升空间的课题。比如，你知不知道有些人其实是不喝咖啡的，但他们也会来斯达巴克斯。

小白 嗯，好像有人点茶。

大明 你也知道，斯达巴克斯的茶其实就是袋泡茶，好歹咖啡还是现磨现做的，而袋泡茶就算再高级能有多好？何况有的袋泡茶根本就是利普顿的简易袋泡？

小白 知道知道，而且茶的价格不比咖啡便宜，真不知道为啥还有人买。

大明 所以买咖啡的人或许真的是为了喝咖啡，而买茶的人，99%是为了买个座位。

小白 好像真是，很多人来这里都先看看有没有座位，没座位就走了。

大明 轻柔舒缓的音乐让人放松，人们就能多坐一会儿，比如播放克莱德曼的钢琴曲，音量稍微低一些；但如果播放《爱情买卖》，或者一些声嘶力竭的时下流行歌曲，音量再大点儿，听一会儿人就感到累了，这里就不再是一个适合休息、聊天或者工作的环境，人们也就不会继续坐在这儿了。

小白 真是个好馊的主意，你千万别跟店老板说哈，否则天天放神曲，我就没法儿来了，哈哈。哎，不对，我的确发现有时候店里的音乐挺吵闹的，说不定人家就是故意的。

大明 哈，好吧，我保密。这些毕竟都是别人家的生意，咱们瞎操心。跟你聊这些的意思也是提醒你专注于业务更重要，别急着学软件的那些"tip & trick"。不过今天的内容可是颇有点难度，所以先聊聊天，让你脑子放空一点儿，接下来可要开始烧脑啦！

4.2 基础表计算选项

小白 好吧。感觉表计算好复杂，可是又很有用的样子，怎么能快速理解呢？

大明 不能啥都追求快速哦！不过表计算的确有一些由浅入深的学习和使用方法。打开 Tableau，打开咱们常用的数据源，然后这样操作：

(1) 把"订单日期"维度拖放到"列"功能区。

(2) 把"地区"和"类别"维度拖放到"行"功能区。

(3) 把"记录数"度量值拖曳到表格中，然后将记录数的聚合方式改为"最小（记录数）"。

我们就会得到这样一个表格。

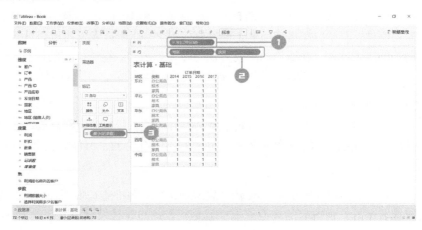

基础查询结果

首先需要了解，我们在此之前所操作的若干步骤中，每个动作实际上都会产生数据查询请求提交给数据源端，也就是说，这些步骤的计算过程是在数据源端进行的。而得到这个表格之后，我们开始进行表计算处理。表计算，顾名思义就是在你看到的这个表格上进行计算，表计算过程完全是由 Tableau 本地执行的，不会向数据源发送任何新的数据查询请求。这个基本概念差别要搞清楚。

小白 那具体来说，表计算跟普通计算在种类上有什么不同呢？

大明 刚才说到，普通计算是把数据发送给数据源端进行计算，我们可以从度量值的计算属性中知道普通计算的种类，比如你打开快捷菜单就可以看见了。

度量值汇总计算依据

也就是说，总计、平均值、中位数、计数、计数（不同）、最小值、最大值、百分位、标准偏差、标准偏差（群体）、方差、方差（群体）。

小白　竟然有这么多？平常好像除了总计、均值，没用过别的。

大明　能把平均值用对的人已经算得上半个高手了，无数的大师生平只用过总计，也别以为总计很简单，复杂的总计未必谁都能搞定。

小白　那个标准偏差、方差啥的，是个啥意思？

大明　那个你得自己去补一补统计学方面的课了，Tableau 使用这些方法，并不意味着这些都是 Tableau 该教你的，换句话说，原则上如果你需要这些算法，无论你是否使用 Tableau，都要先去整明白这些概念。

小白　哦，好吧，虽然离开学校还不是很久，但是学的东西也都快还给老师了。

大明　学了不用当然忘得快，太正常不过了，人人如此。我们先看看表计算支持哪些计算方法吧，你在最小（记录数）胶囊上面点击鼠标右键调出快捷菜单，在"快速表计算"的子菜单中就可以看到表计算支持的算法了。

快速表计算选项

小白　好像除了汇总、百分位，其他算法就与普通计算不一样了。

大明　是的，表计算的重点是在已经取得的查询结果基础之上，由 Tableau 进一步计算，也就是在结果表格里面进行计算。既然在结果表格里进行计算，那么求差异、百分比差异、排序、合计百分比以及同比、环比之类的就很常见了。

小白 就刚才这个图来说，有一些表计算的算法是灰色的，又是怎么回事呢？

大明 有几个表计算是与特定的时间维相关的，比如求 YTD 总计、YTD 增长、复合增长率和年同比增长等。其实还有环比增长，但环比差异以及环比百分比都可以用差异和百分比差异来计算，而差异和百分比差异又不依赖时间维的存在，所以算法选择菜单上就没有环比差异和环比百分比这两项。YTD 总计和 YTD 增长两项都是 "Year To Date" 值，而我们视图上信息的详细程度目前只到 "年" 级别，这个 "To Date" 没法算，因此这两项是灰色的，不能用。复合增长率、年同比增长两项则在 "年" 的级别上可以计算，因此可以选用。

小白 嗯，理解。

4.3　计算依据难度 1 级：表横穿向下

大明 表计算有两个最为关键的要素，一个是计算方法，要求汇总、求平均还是求其他结果。另一个重要的内容就是计算依据，也叫寻址和分区，这是表计算的难点，只有理解了计算依据，才能正确地使用表计算。我们举个例子，在 "快速表计算" 中选择 "汇总"，我们得到这样的结果。

汇总表计算

我们看到从左到右，数字变为 1、2、3、4，显然它是把当前值左边的数字累加起来的结果，并且包含当前值。我们重新调出快捷菜单来看一下默认的 "计算依据"。

表横穿计算

小白 默认的计算依据是"表（横穿）"，意思是每一行从左到右依次进行计算，换行之后重新计算，对吧？

大明 对。我们把"计算依据"改为"表（向下）"，看一下结果。这是计算依据难度第一级，也是最简单的级别，整表范围内计算。

表向下计算

小白 哦，每一列从上到下依次累加，换一列重新计算。

大明　是这样的。"表（横穿）"和"表（向下）"两种计算依据最为常用，也最为简单，逻辑上最容易理解。我们继续，把"计算依据"选为"表（横穿，然后向下）"，看看结果是怎样的。

表横穿再向下计算

小白　每一行从左到右依次计算，但换行之后没有重新计算，而是接着上一行的最后一个数据继续计算，所以第一行是 1~4，第二行是 5~8，第三行是 9~12，依此类推。

大明　对的。理解了"表（横穿，然后向下）"，那么"表（向下，然后横穿）"也就容易了。我们看一下结果。

表向下再横穿计算

大明 这个就是第一列从上到下为 1~18，然后第二列从上到下为 19~36，第三列从上到下是 37~54。

4.4　计算依据难度 2 级：区横穿向下

大明 总体来说还比较容易哈。不过越往下越抽象，下面我们看按照区来进行计算。选择"区（向下）"，看下结果。这是计算依据难度第二级，也就是按区计算。

区向下计算

小白 这个"区"的意思是每个地区？我发现这个计算范围不是整表向下，而是在每个地区内进行计算，换一个区就重新开始。

大明 在我们的例子里，这个"区"的意思是地区。实际上，如果我们"行"上面有多个维度胶囊，那么最右边那个是最深级别，右数第二个胶囊就是区；同样，如果"列"上面也有很多维度胶囊，那么从右数第二个是"区"。多级别的情况更复杂，我们一会儿再讨论。理解了区的概念就好办了，现在选择"区（横穿，然后向下）"，看看结果。

区横穿再向下计算

小白 这个跟"表（横穿，然后向下）"的区别就是换区之后重新计算。

大明 对，我们继续，选择"区（向下，然后横穿）"。

区向下再横穿计算

小白　就是在区内每列先向下，然后换列继续，再换区重新计算。

大明　没错。有没有注意到"计算依据"菜单里面没有"区（横穿）"？

小白　是啊……在我们这个例子里面区横穿等同于表横穿了。

4.5　计算依据难度3级：单元格内表计算

大明　对。下面是计算依据难度第三级，也就是单元格内计算。现在，在"计算依据"内选择"单元格"，看一下结果。

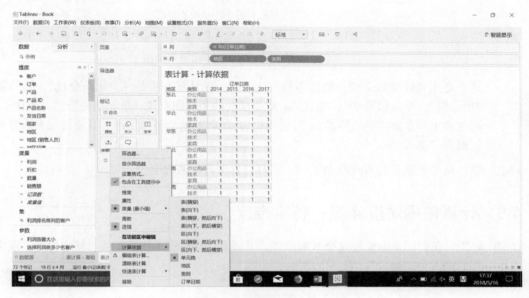

单元格表计算

小白　这个……是难度第三级？没觉得有啥特别啊？很好理解，每个单元格里一个数，根据单元格计算，结果当然还是这个数字喽！

大明　哈，那是表面现象，现在的单元格里的确只有一个数字，但有没有可能一个单元格里有多个数字呢？

小白　啥？一个格子里多个数字？不会吧！

大明　没啥不会的。我给你看一个东西，用现在的这个例子不是很合适。

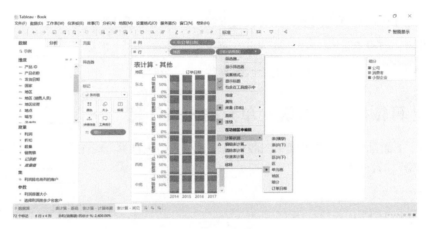

单元格表计算应用举例（另见彩插图 17）

这个是用来计算每个细分销售额的占比情况，表计算方法是"总额百分比"，计算依据是"单元格"，度量值算法是"汇总"。对于堆叠的条形图来说，单元格是指"一根柱子"，实际包含了多个数字，而不是一个。所以其实还有其他类似的情况，需要设定表计算的计算依据为"单元格"。

小白　哦? 这个看来真的有点复杂了……我有空自己再琢磨琢磨。

4.6　计算依据难度 4 级：特定维度

大明　好吧，我们回来继续看这个基本原理。下面是计算依据难度第四级，特定维度。现在把计算依据改为"地区"，看一下结果。

地区维度表计算

小白 哦，这个有点意思了！第一个地区内的表计算结果都是"1"，第二个地区都是"2"，第三个地区都是"3"，以此类推，意思是计算时只考虑地区维度，忽略了其他维度？

大明 是的。我们再把表计算结果改为"类别"看一下。

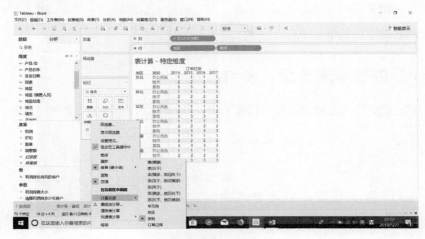

类别维度表计算

这个……相当于"区（向下）"，这个类别维度是位于"行"功能区的最右侧胶囊，所以效果相同，不能太过教条地认为是类别，实际是最右侧的这个维度相当于"区（向下）"。由于快捷菜单里，计算依据只能选单个维度，所以问题还简化了呢，一会儿我们再看组合维度的情况。

小白 哦，好吧。

大明 再把计算依据改为"订单日期"看看。

订单日期维度表计算

小白 相当于"表（横穿）"？

大明 是的，这是因为我们在"列"功能区只放了一个维度胶囊，所以默认为这个订单日期维在最右侧，也就是最深层次，因此这种情况下等同于"表（横穿）"了。所以问题还是简化了，你倒是可以有空自己试一下在"列"功能区也放置多个维度的情况。

小白 这回真的有点抽象了……

4.7 计算依据难度 5 级：多维度组合

大明 别忙，我们进入表计算依据难度第五级，多维度组合。在快捷菜单中点击"编辑表计算"。

编辑表计算快捷菜单

小白 出来个对话框。

大明 这个对话框里面有关于表计算设置的最复杂的选项了。你要注意两个地方，一是"计算类型"，二是"计算依据"。

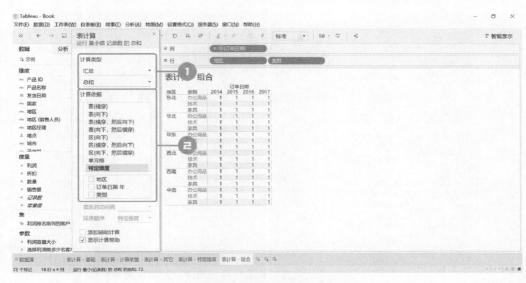

编辑表计算中的计算类型和计算依据

小白　这个看上去也不是很复杂啊，不过"计算类型"里面除了"汇总"，下面还有"总和"，下拉之后有总计、平均值、最大值、最小值几个选项，这是什么意思呢？

大明　表计算的"总和"未必就是求和，所以这里提供了多个选项，它的含义是这样的。

选　项	含　义
总计	每个值都会与上一个值相加
平均值	汇总将计算当前值与所有前面的值的平均值
最小值	所有值都替换为原始分区中的最低值
最大值	所有值都替换为原始分区中的最高值

小白　看来还不简单，不过应该是"总计"计算用的最多吧？

大明　是的，一般我们只用"总计"计算，特殊情况下你知道还有其他选项就可以了。但这不是关键，我们重点还是看特定维度的选择。在维度列表中，如果单选一个维度，比如选择地区维度、订单日期维度以及类别维度，那么与在快捷菜单中选择按照地区维度、订单日期维度、类别维度，所得的结果是一样的。这也不是关键，关键是多选维度的情况，要明白表计算操作的执行逻辑，比如我们选择"地区"和"订单日期"两个维度，看下结果。

特定维度组合表计算：地区、订单日期

小白　哦，这样忽略了类别维度，每个地区分区内先按照订单日期从左到右进行汇总计算，换到新的地区分区之后继续计算。所以第一个地区分区内从左到右是1~4，第二个地区分区是5~8，以此类推。

大明　是的，我们再选择"地区"维度和"类别"维度，看一下结果。

特定维度组合表计算：地区、类别

小白　这样就忽略了订单日期维度，被忽略的维度每行或者每列的表计算结果都是一样的，相当于每一列从上到下都是1~18。我们再选择"订单日期年"和"类别"两个维度看看结果。

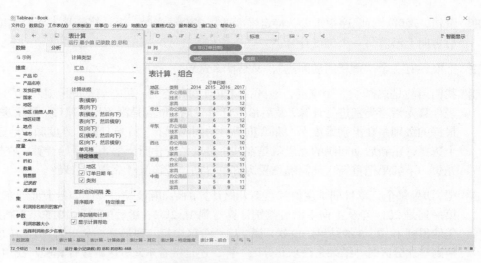

特定维度组合表计算：订单日期、类别

大明 是的，所以对于被忽略的维度，每个取值的表计算结果都是一样的，在这里就是每个"地区"的表计算结果都一样，因此被忽略。简单理解，你可以当作这个视图里面不存在"地区"这个维度，只剩"列"功能区的"年（订单日期）"和"行"功能区的"类别"，所以先按照订单日期计算再按照类别计算，那么就相当于先横穿再向下了。我们再来看一下把 3 个维度都选上的情况。

特定维度组合表计算：地区、订单日期、类别

小白 哇，这个结果是第一次出现。计算顺序是按照被选中的维度从下向上来计算的，先按照类别，然后按照订单日期，最后按照地区进行计算。

大明 没错，理解计算顺序很重要，特定维度选择多个维度时，表计算是从下面的维度先算，然后再向上沿着另一个维度计算。

小白 下面还有一个"重新启动间隔"，又是什么意思？

大明 我们当前是选择了3个维度，地区，订单日期和类别，重新启动间隔是"无"，也就是说表计算先沿着类别进行计算，然后沿着订单日期，最后是沿着地区维度，顺次进行。当前，最深的级别是在类别维度上，那么重新启动间隔就有"订单日期"维度和"地区维度"两个选择，重新启动间隔的意思就是在某个维度值变化时，要重新开始计算。在操作之前，先想一下如果把重新启动间隔设置为订单日期，应该是什么样的结果？

小白 嗯，如果每个订单日期维度值都重新开始计算的话，应该是……比如最上面的东北分区吧，第一列是2014年从上向下沿着类别计算得到1、2、3；然后换列到2015年重新启动计算，仍然得到1、2、3的结果。也就是说，这个分区中每一列都是1、2、3，但是从东北分区切换到华北分区时，结果是跟东北分区一样，还是接着东北分区继续计算呢？我想不出来了。

大明 没关系，我们可以试一下，把重新启动间隔设置为"订单日期"看一下。

设置重启间隔：订单日期

小白 哦，看来是每个地区分区都是一样的结果。每个分区中的各列都是1、2、3。

大明 是的。我们再看一下把重新启动间隔设置为"地区"，动手操作之前，也先考虑一下该是怎样的结果？

小白 这个就好理解啦。比如第一个东北分区中，2014年列先从上向下沿着类别维度计算得到1、2、3，切换到2015年列得到4、5、6，然后2016年列得到7、8、9，最后2017年列得到10、11、12。换到第二个地区分区，也就是华北分区，这时会重新启动计算，结果应该跟东北分区一样，每个地区分区都是一样的结果。

大明 对了。我们还是操作验证一下。

设置重启间隔：地区

小白 看来我理解的是对的，不过到这个环节，感觉上有点烧脑了。

4.8 计算依据难度6级：重启顺序

大明 别慌，烧脑的事在后面。我们先把"重新启动计算间隔"设置为"无"，然后按住鼠标左键把"类别"维度拖放到"地区"维度的上面，现在特定维度选择的顺序变成了类别、地区、订单日期。你再看一下结果，看能否解释？

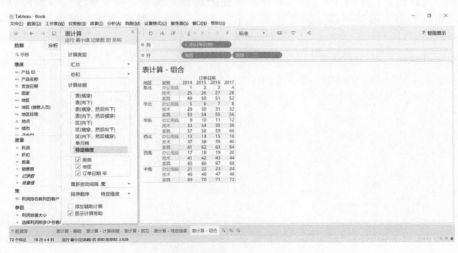

特定维度组合表计算：类别、地区、订单日期

小白 这个好抽象！不过按照你刚才说的计算逻辑来说，表计算先从最下面的维度开始，也就是先沿着订单日期计算，得到第一行 1、2、3、4，然后再沿着地区维度计算，从第一个地区东北跳到第二个地区华北得到华北分区第一行的 5、6、7、8，然后再跳到第三个地区分区华东得到 9、10、11、12，以此类推，所有地区算完之后才开始下一个类别，也就是从东北分区的第二行类别维度值继续计算得到 25、26、27、28，接着再跳到下一个地区……跳的眼花缭乱的……

大明 是的，有点眼花。不过原理还是很清楚的，之所以看着费劲儿，是因为"行"功能区胶囊的顺序从左向右依次是地区、类别。默认情况下表计算顺序应该是先类别后地区，而我们表计算的顺序强迫指定为先地区后类别，所以才出现数值的跳跃。这时如果把"行"功能区的地区维度和类别维度交换顺序，结果就好理解多了。

小白 哎，是的，但愿我们不会经常用到这种手工指定维度顺序的情况。

大明 不会很常用的，但深刻理解计算原理还是非常必要的。

小白 好吧。下面还有一个"排序顺序"，默认值是"特定维度"，这又是什么意思？

大明 哈，你竟然问到这个，估计很多用了几年 Tableau 软件的人，也没想过要理解这个选项。

小白 很高深吗？

大明 高深倒也说不上，但这应该算难度级别第六级了。在此之前，咱们讨论的表计算都是按照单元格从上向下或者从左向右逐个格子进行计算的。你觉得有没有可能不按照这个默认顺序来计算呢？

小白 不按这个顺序？为什么？

大明 不为什么，咱们先看结果再解释。现在把设置调整为"特定维度"，顺序为地区、订单日期、类别，重新启动间隔设置为"无"。先记住这个默认结果，就是下面这个画面。

特定维度组合表计算：地区、订单日期、类别

然后我们设置一下排序顺序，将排序顺序改为"自定义"，然后设置为按销售额总和进行降序排序。你再看一下结果。

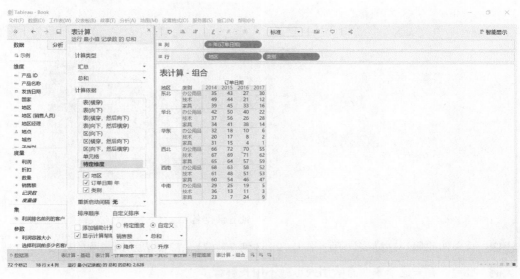

设置排序顺序

大明　能解释吗？

小白　结果是乱七八糟的，无法解释啊？

大明　你先找一下 1、2、3 在哪里，再找一下 70、71、72 这 3 个数在哪里，你知道我们一共有 72 个格子。

小白　找到了。然后呢？

大明　你先看我的操作：

(1) 将"销售额"度量拖曳到表格中。

(2) 把"销售额"度量值拖放到"标记"功能区的"颜色"按钮上。

(3) 将标记类型从"自动"改为"方形"。

现在，这个突出显示用"颜色深浅"表示"销售额的高低"，能够找到数值最大和最小的几个格子。

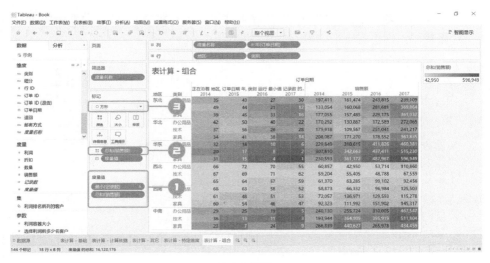

销售额排名

小白 原来如此啊！这样表计算结果 1、2、3 到 70、71、72 就表示销售额的排名！

大明 哈哈，看来这个东西有啥用处也就不用我解释了。

小白 我是没想到还有这么多玩法，看来好玩的东西很多啊！

大明 这才到难度 6 级，还早着呢。

小白 大明哥，你这一共有多少个难度级别啊？

大明 嘿嘿，这个嘛……其实我也不知道，这个难度级别是我自己说的，不是 Tableau 说的，我自己感觉理解到了这里，大约也只到了中等难度而已。

小白 啊？太有挑战了吧？

4.9 计算依据难度 7 级：嵌套表计算

大明 挑战一下，我们来看设置里面的添加辅助计算，这实际上是简易的嵌套表计算，在表计算结果的基础之上，再做一次表计算。算第七级难度吧，这个很有用，我们在做帕累托图的时候就用到了这个。

小白 好吧，我继续学习一下，怎么设置？

大明 为了清楚起见，先把刚才那个排序顺序设回"特定维度"，然后进行如下操作。

(1) 按住 Ctrl 键把 LOD 区域的"最小（记录数）"胶囊拖放到"标记"功能区的"详细信息"按钮上，相当于把度量复制了一份，然后在这个复制得到的胶囊上单击右键调出快捷菜单，选择"编辑表计算"，可以发现它的设置与刚才是完全一样的。

(2) 再勾选"添加辅助计算"，会出现辅助计算设置窗口，我们就用默认设置，从属计算类型是"差异"，计算依据是"表（横穿）"。

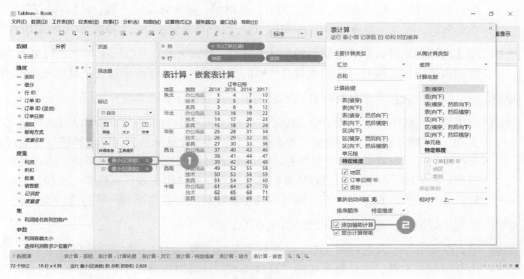

添加辅助计算

(3) 把详细信息上的"度量"胶囊拖放到表格里面，看一下结果。

辅助计算结果

小白 视图的左半边是我们刚做过的表计算的结果，右半边就是这个带有辅助计算的表计算结果，也就是二重表计算结果。在一重计算的基础之上，表横穿计算差异，相对于上一个值进行差异计算，那么 2014 年列"为空"是对的，因为它是第一列，此后几列都是"3.00"也是对的，因为一重表计算得结果中，这一行的数字是 1、4、7、10，后者减去前者等于 3。

大明 刚才说添加辅助计算只是简易的表计算嵌套，是因为表计算实际上可以进行多重嵌套，只要明白了原理，嵌套再多层也都是一样的，只要一级一级推导过去，就能正确应用。

小白 哎，学到这我已经感到智商有点不够用了。再后面还有啥难度？

大明 我想想，大概还有表计算函数，其实这些通过界面设置的表计算都可以通过自定义字段来实现，不过要注意，在写完表计算函数之后，这些计算函数的计算依据还是要通过界面来进行设置的，也就是说，计算依据不会写到表计算函数里面去。再后面，还有其他表计算类型，我们刚才只用了汇总表计算，其实还有一些常用的表计算类型，比如差值计算、总额百分比计算以及排序计算，而且这几个表计算类型各自都有一些特殊的设置。

小白 听起来好晕啊！不行了，我已经消化不了了。

大明 哈，没关系，今天先讲到这吧，至于后面那些内容，以后工作中遇到再逐个研究，今天的内容是最基本的，也是最重要的，这些基本的计算原理都说了。

小白 我最近经常使用 Tableau，还觉得这个软件好简单，没想到还有这么深入的内容。

大明 不知道你有没有听说过一句话，使用 Tableau 是"入门傻白甜，进阶虐成狗"？ Tableau 软件在市场上的成功，绝不是仅仅靠傻白甜来获得的，超强的计算能力才是 Tableau 的真正实力所在。用了一两个月觉得"傻白甜"还是正常的，不过有的人用了几年还觉得 Tableau "傻白甜"，那大概就是用得不深入了。

小白 好吧，看来我要被"虐成狗"了！

第 5 章

增收不增利，成长有隐忧：Tableau 计算进阶

本章通过一个关于时间序列分析的例子引出 Tableau 函数计算的话题。在实际工作中，计算字段和函数在 Tableau 中的用途非常广泛。通过阅读和学习本章，读者可以了解 Tableau 函数的概况，更详细的内容可参考本章给出的链接。

学习难度：中级
涉及的业务分析场景：同比分析，模拟分析
涉及的图表类型：条形图，折线图
知识点：聚类和非聚类计算，双轴组合分析，参考线，自定义计算字段，嵌套表计算

5.1　数据可能误导决策

这两天很冷，大明感冒了。他本来请了一天假在家休息，心里却惦记着公司里杂七杂八的事儿，想再分析一下数据，但家里无法连接公司的数据库，想来想去，午饭过后还是跑到了办公室。

大明进了办公室后还是昏昏沉沉的，后悔今天不该来，倒了一大杯开水，慢吞吞地鼓捣数据。

这时候小白跑过来，看到大明很惊讶。

小白　大明哥，你不是在家休息吗？咋又跑来了？哎呀，咋还戴个大口罩？

大明　事情太多，只好来了。戴口罩是怕传染你们……阿嚏！得，我觉得还是摘了口罩比较好哈！

小白　得得得，您还是戴着吧！

大明　上午老板们开会了吧？咋样？

小白　嗯，你不是不在嘛，我去参加了，给老板们看了数据。哎，跟你说，老板们说过两年差不多要上市了呢！

大明 上市？这么牛？老板们哪来的信心？

小白 我给他们看了过去几年的数据啊！咱们的业务增长非常快呢！我给你也看看。

小白说着端过来电脑，屏幕上显示着近几年的销售和利润趋势情况。

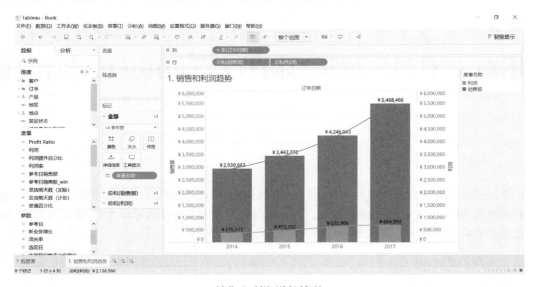

销售和利润增长情况

你瞧，咱们发展得很好呢，销售额和利润都在增长，而且销售额增长很快！老板们说，照这个速度下去，咱们差不多两三年就可以上市了。

大明 嗯，看上去的确不错。不过你看利润的增长，去年好像有点慢啊，曲线是平的，你看过同比吗？

小白 没……需要看同比吗？

大明 当然要看的，最好同时看一下利润率，因为利润率能帮助我们更好地了解公司的运营情况。

随后大明在自己的电脑上也做了这个图，同时加了同比曲线和利润率，画面变成了另外一个样子。

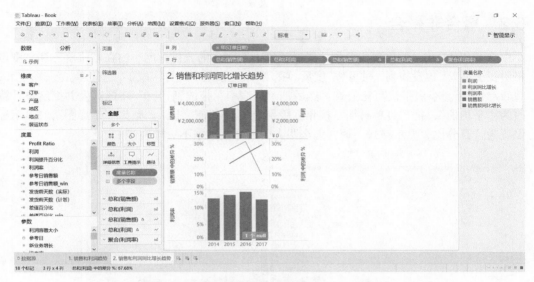

销售额、利润、利润率以及同比分析（另见彩插图 18）

大明　你瞧，从这个图上看，销售额在 2017 年度同比增长了 29%，而利润同比增长仅接近 10%，显然 2017 年的盈利能力大幅下降了！利润率的变化也说明了这一点，2017 年利润率下降了 3%。这问题很严重啊！显示了增长背后的隐忧：增收不增利！

你没给老板们看这些数据吗？只看了数量趋势？

小白　没……

大明　那问题大了。作为数据分析师，要向决策者提供决策支持，你只给他们看了上面那个图，还重点强调销售增长，这显然是报喜不报忧。再严重了说，你这个图会误导决策者！

小白　那怎么办啊，大明哥！会已经开完了……我再去找老板吗？

大明　唉……咋办？"凉拌"吧。我就半天没在，就出个篓子……抽空跟大胡再说说这份数据吧。阿嚏……

是啊，数据分析师肩负重任，对数据的正确、全面解读能够支持决策，可是错误、片面的数据解读也会误导决策者，只看绝对数量有时候会掩盖问题，相对比例等派生指标有时候更能说明问题。

小白黯然回到自己的座位，冷静下来的小白陷入了沉思，也意识到了问题的严重性。同时也开始思考，为什么数据到了大明那里总有不一样的视角呢？在这样的情况下，为什么会考虑到利润率呢？打算再深入分析一下看看。

5.2   聚合非聚合

小白打开 Tableau，调出那份数据，尝试重复大明刚才的分析。但小白在"维度"和"度量"窗格里找了半天，也没找到"利润率"度量。哦，看来应该是个计算字段了，这简单。Profit_Ratio=利润/销售额。小白很快写完公式，然后把"利润率"拖放到"行"功能区上并把度量计算方法改为"平均值"，把"订单日期"按年度级别拖放到"列"上，调整为"条形图"，"显示标签"设置为"百分比"显示格式。啊？怎么跟大明的那个数据不一样啊？

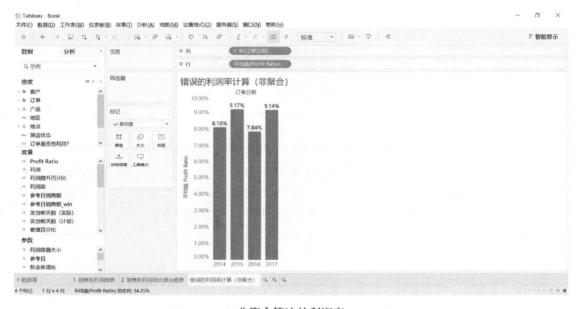

非聚合算法的利润率

2017 年利润率没下降啊！并且这几年的利润率也没那么高啊？等等，似乎还是不能解释销售和利润同比增长差异的问题，是不是哪里错了呢？公式……没错，年份……没错，格式……没错。咋回事？小白坐不住了，只好又跑来找大明。

小白 大明哥，我刚才也看了一下利润率，可是咋跟你的数据不一样呢？可是检查了 3 遍也没发现哪里有错，你帮我看看行不？

小白问这个话的时候，心里多多少少还是有点小期待，不是期待大明给她找出错误，而是期待大明找不出错误，最后发现是自己错了。

大明 啊？又让我调试数据啊？我今天脑子晕晕的，不知道能不能调试出来，我看一下。

大明接过来小白的电脑，看了看图表，明显数据跟自己的不一样，他先打开小白写的公式看了看。

非聚合利润率计算字段

大明 小白，你用 Tableau 多久了？怎么还犯这么低级的错误？

小白 啊？低级错误？哪里？

大明 就是这个利润率计算公式。你看看我写的。

说着大明把自己的公式打开给小白看。

聚合利润率计算字段

小白 哦，你这个加了 SUM 函数……有什么差别吗？为什么我那个就不对？

小白心里的小期待落了空，脸红了。

大明 哎，你真该去 Tableau 官网，再把免费培训视频好好看一遍……得，我给你讲讲吧。举个例子，比如你看这个数据。

说着，大明打开了 Excel，写了几行数据。

订单id	利润	销售额	利润率
1	1	100	0.01
2	1	100	0.01
3	1	10	0.1
4	9	10	0.9
5	9	10	0.9
总计	21	230	

利润率计算表格

大明 你看这几个订单，每笔订单的利润率在后面。现在要算所有订单的利润率，我问你，是该把"利润率"一列求平均，还是把"总计"一行的总利润和总销售相除？

小白 啊，我好像懂了，应该是蓝色部分相除才对。可是，这会有多大差别吗？

大明 这个倒不一定，但有差别才是正常的，没差别那是碰巧，你按照两种算法算算，看结果有多大差别。

小白 嗯，我算出来了，黄色的平均值是 38.4%，蓝色的计算结果是 9.13%。啊？差这么多！

大明 是的，就这么大差别，所以在 Tableau 里面写公式，你的公式写法就相当于先算每行数据的利润率，然后求平均；而我的写法相当于先计算总的利润和销售额，再求总利润率。其实这里涉及 Tableau 里面一个非常基本的概念：聚合和非聚合。

小白 聚合、非聚合？我没听说过啊。

大明 简单地说，聚合计算就是先聚合再计算；非聚合就是先计算再聚合。SUM、AVERAGE、MIN、MAX 这些都叫作聚合计算。所以，你的公式先计算每行的利润率，再进行 AVERAGE 聚合，属于非聚合计算。而我那个写法是聚合计算。

小白 哦……看来我要加强学习了。

其实小白没有完全明白，又不好意思再追问。

小白 大明哥，你说的 Tableau 官网的学习视频在哪里啊？

大明 在这里。

大明打开了如下链接。

关于聚合与非聚合的视频链接
https://www.tableau.com/zh-cn/learn/tutorials/on-demand/aggregation-granularity-and-ratio-calculations?product=tableau_desktop&version=10.0&topic=why_tableau_doing

小白 好吧，我回去好好看看。大明哥，我这个问题是不是真的很 low？

大明 真的很 low！

大明和小白正说着话，不知道大胡啥时候出现在旁边。

大胡 什么很 low？

小白 没啥，犯了个低级错误，我计算利润率的时候用错了公式，就是上午开会的时候看的销售和利润增长情况的数据，我们把数据按照同比情况重新计算了一下，发现利润的增长远低于销售额的增长，利润率同比来看则是下降的。上午会上没看同比数据……

大胡 哦，小白现在也知道解读数据了，不错不错！后来几个老板又讨论了一下这个同比数据，觉得利润率下降是我们的业务成长隐患，还需要进一步分析原因和对策呢！所以你们有可能还需要就这个问题继续展开深入分析。

小白 好啊好啊！

小白得知数据并没有误导老板，很是高兴。

大胡 行，你们继续讨论！

小白 哈哈！还好我的失误没造成什么严重后果！看来是要好好学习 Tableau 了！好吧……今天用了表计算和计算字段，大明哥你啥时候给我讲讲呗！我现在很想知道你那几个求同比的图是怎么做出来的。

大明 那个简单，你先说说你那个销售额和利润的线柱组合图是怎么做的？

小白 那个组合其实挺简单的。

(1) 将"订单日期"维度拖放到"列"功能区。

(2) 把"销售额"和"利润"度量值拖放到"行"功能区，然后右击"利润"胶囊，选择"双轴"。

(3) 右击"利润"数轴，并在菜单中选择"同步轴"。

然后在"标记"功能区选择"全部"度量，下拉框里面选择"条形图"，再从"维度"窗格里把"度量名称"拖放到"颜色"按钮上，就像这样。

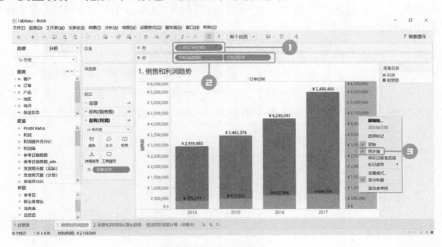

销售额和利润双轴条形图

然后选择"利润"度量值，把"利润"条形图的大小调小一点，用工具栏上的按钮来显示标签，然后加上趋势线。

(1) 切换到"分析"窗格，把趋势线拖曳到画布上。

(2) 选择对"销售额"和"利润"度量值同时使用"多项式"趋势线。

这样就同时添加了销售额和利润两条趋势线了。

添加多项式趋势线

大明　还不错，用得挺熟，动作很流畅，作为初步分析来说有那么点儿"一气呵成"的感觉了。我给你说一下同环比分析吧，这个分析要用到 Tableau 中的表计算，这个我们之前讲过，你应该很清楚喽。

先看一下我这个界面，在"行"功能区多了几个胶囊：销售额、利润、销售额、利润以及利润率，实际上就是在刚才的图表基础上，又把"销售额"和"利润"拖放到"行"功能区一份，其他没什么特别之处了。我们把第四个胶囊（也就是"利润"）设置为"双轴"，同步数轴，然后把第三个胶囊（销售额）和第四个胶囊（利润）的"标记类型"都设置为"线"，就像这样。

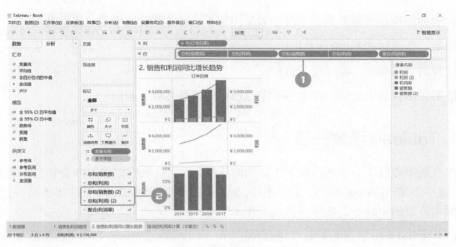

多指标双轴

要点：1. 将多个度量值拖放到"行"功能区，并如图完成双轴呈现；2. 把"总和（销售额）(2)"和"总和（利润）(2)"的标记类型都设置为"线"。

下面就来计算销售额同比和利润同比了。选中第三个胶囊（销售额），右击鼠标，调出快捷菜单，在"表计算"子菜单中选择"百分比差异"，对第四个胶囊也进行同样的操作。现在我们发现第三个胶囊和第四个胶囊后面出现了三角符号，这表示带有表计算的度量值。是不是很简单？

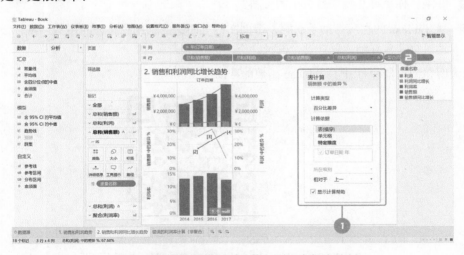

多指标双轴中实际值、同比值、利润率综合分析

要点：1. 右击"行"功能区的第三个胶囊（销售额），调出快捷菜单，在"表计算"子菜单中选择"百分比差异"；2. 右击"行"功能区的第四个胶囊（利润），进行相同操作。

小白 看你操作还真是不难！不过今天又用到了表计算和计算字段，再给我讲讲？

大明 成，今天讲 Tableau 函数吧。

小白 我请你喝咖啡，咖啡馆开讲？

大明 听说拿铁能治感冒，那就……斯达巴克斯大杯拿铁？哈哈！

5.3 Tableau 函数一瞥

斯达巴克斯里面轻柔的音乐以及下午悠闲的感觉，注定让咖啡馆成为办公和自习的好地方。座位上，一些人对着电脑手指纷飞，忙个不停；另一些人则抱着本书，时不时在笔记本上记录些内容。这时候咖啡馆的主题不是咖啡，而是工作和学习。

大明 其实 Tableau 里面的函数没什么神秘的，如果你熟悉 Excel 公式，相信适应和使用 Tableau 函数完全没有障碍。最好先把这些函数浏览一遍，知道都有什么。

小白 有没有函数简明参考列表？

大明 其实 Tableau 的在线帮助文档里有每个函数的说明和示例，在 TableauDesktop 中使用这些函数的时候，编辑自定义字段的对话框里面也有说明和示例。不过为了更便捷，我还是自己整理了一份列表，分享给你吧。就是这个。

这时大明的电脑屏幕上是一个超长的 Tableau 函数汇总表。

小白 哇哦！你从哪儿找来这么全的资料？

大明 从 Tableau 的在线帮助手册啊，帮助文档里面的信息比我整理的还要丰富，很多函数的示例讲解非常详细。就在这个网址，有空你也上去看看。

说着大明在浏览器中打开了 Tableau 函数的帮助文档。

TableauDesktop 函数在线帮助
https://onlinehelp.tableau.com/current/pro/desktop/zh-cn/functions.html

小白 在线帮助？我好像不怎么看在线帮助……这习惯是不是很不好？

大明 也正常，产品的在线帮助通常都是按照产品功能来组织的，而且篇幅巨大，从头到尾看一遍难免头晕眼花，所以在线帮助文档并不能代替培训教程，一般的学习路径还是从培训开始的，在线帮助则可以作为字典工具书，在需要的时候进行查询。

小白 好吧，不过听你这么一说，Tableau 的帮助文档真是很有料，回头我先看一遍，了解了解都有什么内容。

大明 熟悉帮助文档很有必要！

小白 对了，这么多函数，都需要记住吗？

大明 当然……没必要，这些函数的使用频率是不均等的。总的来说，字符串函数、日期函数、表计算函数和逻辑函数是比较常用的，其他函数用得少一点，把这个当字典用就行了。

小白 那我怎么知道什么时候该用什么函数呢？

大明 这就得凭经验了。如果没有实际地分析场景，单看这些函数，等同于看一筐白萝卜，它们长相差不多，一般人是绝对不会有兴趣把每个函数都做一遍例子的。当然，就算你做了例子，也不能保证在实际工作中能够把分析需求跟某些函数快速联系起来。

小白 举个例子呗，怎么把分析需求跟某些函数联系起来？

大明 行，举个例子。咱们的产品销售中有一些是亏损的，这个你知道吧？

小白 知道，销售明细里录着每一笔交易的毛利润呢，有的利润值就是负数。

大明 那好，我们现在做一个假设分析（What-If Analysis），假如我们这些亏损的产品不卖了，可以想象我们的利润应该比现在要高一些，但是究竟能高多少呢？

小白 这还真是个很不错的分析问题！可是……我还是没思路啊？

大明 咱们新建一个工作表，打开"分析"菜单，选择"创建计算字段"，我们来创建一个模拟利润。如果这笔销售的利润是负数，就把它当成零，意思是假设不卖；如果是正数，就按照实际利润计算。这个逻辑在 Tableau 中写出来就是这样的。

模拟利润计算字段

小白　哇！看起来蛮简单的，我咋就想不到呢？

大明　用习惯了就能想到了。下面一个问题：模拟利润肯定比实际利润高，对吧？那么如果不卖亏损品，我们的利润能提高百分之多少呢？

小白　这个提升百分比应该比较好算吧，模拟利润减去实际利润，再除以实际利润。

大明　是的，写出来应该是这样的。

"利润提升百分比"计算字段

然后我们把"订单日期"拖放到"行"功能区，把"利润""模拟利润""利润提升百分比"拖放到表格里，就得到了这样的结果。

利润提升模拟分析表

小白　竟然有这么高的比例！百分之五十多？

大明 是啊，这个数我之前也没看过，今天这可算是意外发现，看来有必要在下周的会议上向老板们提出这个问题了。

小白 不分析"太平盛世"，一分析"危机四伏"！

大明 你现在有点进入状态了，关注数据内容，而不是只局限于产品功能和展现形式。

小白 谢谢夸奖，用了 Tableau 才开始真正地看数据，试着去理解数据。今天这个函数很有用啊，还有别的例子吗？

大明 别的例子当然还有，但贪多嚼不烂。留个作业给你吧，刚才我们分析的是利润可能的提升潜力。现在我们换个角度来看这个问题，你知道有些城市是亏损的，而有些城市是盈利的，假如我们把亏损的城市市场都关掉，那么我们的利润大约能提高多少？分年度用表格体现，跟刚刚那个结果的表结构是一样的，但模拟计算方法有改变。

小白 啊？这个感觉上比刚才那个难度要高不少吧？

大明 哈，作业嘛，当然要有一些难度，你研究看看吧。今天你先总体了解一下函数，其他的以后用到时我们再一起研究。但要注意，在实际工作中，基本图表、计算字段、函数、LOD、表计算、集、组等内容大多数情况下是综合应用的，所以我们要先把基本的内容快速学习一下，然后在实际的分析场景中进一步深入研究。

小白 嗯，理解。分析数据、解决实际的业务问题才是最终目的嘛！今天感觉学函数没那么简单啊，算啦，我还是先过一遍这些函数，留个大概印象，遇到实际应用场景的时候再仔细研究吧！

大明 这就对了。

第 6 章

欢迎进入 Tableau 计算深水区：
LOD 表达式概述

LOD 是 Tableau 计算中的一个高级功能，通过 LOD 能够进行很多常规计算无法实现的深度分析，为数据分析提供全新的视角。掌握 LOD 是 Tableau 进阶学习的必经之路，本章介绍了 LOD 的工作原理以及常用的分析场景，读者可在阅读过程中与实际工作相结合，探索 LOD 的更多应用场景。

学习难度： 高级
涉及的业务分析场景： 销售分析
涉及的图表类型： 条形图
知识点： LOD，聚类和非聚类计算，自定义计算字段

6.1 有道理的奇葩要求

最近，小白发现销售总监汤米对数据分析的兴趣越来越浓厚，时不时地提出一些新奇的点子来分析数据。这当然是好事，小白也很愿意帮他进行深入分析，可有时候汤米想要分析的内容有点太过新奇，经常需要颇费一些工夫才能分析出来，这又让小白很犯怵。这不，今天的会议上，小白给汤米展示全国的销售分析，颜色表示利润情况，长度表示销售额，还另加了销售额占比以及地区级别的筛选器，看上去很棒。

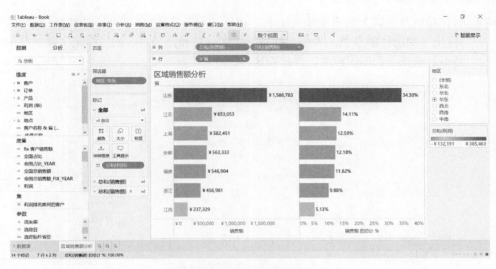

区域销售分析（另见彩插图 19）

可是汤米提出了如下几个问题。

(1) 选中某个地区的时候，显示的百分比不能是本地区的销售额占比，而是该省在全国的占比。

(2) 能够显示每个省最大客户的采购量，也就是销售额最高的客户的销售额数字，汤米管这叫"极值分析"。

(3) 能否以某个选定的省作为基准，显示它与其他省的利润差值，汤米说这个叫作"标杆分析"。

小白当场鼓捣了好久也没有结果，显得有些尴尬，汤米请小白再研究研究，然后再约个碰头时间。

会后小白研究了好半天，这几个问题愣是没有头绪，想着还是去找大明吧。大明听完这几个问题的描述后，很惊奇。

大明 真是奇了怪了，这几个问题属于同一类型，都要用到 LOD 表达式，难道汤米是深藏不露的 Tableau 高手，有意出题考你不成？

小白 都是 LOD？这个词听着耳熟，不过一直也没得到机会深入研究，帮忙给我系统地讲讲吧！

6.2 LOD 基础

大明 好吧。要想理解 LOD 表达式，首先需要明确一些概念，你还记得 LOD 啥意思吗？

小白 这个我倒是还记得，LOD 是 Level Of Detail（详细级别），指的是数据视图上显示数据的颗粒度。

大明 不错，LOD 表达式其实就是详细级别表达式。那么视图上的数据颗粒度由哪些因素来确定呢？

小白 嗯，是由功能区上的维度来决定的，包括"行"功能区、"列"功能区"页面"功能区、"标记"功能区的颜色、大小、标签、详细信息和路径等。而"标记"功能区的工具提示则不影响视图数据颗粒度，就比如这样。

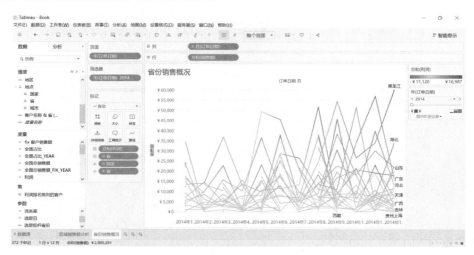

省份销售概况（另见彩插图 20）

大明 很好！也就是说我们在这些功能区中放哪些维度，数据就会显示为哪个级别。但是，有时候我们需要在视图中显示一些数据，但颗粒度却与当前各个功能区的维度有差异。

小白 这不太好理解啊！举个例子？

大明 好，比如你刚才说的那几个分析吧，先用条形图来举例说一下。

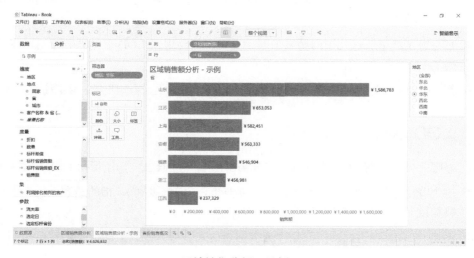

区域销售分析：示例 1

你想想看，在这个例子中，我们把数据按照地区进行了过滤，而你同时需要和全国的总数进行占比计算，但全国总数的数据颗粒度是在"国家"级别而不是在"省"级别。并且由于做了数据过滤，这时表计算已经无能为力了，对不对？

小白 嗯，是的。

大明 我们再考虑一下，如果要显示每个省的最大客户的销售额，这是不是又用到了客户维度，但客户维度又不会出现在功能区中。

小白 是的，好比在视图中加入了一个隐藏的维度。

大明 然后再看这个标杆分析，其实计算被选中的省的销售额很简单，可以单放一列数据叫作"标杆销售额"，可问题是两列计算的时候怎么让其他省都能跟这个标杆相比？你有没有发现其他省的标杆数据这时就变成了空值？

小白 对啊！这就是我遇到的问题呀！我感觉这个标杆销售额就不能按照省来切分，一切分就变成空值了。

大明 对，所以这时候我们要计算的数据等于要把当前维度从视图中拿走。

小白 没错，我也是这样理解的，要分析的数据得从当前的颗粒度中去掉某个维度！

大明 这个就是 LOD 的用法之一。LOD 表达式有特定的写法，总结起来有 3 种用法。好比这样。

```
{[FIXED | INCLUDE | EXCLUDE] <维度声明>:<聚合表达式>}
```

这个表格对表达式的结构做了清楚的说明。

元　　素	说　　明
{ }	整个详细级别表达式括在花括号中
[FIXED | INCLUDE | EXCLUDE]	左花括号之后的第一个元素是以下定界关键字之一。 ● FIXED FIXED 详细级别表达式使用指定的维度计算值，而不引用视图详细级别，也就是说，不引用视图中的任何维度。 FIXED 详细级别表达式还会忽略除上下文筛选器、数据源筛选器和数据提取筛选器之外的所有筛选器。 示例：{FIXED [Region] :SUM([Sales])} ● INCLUDE 除了视图中的任何维度之外，INCLUDE 详细级别表达式可以使用指定的维度计算值。 需要添加视图中没有的维度时，INCLUDE 详细级别表达式最有用。 示例：{INCLUDE[Customer Name]:SUM([Sales])} ● EXCLUDE EXCLUDE 详细级别表达式从表达式中显式移除维度，也就是说，这些表达式从视图的详细级别中去除维度。 在排除视图中的维度时，EXCLUDE 详细级别表达式最有用。 示例：{EXCLUDE [Region]: SUM([Sales])} 对于表范围详细级别表达式，不需要定界关键字

6

（续）

元　　素	说　　明
<维度声明>	维度声明可以指定聚合表达式要连接的一个或多个维度。使用逗号分隔各个维度。例如： [Segment], [Category], [Region] 对于详细级别表达式，可以使用在维度声明中作为维度计算的任何表达式，包括日期表达式。 此示例将在年度级别计算聚合销售额的总和： {FIXED YEAR([Order Date]) : SUM(Sales)} 此示例将计算聚合[Order Date]（[订单日期]）维度的销售额总和，并截断到"天"日期部分。因为它是 INCLUDE 表达式，所以它也将使用视图中的维度来聚合值： {INCLUDE DATETRUNC(day, [OrderDate]) : AVG(Profit)} 注意：强烈建议在创建维度声明时，将字段拖到计算编辑器中，而不是键入它们。例如，在功能区上看到 YEAR([Order Date])，如果将其键入为维度声明，则它将与此功能区上的字段不匹配；如果将功能区中的字段拖到表达式中，那么它将变为 DATEPART(year, [Order Date])，这将与功能区上的字段匹配。 对于命名的计算（即保存到数据窗格中的计算，而不是未命名的临时计算），Tableau 无法将计算的名称与其定义匹配。因此，如果创建了命名计算 MyCalculation，其定义如下： MyCalculation = YEAR([Order Date]) 然后创建了以下 EXCLUDE 详细级别表达式并在视图中使用： {EXCLUDE YEAR([Order Date]) : SUM(Sales)} 则将不排除 MyCalculation。 同样，如果 EXCLUDE 表达式指定了 MyCalculation： {EXCLUDE MyCalculation : SUM(Sales)} 则将不排除 YEAR([Order Date])
：	冒号用于分隔维度声明与聚合表达式
<聚合表达式>	聚合表达式是所执行的计算，用于定义目标维度

小白 表达式的结构看起来挺简单，没想到规则还挺复杂哈！

大明 的确比较复杂，详细级别表达式算是 Tableau 应用中比较高难度的部分了，掌握了这部分内容，一般复杂的计算就比较容易处理了。我们现在尝试用 LOD 来解决你遇到的那几个问题。

6.3　过滤后的全国占比问题：FIXED 应用

小白 OK，第一个问题，数据被过滤到某个地区之后，仍然要计算每个省相对全国总数的占比。

大明 全国总销售额其实就是整表计算销售额求和。整表计算可以直接用{SUM([销售额])}来得到，等同于{FIXED SUM([销售额])}，这时不论是否过滤，它永远等于全国总数。

"全国总销售额"计算字段

"全国占比"计算字段

然后我们看一下图表结果。

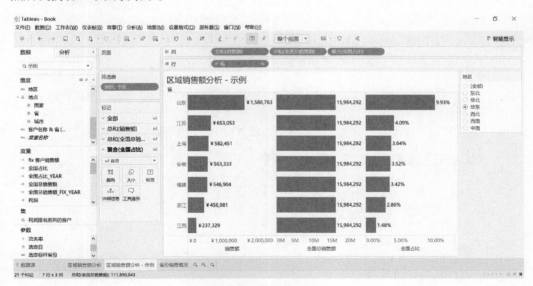

区域销售全国占比分析

小白 真酷!这么简单?

大明 别说简单。当视图上还有年份的过滤器时，切换年度会发现全国总销售额的数字也是不变的，而你却需要计算选定年的每个省相对全国总销售额的占比，又该怎么办?

小白 对哦……咋办?

大明 这时候我们可以创建另一个 LOD 表达式，就像这样。

"全国总销售额_FIX_YEAR"计算字段

接下来，再来创建一个体现全国销售额占比的计算字段。

"全国占比_YEAR"计算字段

然后把这些度量值都放到视图上，观察一下结果。

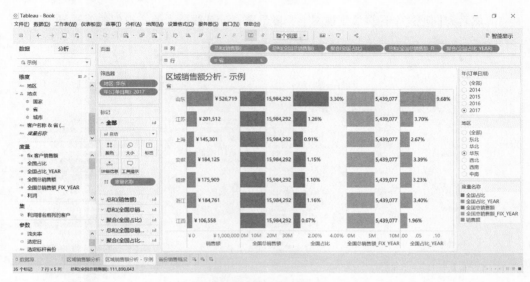

2017 年区域销售全国占比分析

小白 哦……真有点门道。

大明 那么需要你研究俩问题。一个是客户购买频次分析。统计不同下单频次的客户数量，这个要用 FIXED LOD 表达式；另一个问题是分析订单大小，也就是说金额为小于 1000、1000~2000、2000~3000、3000 以上的订单各有多少，这个也要用 FIXED LOD 表达式。

小白 好吧……我把作业记一下。不过你说的这俩分析都很有用啊！

6.4 每个省最大的客户：INCLUDE 应用

大明 我们再看下一个问题吧：显示每个省最大客户的销售额。也就是说，我们要在视图中"隐形"地引进一个客户名称维度，需要写这样一个表达式。

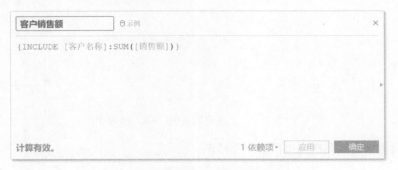

"客户销售额"计算字段

然后我们把这个计算放到视图上，度量聚合计算取最大值，得到如下结果。

区域销售分析：示例 2

小白 啊哈，怎么验证这个结果对不对呢？

大明 这个不应该来问啦，以前用过嵌套排序，回头你自己研究一下去验证吧。

小白 好吧，我还有个问题，为什么这里不用 FIXED 呢？

大明 因为不同省的客户可能有重名的，如果用 FIXED，重名的客户就会占据多个省的榜首了。写一下试试就知道了。

"客户销售额_FIX"计算字段

然后把这个放到视图上，看一下结果。

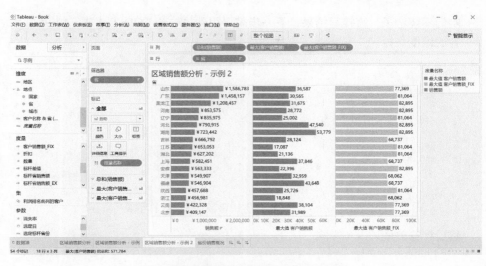

客户最大销售额分析（另见彩插图 21）

小白　果然如此啊！

大明　千万注意，有些初学者分不清该用 FIXED 还是 INCLUDE，统统用 FIXED，结果算错了还不知道错在哪里，为什么错的，所以一定要好好理解它们的区别。

小白　是需要多多实践才行。

大明　那就再给你两个题实践。第一个题是列出每个省销售额最高的城市及其销售额；第二个题目是列出每个城市销售额最高的产品及其销售额。

小白　哦，听起来跟我们刚做的题很接近呢！

6.5　对标分析：EXCLUDE 应用

大明　是很接近，多练习嘛！再看第三个问题吧。其实求选定省的销售额不难，一个计算字段就可以了。

"标杆省销售额"计算字段

咱们不绕弯子，直接写结果，下一步需要用到另一个 LOD 表达式，用 EXCLUDE，把当前省的维度去掉。

"标杆省销售额_EX" 计算字段

然后计算差值。

"标杆差值" 计算字段

接着我们把这几个放到视图中去，可以比较一下计算的差别。

区域销售分析：示例 3（另见彩插图 22）

小白 哇！看起来也不难嘛！

大明 不难？留个难一点的练习题，在"地区""子类别"两个维度中计算每个子类别的销售额占本地区所有销售额的百分比，不使用表计算，用 EXCLUDE LOD。

小白 嘿！用表计算不是挺好吗？

大明 用表计算当然也可以，不过当数据量很大时，用 LOD 性能会更好。

小白 性能？这个好，我做的有些分析已经开始变慢啦，啥时候讲讲性能？

大明 哈，性能比较复杂，是一部分系统的内容，不是三言两语能说完的，以后有机会写一篇关于性能的文章。

小白 好啊好啊！我给你提供素材，你就把我做的仪表板都优化一遍就好了。不白帮忙，请你喝咖啡！

大明 斯达巴克斯大杯拿铁？哈哈。

6

第 7 章

老客户贡献分析：集的应用

本章综合利用多种方法进行客户分析，重点分析老客户的活跃情况、流失情况和贡献情况。这部分内容涉及树图、集（SET）和 LOD 等 Tableau 功能。本章的分析指标主要是客户数量，它是一个派生指标，也就是经过计算才能得到的指标，比如客户数量，而不是数据源原本就有的销售额、利润、数量等指标。希望本章的分析方法在读者的实际工作中有一些参考价值。

学习难度： *初级*
涉及的业务分析场景： *客户分析，销售分析*
涉及的图表类型： *树图，散点图，折线图，条形图*
知识点： *数据库连接，数据突出显示，集的应用，LOD，自定义计算字段*

7.1　吵架也要有数据支持

一个阳光灿烂的上午，写字楼下的咖啡厅里音乐轻柔，满室飘香，楼上的办公室里暖洋洋的，盆栽绿油油的，生机勃勃，可是办公桌前的小白却一筹莫展。小白刚才参加了几个部门经理的一个周会，讨论关于客户发展策略的问题。销售总监汤米认为要借助店庆这一时机，大力发展新会员，并提出了一个规模空前盛大的方案，线上线下联动、天上地下全覆盖，按他的计划，是要比照开业之初的巨大促销力度来吸引一批新客户。然而市场总监苏珊却认为这种发展新会员策略的获客成本过于高昂，老客户经营才是提升业绩的重点。双方观点不一致，汤米坚持认为新会员是企业长远发展的根基，而苏珊一直强调获客成本与市场预算之间有矛盾，谁也无法说服谁，没有讨论出最后结果。虽然大家都是对事不对人，却还是有点火药味儿，小白在旁边听得胆战心惊，心说这俩总监也都够强硬的。

没想到，正琢磨着，战火烧到了她身上。

苏珊　既然你说新客户很重要，那么我想问，2014 年我们刚刚开展业务的时候，那一年的客户被我们定义为人气会员，你能不能告诉我当年我们发展了多少客户？这些客户在后续几年之中有多少贡献？

汤米　我没有确切数字，但我知道那批人气会员是非常忠诚的会员！

苏珊　哦，没数据啊，没数据让别人怎么相信你呢？

汤米　要数据么？正好数据分析部的小白也在这，你们有没有分析过新客户持续贡献的情况？

小白　啊？我？没……

汤米　明天给我看一下 2014 年人气会员当年以及随后几年的消费情况。看看这批客户究竟重不重要！

苏珊　好啊，我们就等数据出来再谈这个问题好了！

小白心说倒霉，今天大胡有事没来，她被抓来参加这个会，只是想旁听一下的，没想着真会有什么数据分析的事儿，谁知道吵架吵到最后，她倒躺枪成了受害人。什么人气会员分析，小白脑子里一点思路都没有，怎么接？

小白　可是我们没有人气会员的资料啊……

汤米　这就得你自己想办法了。当年我们没有专门的客户管理系统，你看看能不能从销售数据里把那批客户扒出来。

汤米不管有没有数据，他要的是结果。

小白　好吧，我试试看……

小白其实心里很虚，又不知道怎么跟业务线上的领导讨价还价，不知道是不是给自己挖了个坑，还埋了个雷。

7.2　如何从数据中找出头绪

开完会回到座位上，小白又郁闷了，越是郁闷越没心思干活儿，何况她本来就没头绪，看来上班赚钱就是要操心受累，哪有那么光鲜亮丽？

大明走进办公室的时候，小白还在那儿发呆，大明一看便知这丫头今儿状态不大对，于是过来问问情况。

大明　咋啦小白？难不成谁欺负你了？

小白　没谁欺负我啊！

大明　那怎么一副苦大仇深的样子呢？

小白　我？有么？

大明 有没有，自拍一下就知道啦。

小白 哎，算啦。我正发愁呢，大明哥，你帮我研究研究吧。

大明 嗯，啥事儿？

小白把会上的情况大致说了说。

小白 我们现在没有 CRM 系统（客户关系管理系统），所以没有客户资料数据，我们拿什么分析客户？又能分析出什么来啊？

大明 嗯……的确有点困难。这样，咱们不是有销售明细数据吗？里面有客户的 Id 和名字，以及他们的购买记录。

小白 能干什么呢？那里面只有销售额、利润、折扣、销售数量这几个分析指标，连用户数都分析不出来！

大明 啊哈，那不一定！用户数好办，现有的数据至少能分析出用户发展的趋势，以及新用户每年的销售贡献占比。

小白 啊？销售总监要的就是这个啊！咱们真能做？

大明 这个嘛……我得空需要试试，下午再说吧！

小白 大明哥！你到底靠不靠谱啊？我都急疯了，你还不一定……

大明 哎，你哪里知道，我手头有更重要的事急着处理？你要不相信，咱俩换换看？

小白 别别别！我信我信！

小白看大明的样子不像是开玩笑，赶紧就坡下。

小白 那就下午吧，等你忙完帮我看看，我先研究一下数据，试试看能不能分析点东西出来。

随后大明一直在座位上忙碌，吃午饭也是急匆匆的，很快就回到办公室继续工作，然后忽然就夹着电脑出去了。

虽然小白也一直在研究那份数据，但至于大明说的客户发展趋势，新用户每年贡献……这哪里是分析？简直是猜谜，小白玩 Tableau 没那么熟，也不知道大明说的是什么工具和方法。试着用 Excel+PPT 分析这个问题，却发现简直像拿着指甲刀与老虎搏斗，与其说有武器，还不如说没有。

大明再回到办公室已经三点多了，不过看样子状态不错，夹着电脑笑呵呵地走到小白座位旁边。

大明 现在有空了，你的那个难题，一起看看？

小白 好啊好啊！谢谢大明哥，不过现在三点多了，要是弄不完，晚上加班我请你吃饭！

小白满心感激，又赶紧下个毛毛雨，怕大明不帮忙帮到底。

大明 加班？用不着吧？加班餐也免了，一会儿请我喝咖啡吧，哈哈。

小白 可是没啥头绪呢，你觉得下班前能分析完？

大明 这才三点多，估计半小时就搞定了，搞定去喝咖啡！

小白实在是不相信，本想再说点什么，却又忍住了。

小白 那好吧。

大明 你打开 Tableau，今天我们直接连数据库分析。

小白 好，打开了。连哪个数据库？

大明 直接连我们销售系统的备份库吧，MySQL 的那个。点击"新建数据源"，选择"MySQL"。

连接 MySQL 数据源

小白 嗯，是这个服务器吧？用我的账户就可以了。不过为什么不直接连接业务库呢？

大明 你感觉在 Tableau 界面上"拖拖曳曳"很简单、很痛快，可是你知道吗？你的每一次拖曳都会向数据库发送一个甚至几个查询请求，而且这些查询有可能很复杂，数据库计算起来并不简单，而生产库非常繁忙，所以每一次查询请求都会增加生产库的工作负荷。因此没什么特殊情况时，备份库的数据与生产库是同步的，但它只是"影子系统"，不直接承担生产负载，所以做查询分析比较安全。

小白 可是对于生产库，仍然有可能是严重的工作负荷啊，跑不出来怎么办？

大明 这个问题说起来话多了，如果从系统架构来思考的话，应考虑建设数据仓库或者数据平台系统。如果没有数据仓库，也可以考虑用 Tableau 数据提取。

小白 Tableau 数据提取？

大明 对，简单地说，就是把数据从数据库中提取到 Tableau 本地，由 Tableau 自带的查询引擎负责查询分析，转移查询压力，同时提升查询性能。不过今天我们先不用，以后有机会再细说。

小白 好吧。数据库连上了。

大明 好，跟以前一样，选择"数据库"，选择要分析的数据表，把它们拖放到数据源界面的画布上，编辑关联关系。这个都还记得吧？如果忘了，回去参考一下大麦培训时的数据连接部分，那次是连 Excel，这次连数据库，但连接之后的操作基本是一样的。

小白 我记得，这个不难。我们每次分析都要重新建立连接，编辑关联关系，定义维度、度量吗？

大明 那倒不用，Tableau 可以直接替换数据源，或者把数据源发布到 Tableau Server 上，这些方法都可以避免重复定义数据源，不过我们还是等有机会再讲吧，今天也是适应一下如何连接数据库。现在连接，维度和度量都 OK 了吧？

小白 OK 了。

7.3 客户跟踪分析

大明 嗯，你能不能把每年有购买记录的客户都列出来？

小白 我试试，把"订单日期"拖放到"列"功能区，把"客户名称"拖放到"行"功能区，得到一个表，可是看起来没办法分析啊。

客户列表

大明 是的，你这样的确没办法分析。我们再进一步，做一个客户跟踪树图。

(1) 把"年（订单日期）"胶囊从"列"功能区拖放到"行"功能区。

(2) 把"客户 Id"拖放到"文本"上，再把"客户名称"维度拖放到 LOD 区域。然后把"销售额"度量拖放到"标记"功能区的"大小"按钮上，把"利润"度量拖放到"标记"功能区的"颜色"按钮上。

(3) 通过"工具栏"上的"视图大小"下拉框把视图调整为"整个视图"。

我们就得到了一个客户跟踪树图，能看懂吗？

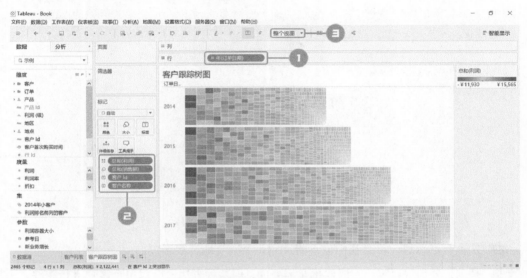

客户跟踪树图（另见彩插图 23）

注意：树图中，LOD 区域里维度胶囊的上下位置会对视图有一定的影响，在本例中，"客户 Id"在上，"客户名称"在下，每个方块代表的是一个客户 Id。而如果"客户名称"在上，"客户 Id"在下，并且恰巧客户有重名的，这时一个方块代表一个客户名称，一个方块被纵向分割成了两个或多个小块，就说明这个客户名称对应着多个客户 Id，也就是有重名客户。读者可自行实验操作体会。

小白　还有这种图？这怎么解读呢？

大明　这种图叫作树图，图中每个方块代表一个客户，大小代表这个客户的销售额高低，排在前面的客户显然是销售额贡献比较高的客户了，颜色代表这个客户利润贡献的高低，橙色就代表亏损的啦。

小白　嗯，倒是很容易看清楚 2014 年的那一批客户了，可是怎么知道他们在后续几年的贡献呢？

大明　这要分几种情况，第一种情况是观察单个具体客户，比如我们在 2014 年销售额排第二的客户，就是第二个方块，我们选中它，然后点击工具栏上的"突出显示"按钮，在显示的快捷菜单中选择"客户 Id"。视图中出现了几个加亮的方块，实际上就是代表了这个客户在后续几年的购买情况，刘明这个客户，在 2014 年是个采购量很大的客户，但在随后的几年中，采购销售额就大幅下降了，在所有顾客中的相对排名也很靠后了。

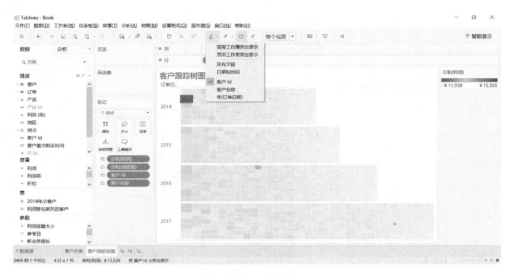

按照客户 Id 突出显示

小白　这个有点意思。可是我们也不能这样一个一个地观察客户。

大明　是的，分别观察客户有时候也是需要的，但这种方法适合对单个客户进行跟踪，尤其是数量相对较少的 VIP 客户，了解他们的购买趋势以及他们在所有顾客中的相对位置是很有必要的。但显然这不是我们今天要分析的内容，所以再来看第二种情况，仍然基于这个视图进行分析，我们用鼠标拖曳，选中 2014 年右下角的那一堆面积非常小的客户群，我们观察一下这些小客户在后续几年是否有成长。

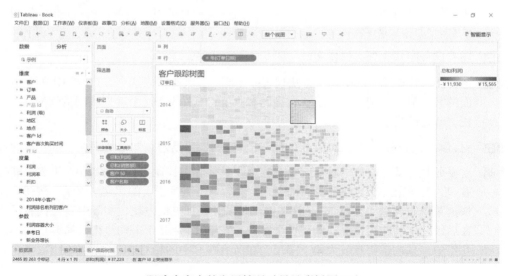

跟踪小客户的发展情况（另见彩插图 24）

小白 这个有意思了，2014 年的一批消费额很小的客户，在后续几年之中仍然比较活跃，并且有不少人的消费额显著提升了。

大明 没错，看来你的分析思维有点上路了。那么你知道我们刚才用鼠标选中的客户究竟是哪些人吗？

小白 这……不知道。

7.4 集合的创建和使用

大明 我们把鼠标移动到这个选中的区域，会出现一个浮动的工具栏，其中有一个按钮是"创建集"。集就是集合的意思，用这个功能可以把选中的一组客户创建为一个客户集合。

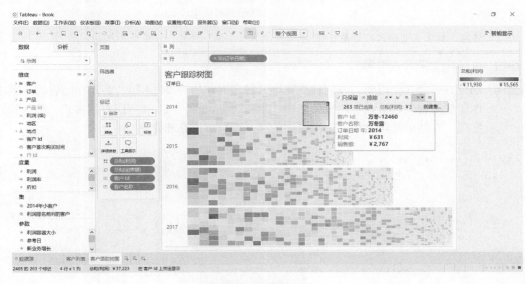

将小客户创建为一个集

注意，在创建集的对话框里面，我们只保留客户 Id 一列，删掉其他列，因为在使用集的时候是过滤器机制，这里有几列就带有几个过滤条件。如果不删掉其他列，那么这个集在用作过滤条件的时候，除了带有客户 Id，还带有客户名称和订单日期，这样会影响我们只跟踪客户 Id 的期望，所以这里我们需要把客户名称和订单日期取消，然后给这个集起个名字叫作"2014 年 小客户"，最后点击"确定"。

创建集对话框

注意：这里需要删掉"订单日期 年"和"客户名称"两列，只保留客户 Id。

小白 可是这个集怎么用呢？

大明 别急，一会儿会用到。我们现在看第三种情况，所有 2014 年的客户在随后的几年之中总体印象是否仍然活跃？用鼠标点击"2014"，即可选中 2014 年所有的客户，然后我们能够发现，在随后几年之中，这批客户的活跃度可以说是非常高！

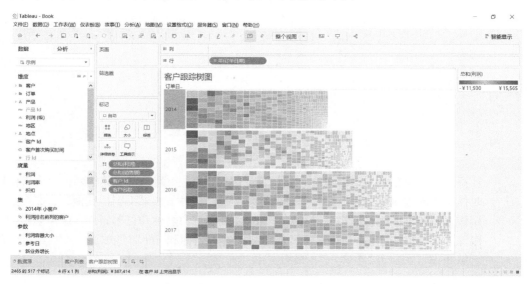

跟踪所有人气会员的发展（另见彩插图 25）

小白 果然是这样！看来 2014 年这批客户真的很重要呢！可是这只是个大概印象，不是具体的数字，是不是说服力不太够？

大明 较真儿的话，说服力的确不太够，没关系，一会儿我们再做具体的量化分析。刚才做的是 2014 年小客户集合，咱们现在使用一下。你新建一个工作表，做一个客户散点图，然后进行如下操作。

(1) 将"销售额"度量值拖放到"列"功能区。

(2) 把"利润"度量值拖放到"行"功能区。

(3) 将"2014 年 小客户"集拖曳到"标记"功能区的"颜色"按钮上，并将"客户 Id"放到"标签"按钮上。

我们再来看看这幅图说明了什么。

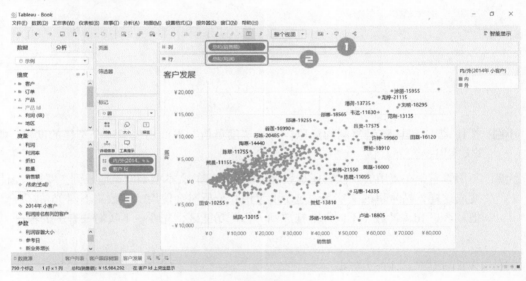

集内和集外

小白 每个点代表一个客户 Id，蓝色的代表集合中的客户，也就是说蓝色的点在 2014 年是非常小的客户，但综合下来看，有相当多的客户处于中端客户之列。这批客户的确在成长？

大明 是的。就是这个意思。

小白 可是，还是没有量化的数字，心里还是不踏实。

7.5 客户发展分析

大明 别急嘛。我们现在就来看一下具体的数字。再新建一个工作表，按住键盘上的 Ctrl 键，选中"客户 Id"，把"客户 Id"拖放到"度量"窗格里面。

集窗格

小白 按住 Ctrl 键应该是复制的意思，可是"度量值"里面出现了一个奇怪的度量，类型是"文本"！

大明 不用管它，在使用的时候它还是数字型的，所有的文本型维度被拖放到"度量"窗格都会变成这样，括号里的文字是说这个度量值在分析时会使用"计数（不同）"的聚合算法。把"客户 Id（计数（不同））"拖放到"行"功能区，先看一下我们共有多少客户。

客户数量计算

小白 790 个。

大明 嗯，再把"订单日期"拖放到"列"功能区，用"工具栏"上的"显示标签"按钮来显示视图中的数字。

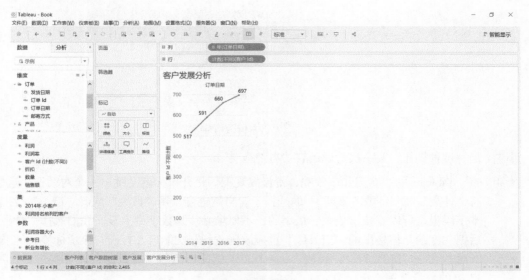

每年活跃客户数

小白 第一年的活跃客户是 517 个，虽然后续几年活跃客户在增加，但速度不快，到 2017 年只有 697 个。

大明 有没有发现这几年的活跃客户数都没有超过 790？

小白 是啊……这没问题，几年以来活跃客户的总数量是 790，所以任何一年都不会超过这个数字，并且这几年的数字加起来也不会等于 790。因为这是客户人数，求总数的方法不是求和，而是"重新计数"。

大明 不错嘛，确切地说是"计数（不同）"。有时候计数也是需要的，就像你一天里去咖啡店买了 3 次咖啡，咖啡店统计采购次数计为 3 次，但要统计顾客数量，就只计为 1 个。这种方法所生成的度量值被确定下来是"计数（不同）"，不能修改，所以我们还可以使用更灵活简便的方法。

给现在的工作表改个名字，叫作"3.活跃客户趋势"，将你刚才观察到的结论写在说明里，然后存盘，养成良好的习惯。然后新建一个工作表，把"订单日期"拖放到"列"功能区，右键选中"客户 Id"，接着就用右键把它拖放到"行"功能区。

右键放置字段

小白　还有这种操作？头一次听说还有"右键拖曳"！

大明　哈，Tableau 的小窍门儿多着呢，慢慢发现吧。松开鼠标就会跳出一个对话框，这里面就有"计数"和"计数（不同）"的选择了。当然也可以用"最大"或者"最小"。注意，文本字段也是可以直接求最大、最小的，不要求必须是数字型字段。我们选择"计数"，然后把"度量"窗格里的"记录数"也拖放到"行"功能区，打开"显示标签"，能够发现"计数（客户 Id）"与"记录数"是一样的，这是因为每一行数据中都有客户 Id，所以客户 Id 的数量就等于记录数。

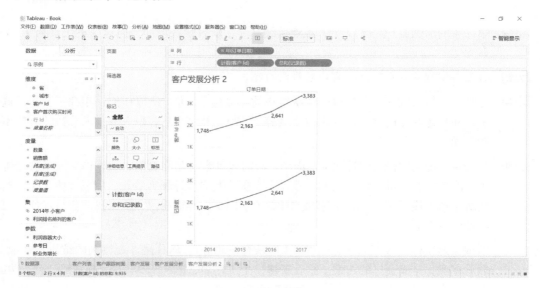

人次和人数

小白　可是我觉得这个采购人次的意义不大，不能展示 2014 年那批客户在后续几年的购买情况。

7.6 老客户究竟贡献有多大

大明 我们现在来分析这个问题，要做这个分析，有一个通用的方法，我们需要知道每个客户首次购买的日期，然后定义首次购买的时间为会员的日期。有了这个日期，我们就可以反过来计算每年加入会员的数量了。

小白 怎样才能知道每个客户首次购买的日期呢？

大明 这好办，在"分析"菜单下面，选择"创建计算字段"，第一个计算字段是"客户数"。这样写，实际就是"计数（不同）"的算法。

"客户数"计算字段

再来创建另一个计算字段"客户首次购买时间"，这样写。

"客户首次购买时间"计算字段

小白 LOD 表达式啊？上次学过一些，原来还可以这样用。

大明 有了这两个自定义字段，就可以进行分析了。首先我们看到"维度"窗格里面出现了一个新的维度"客户首次购买时间"，是日期类型。我们把它拖放到"列"功能区，就会自动变成"年"级别，然后将"客户数"拖放到"行"功能区，这时出现每年新增客户数量的曲线。可以看到，只有第一年的新客户数量比较多，随后几年里新客户数量急剧下滑。我们还可以观察一下累积曲线，把"客户数"拖放到"行"功能区，在胶囊的快捷菜单中选择"快速表计算"→"汇总"，选择"双轴"和"同步轴"。

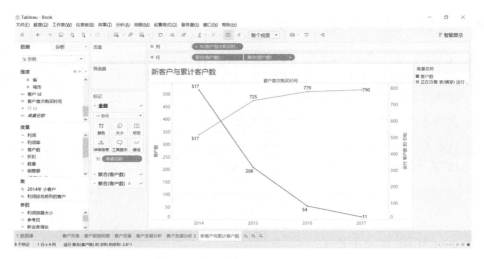

新客户与累计客户数量（另见彩插图 26）

我们选择"同步轴"，是为了将两个度量值放在同一数值区间内比较。

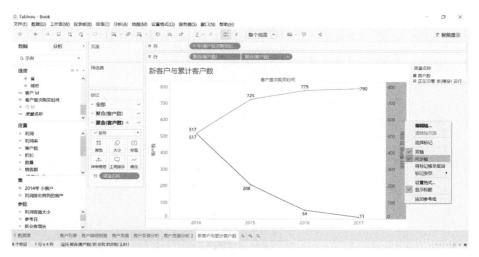

同步轴比较差异

小白　这个曲线很能说明问题，蓝色线是"新增"，橙色线是"累计"，切换到不同地区，都是类似的情况，看来新客户发展的确是个很大的问题！那我们能不能算出新客户与老客户的购买量和购买比例呢？销售总监也很关注这个。

大明　当然可以。同样地，把这个工作表命名为"5.新客户发展"后，写说明再存盘。这时新建一个工作表，把"订单日期"拖放到"列"功能区，把"销售额"拖放到"行"功能区，现在显示的是每年销售额的总量吧？

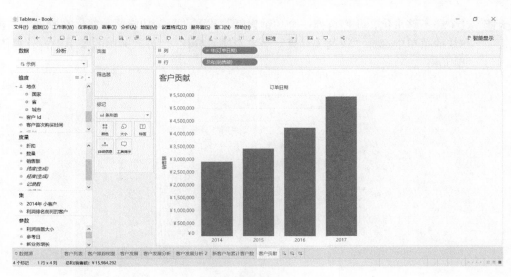

年销售额

小白 对，我们要知道这些总销售额中 2014 年客户和 2015 年客户的贡献等。

大明 我们把"客户首次购买时间"从"维度"窗格里拖放到"标记"功能区的"颜色"按钮上，把视图大小切换为"标准"，发现什么？

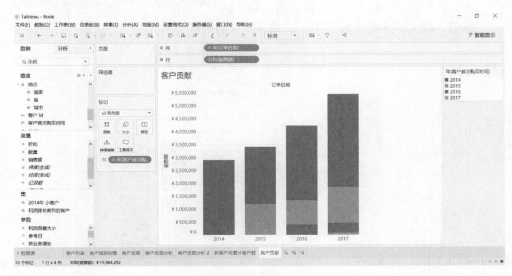

老客户贡献堆叠图（另见彩插图 27）

小白 这个图太清楚了，果然是老客户的贡献大啊！2014 年的那批客户持续贡献，越是新的客户，总贡献越小。

大明 这个还不够量化，我们再拖一个"销售额"放到"行"功能区，然后在胶囊上右击鼠标，在快捷菜单中选择"快速表计算"→"总额百分比"，再次弹出的菜单中，计算依据选择"单元格"。

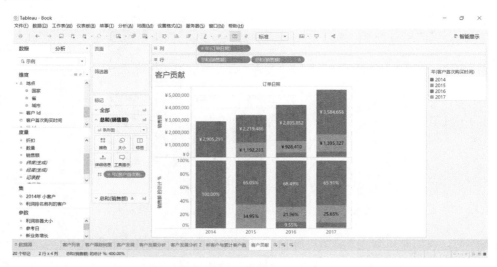

老客户贡献占比表计算依据设置（另见彩插图28）

然后我们把这个带表计算的胶囊拖放到"标记"功能区的"标签"按钮上，点击"标签"按钮，把文字方向改为"竖向"，就基本大功告成了。

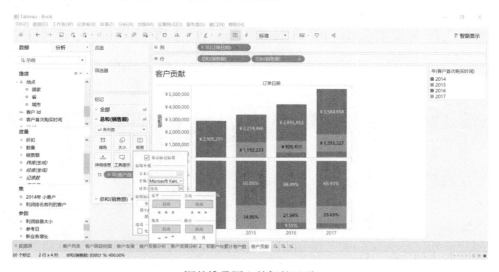

调整堆叠图上的标签显示

大明 现在，你再对这个图解读一下。

小白　2014 年的新客户在当年贡献了 100% 的销售额，这个是当然，但在随后几年里面，这批客户每年都要贡献 65% 以上的销售额，比例非常大；2015 年的新客户，在当年贡献了接近 35% 的销售额，在 2016 年贡献了 21% 的销售额，也是一个非常大的比例。这说明越是老客户，对整体的业绩贡献越大！

大明　这个结论是对的，但从 2015 年这批客户的贡献来看，由于相对占比较低，我们放大观察一下，在图例上选中"2014 年"，右击鼠标，选择"排除"。

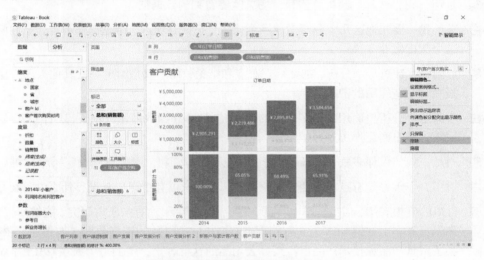

排除第一年老客户后的客户贡献占比

大明　然后我们就得到了这个结果。

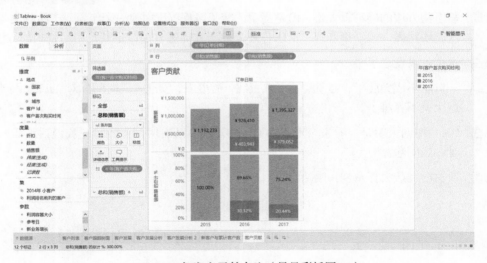

2015~2017 年客户贡献占比（另见彩插图 29）

小白　果然，2015 年的客户后续几年中贡献占比也是超高！这说明我们的老客户忠诚度很好啊！

大明　不错。再结合一下前面我们分析的客户迁移、新客户发展情况呢？

小白　客户迁移方面，老客户保持了较高的活跃度和忠诚度，并且在最初的那批客户中，小客户后续几年都在成长。而客户发展方面，新客户数量呈现断崖式下跌，而我们的销售总体增长几乎就靠着那部分老客户，如果这种客户增长状态持续下去，业绩增长势头堪忧啊！

大明　是啊，我想这就是销售总监和市场总监要看到的数据吧。

小白　嗯，我一会儿把这几个分析做成一个故事，把核心观点、结论都写清楚，他们就可以根据这个数据做业务决策了。

大明　好习惯，针对每个分析，都要呈现观点和结论，而不仅是给出一堆其他人不一定看得懂的报表和花花绿绿的图表。

小白　今天这个分析里面用到很多复杂的东西，表计算和函数都比较难了，还有 LOD 表达式……回头这些东西还得再好好学学。

大明　当然，我建议你多去 Tableau 官网上看视频学习资料，看完有问题我再给你讲。

小白　对了，今天好像有点新东西，集？SET？看起来很有用啊！有没有什么学习秘籍？

大明　SET 的确很有用，但也说不上高深，我给你个题目，你有空研究研究，能够研究出来的话，你就算基本上掌握 SET 了。咱们现在有 2014~2017 年的销售数据，如果想要跟踪 2014 年买了家具产品和技术产品但没买办公用品的这批客户，他们每个人在 2015 年做出的利润贡献，比 2014 年增加了多少？

小白　听起来不是很难嘛！

大明　静态集方法的确不算太难，但是当我改变了条件，比如换一个年份、产品品类等，静态方法就要重做一遍，很麻烦。所以你还需要研究动态方法，也就是用写公式的方法创建集。

小白　这个就没概念了……

大明　一口吃不成大胖子，心急吃不了热豆腐。慢慢来，没准过段时间你对 Tableau 了解更深入，这个就不算难了。

小白　OK，谢谢大明哥！看来今天真的不用加班啦，还有时间喝咖啡！我说话算话，请你喝咖啡，想喝啥？

大明　斯达巴克斯大杯拿铁！哈哈。

第 8 章

客户 80/20 定律：快速嵌套表计算

本章是上一章客户分析的延续，将重点分析客户的流失情况，同时进行客户的帕累托分析。帕累托分析也称 80/20 分析，是 19 世纪末 20 世纪初意大利经济学家巴莱多发现的。他认为，在任何一组东西中，最重要的只占一小部分，约 20%，其余 80% 尽管是多数，却是次要的，因此又称二八定律。本章通过帕累托分析，验证"80% 的销售额是否由 20% 的客户创造"。读者可以根据这个原理和方法研究 80/20 定律在自己日常工作中的适用性。

学习难度：中级
涉及的业务分析场景：客户分析
涉及的图表类型：阶梯图，散点图，帕累托图
知识点：LOD，嵌套表计算，参考线

8.1 数据平息争论

今天小白要跟市场部和销售部的领导针对上次的主题继续开会，两位业务老大要看客户发展分析的数据。虽然大明已经帮小白把基本的分析思路都理了一遍，但小白还是有点紧张，怕讲不好或者老板们提出新问题答不出来。会前，小白看到大明在座位上捧着茶杯喝普洱，于是跑过来求援。

小白　大明哥，我一会儿要跟市场部和销售部的老板们开会，说明昨天针对客户分析的情况。我做了个故事，把分析要点和思路都演练了两遍，可是还是有点紧张，你跟我一起参加这个会议好不好？

大明　那有啥不行的，刚好我有个问题一时没想明白，我跟你一起去，顺便换换脑子。

小白　哈，太好啦！咦？你还有搞不定的问题？

大明 当然有搞不定的问题，我搞不定你就高兴了？是关于产品交叉销售的问题，要不把这个问题给你研究研究？

小白 哪里哪里，你能陪我参加会议太好了。你的问题我哪能搞定，不过你研究的时候我倒是想跟着你学习学习，哈哈。

大明 行，问题细节有空再说。先去开会吧。

会议上，小白把昨天和大明一起分析的客户情况讲了一番，从人气会员中的小客户成长情况、客户持续活跃度情况，到新客户发展放缓以及老客户持续贡献等方面，用故事的方式一一展开讲解。虽然仍有点紧张，但总体清晰流畅，看来小白在数据分析方面真是进入状态了，两位业务老大频频点头，大明悄悄地用微信给小白一个点赞的表情。

总的来说，新客户发展放缓和老客户持续贡献能力的部分给两位业务老大带来很大的触动。

苏珊 没想到老客户如此重要，更没想到近两年来我们的新客户增长出现这么大的问题。以前只看宏观的销售额走势，真是发现不了潜在的危机。

汤米 其实我之前也只是凭经验知道老客户忠诚度高，有持续消费贡献的能力，但今天这组数据还是让我感到很惊讶，看来我们要尽快展开"获客行动"了。

苏珊 你不用说了，大思路你定，我们市场部全力支持，预算不足也不成问题，我相信拿着这组数据跟决策层申请预算，一定能批。

汤米 那太好了，非常感谢，回头我们再一起研究方案的具体细节。

看到两位老大从上次会议的唇枪舌战变成了今天的握手言欢，小白和大明都长出一口气。

苏珊 小白、大明，谢谢你们，没想到数据分析能发现这么重要的问题。我想着，过去每次的市场活动其实都要一大笔开支，但我们对活动的成效分析不足，有没有可能把市场的数据也分析一下？

大明 可以啊！不过"巧妇难为无米之炊"，现在我们的系统里没有与市场相关的数据。

苏珊 这个我了解，现在我们也在收集相关的数据，只是还没有系统支持，也在考虑请 IT 那边增加客户来源信息，表明客户是通过什么渠道或者活动来的，这样分析对于这种以"获客"为目标的活动就有一些分析基准了。但对于怎么判断促销类活动的活动效果，目前还没什么好主意。

显然苏珊也对数据分析产生了浓厚的兴趣。

大明 嗯，我们也再研究一下，看有没有一些可供市场参考的数据分析。

汤米 我想起一个事来，刚才咱们看了新客户的发展情况，我在想有没有可能再分析一下客户的流失情况？

汤米望着小白等答案，小白却一时间没什么思路，也不知如何作答，只好把求援的目光投向大明。

大明 嗯，分析客户流失也很重要。不过您怎么定义客户流失呢？

汤米 这个……我们认为客户不再买东西，就算是流失吧。

大明 这样定义也有道理……

大明边回答，边琢磨着怎么做这个分析。

看大明和小白两人都没有痛快地回答，销售经理觉得这个分析可能没那么容易，于是赶紧打圆场。

汤米 要不你们再帮忙研究研究？如果能分析出客户的流失规律，那对我们的工作就更有价值了！回头你们想到办法，咱们再约个时间讨论如何？

大明 哦，不用下次了，咱们现在就分析吧，能一次搞定的事就尽量一次搞定。

大明似乎已经理清了分析思路，汤米却很诧异。

汤米 现在可以？

8.2　客户流失分析

大明 我们来试一下。

说着，大明打开 Tableau Desktop。

大明 上次我们定义了客户首次购买日期为客户成为会员的时间，那么现在我们定义客户最后一次购买的时间为客户流失时间。当然，2017 年还有采购的客户就不算流失了，我们可以重点看前几年的流失情况。

首先，建立一个计算字段来定义客户最近购买日期。

"客户最近购买日期"计算字段

大明 有了"客户首次购买日期"和"客户最近购买日期"，接下来就好办了。先把"客户首次购买日期"拖放到"列"功能区，把"客户最近购买日期"拖放到"行"功能区，然后把"客户数"拖放到"标记"功能区的"颜色"按钮上，再把"客户数"拖放到"标记"功能区的"标签"按钮上，将标记类型改成"方形"，把视图大小调整为"整个视图"。此时得到的分析结果是这样的。

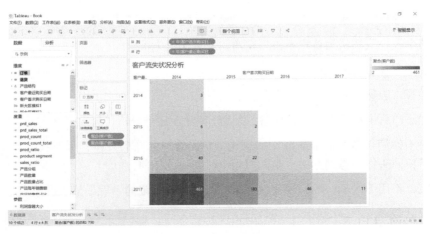

客户流失分析阶梯图

汤米　不错不错！很快嘛！从这个图上看，2017 年不算流失，我们的客户群流失数量实际上很少嘛！说明我们的客户总体的忠诚度很高嘛！

苏珊　是的，我们部门还计划额外开展一些增加客户黏性的项目，从这个分析结果看来，这些项目的计划和预算有必要重新考虑了。

汤米　我又想起一个问题，我们在前面的分析中看过客户的散点图，分析了客户的销售额贡献、利润贡献和折扣。目前，客户的会员级别是根据销售额来划定的，而且只做了一级划分，销售额高于一定数额的就视为大客户。但现在看来，有一些客户销售额虽高，却没有利润贡献，甚至利润贡献为负。

汤米还没说完，大明就在投影上打出了这幅客户剖析图。

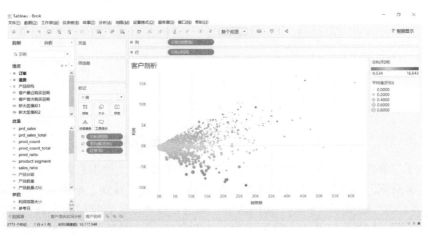

客户剖析图

汤米　对，就是这个分析图。我的意思是能否根据利润来划分客户的会员等级？不用固定的数字，而是用百分比，就是类似利润贡献在前 X% 的客户？

大明　帕累托？

汤米　对！帕累托，就是 80/20 定律，基于这一定律，80% 的利润是由 20% 的客户来贡献的。我知道理论上有这么个说法，但不知道我们的客户是否有这个规律！

大明　嗯，我们可以来验证一下。

这次又是汤米很惊讶。

汤米　现在可以验证吗？

8.3　80/20 分析：客户帕累托

大明　当然可以。

说着，大明新建了一个工作表，把"客户 ID"拖放到了"列"功能区，又把"客户 ID"拖放到了"标记"功能区的 LOD 区域，接着把"利润"拖放到了"行"功能区，然后用"降序排序"按钮对列功能区的"客户 ID"进行了一个排序，再用鼠标选中"标记"功能区的"客户 ID"，也按照"利润"进行降序排序，随后又把视图大小调整成"整个视图"。这时，画面上出现了客户利润贡献从高到低的排序。

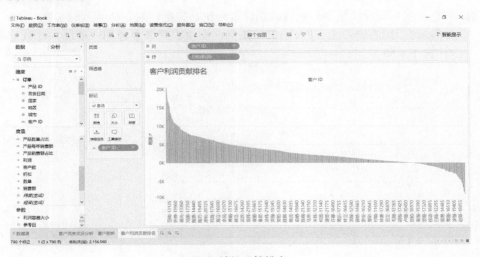

客户利润贡献排名

汤米　有点那个意思了，我们能从高到低看出客户的利润贡献，显然贡献高的客户对整体利润贡献占比也会比较高，不过帕累托曲线是"S"形曲线，是累计占比，能把这个图变成帕累托曲线吗？

8

大明 可以。我们先处理利润累计贡献的问题。用右键单击"行"功能区的"利润"胶囊，点击菜单中的"添加表计算"，这个分析需要两重表计算，第一重是求利润汇总，第二重是计算汇总利润对总利润的占比。

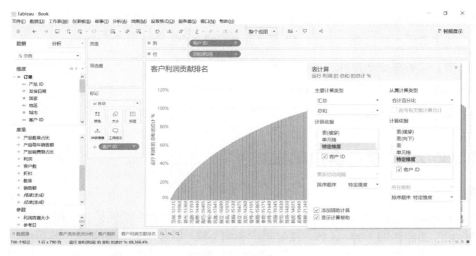

建立简化的帕累托曲线

汤米 现在的曲线是一个帕累托形状了。不过横轴仍是客户 ID，怎么看前 20% 的客户贡献呢？

大明 别急。我们需要使用客户数量的累计百分比。先把"列"功能区的"客户 ID"变成"客户数量"。用右键单击"客户 ID"胶囊，在快捷菜单中选择"度量（计数（不同））"→"计数（不同）"。

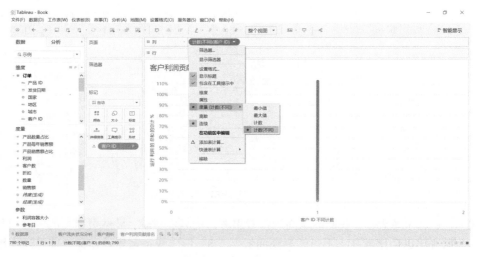

将客户名称转换为计数值

这个图看着会有点奇怪，不过没关系，我们把"列"功能区上的"计数（不同）（客户 ID）"也用表计算处理一下，其方法和"行"功能区的"总和（利润）"是一样的。编辑表计算。

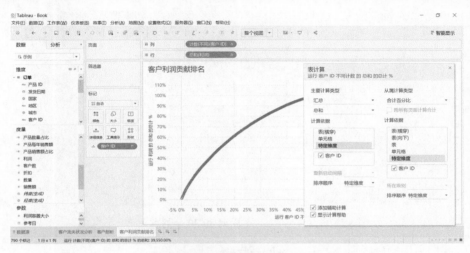

客户数量累计百分比表计算设置

然后我们在"标记"功能区把标记类型改为"线"，这就是真正意义上的帕累托曲线了。

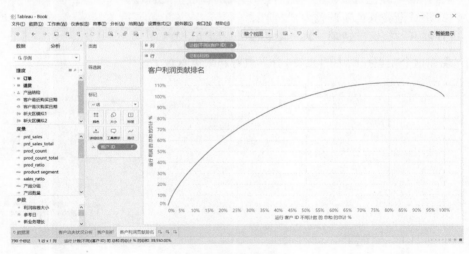

帕累托曲线

汤米 对，就是这个曲线。看来利润贡献高的前 20% 客户贡献了 60% 多一些的利润；而 80% 的利润是由大约 35% 的客户贡献的。

大明 是的。我们再添加两条参考线，让这个图看得更清楚一点。这是两条常量线，一个是客户数累计 20%，一个是利润累计 80%。

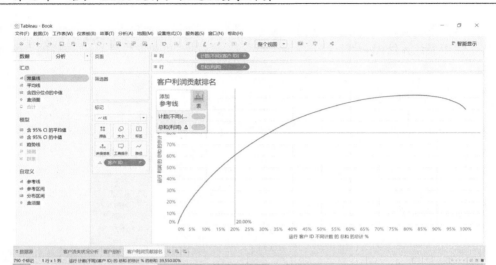

标记 80/20 分割点

我们再用颜色区别一下前 20% 的客户。

(1) 按住 Ctrl 键把"列"功能区上的"计数（不同）（客户 ID）"胶囊拖放到"标记"功能
   区的"颜色"按钮上，然后打开"编辑颜色"窗口。

(2) 将"渐变颜色"调整为"2 阶"。

(3) 展开"高级"选项，将"中心值"设置为".2"。

现在这个帕累托图中的 80/20 分界点看起来更直观了。

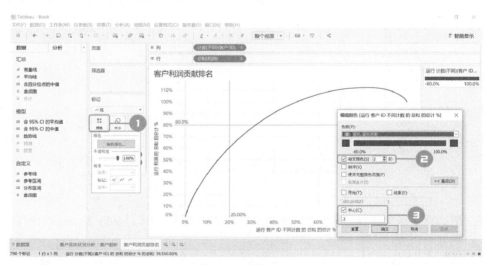

用颜色标识重点客户

汤米　完美! 这样就能更容易地识别不同的客户数据了。能不能把前 20% 的客户名单发送给我? 这是非常有意义的数据结果。

大明　好。要获得详细的表格也很简单, 就这么几个步骤:

(1) 用鼠标右键点击"客户利润贡献排名"工作表标签, 在快捷菜单上选择"复制为交叉表"。

(2) 把"总和 (利润)"度量值拖放到"度量值"栏。

(3) 用鼠标右键点击"计数 (不同) (客户 ID)"胶囊, 在菜单栏中选择"显示筛选器", 将筛选器范围调整为"0~20%"。

现在我们就得到了前 20% 客户的名单。

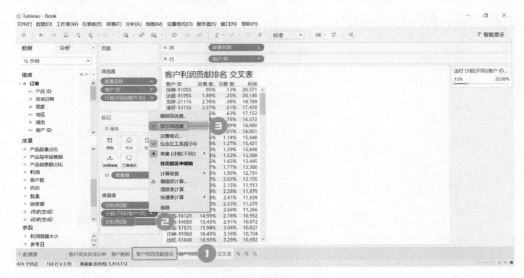

创建帕累托表

汤米　要的就是这个! 谢谢大明! 看来数据分析的功能很强大啊! 给我们部门的人培训一下如何? 这样日常工作中我们就可以自己分析了。

大明　没问题, 随时待命!

大明听到汤米这么说, 自然很高兴。现在数据分析工作都在数据分析部手上, 而业务需求灵活多变, 他们如果自己具备能力分析就好了。

散会之后, 小白笑嘻嘻地跑到大明这继续研讨。

小白　哎, 大明哥, 多亏你来了, 如果只有我自己, 肯定会手忙脚乱, 还得再安排一次会, 也还得再请教你。

大明　用 Tableau 嘛, 重要价值之一就是提高会议效率, 过去用 PPT 和静态图表没法做深入分析, 一个分析要得出最后的结论, 不知道要来来回回开几次会。

8

小白 是啊，但过去开会时，我看领导们都只看看很宏观的指标，很少看这么细的内容呢。

大明 哈，就算他们想看，你觉得过去我们给的出来吗？

小白 也是。对了，今天你分析的时候又用了表计算，而且是双重的，我今天才对你上次讲解的表计算理解更深入一些了。

大明 是的，只有实际工作中用到，才能真正理解分析方法和功能。所以我不建议你硬啃那些只讲 Tableau 功能的书，最好的学习方法就是应用，边学习边应用效果才好。我也考虑考虑什么时候能写一本以应用为主的 Tableau 分析指导。

小白 真的啊？期待你的书！今天谢谢大明哥，下楼喝咖啡？

大明 哈哈，斯达巴克斯大杯拿铁！

第 9 章

关注重点产品：排序

排名和排序是数据分析中经常用到的方法，而嵌套排序是很多 Tableau 用户在入门之后，进阶路上最常遇到的问题之一。本章介绍了几种常用的嵌套排序和计算 Top N 的方法，并且从客户分析场景切换到产品分析场景。

特别说明： 在 2018 年发布的 Tableau Desktop v2018.2 版本中，增强了嵌套排序功能，用户通过简单的鼠标操作即可实现嵌套排序，不再需要计算字段或者合并字段。但仍然建议读者阅读本章中介绍的嵌套排序方法，这对深入理解 Tableau 的工作原理很有帮助。

学习难度： *中级*
涉及的业务分析场景： *产品分析*
涉及的图表类型： *条形图*
知识点： 筛选器应用，自定义计算字段，排序方法

9.1　Top N 中的陷阱

随着 Tableau 在部门内部的推广，数据分析部的几位同事的工作状态明显不一样了，从前每天忙的焦头烂额，几个人在办公桌前对着一摞摞纸张报表一坐就是一整天。现在不一样了，工作中充满乐趣，更多的时候大家在讨论业务和数据或者进行头脑风暴，工作效率提高，加班减少，气氛也就不一样了，就如同封闭的屋子开了一扇窗，进来了阳光和微风，工作环境舒服多了。

更重要的是，数据分析师与业务部门同事之间的关系越来越融洽，几位部门经理在体会到数据分析对日常工作的价值之后，也经常过来跟他们讨论该如何更加深入地进行分析。这不，今天皮特又来了，站到小白旁边。

皮特 小白忙着呐?

小白 皮特好！您说您说！

皮特 我们部门打算在店庆的时候进行一次大型的促销，把销量最高的产品拿出来做活动。目前计划对全公司销量前 10 名的产品做促销，不过地区经理却说现在名单里的产品在当地未必是最受欢迎的。简单来说，我们需要各地区的 Top *N* 产品名单，你帮我弄一份吧！

小白 好啊好啊！稍等一下，我打开 Tableau。

小白心想，这个还不是小 case，不就是取个客户名单出来吗，估计一分钟就搞定了。于是小白连接数据源，新建一个工作表之后，把"产品名称"拖放到了"行"功能区，把"销售额"拖放到"列"功能区，然后用工具栏上的"排序"按钮对产品名称按照销售额进行倒序排序，很快她得到了一个图表。

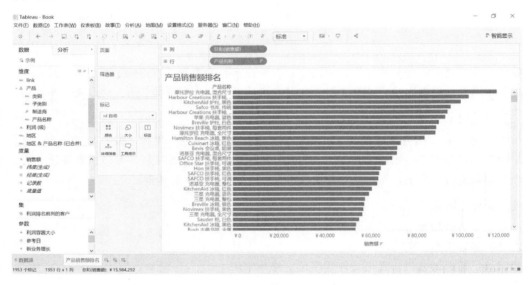

产品销售额排名

小白 这个就是所有产品按照销售额从大到小排列，皮特您需要什么样的数据？

皮特 啊哈，这个是全公司的所有产品，你先过滤前 10 名出来吧。

小白 没问题。

小白把"产品名称"拖放到了"筛选器"功能区，将弹出的对话框切换到"顶部"一页，依次选择"顶部""10""销售额""总和"，然后点击"确定"，就得到了这个 Top 10 的产品名单。

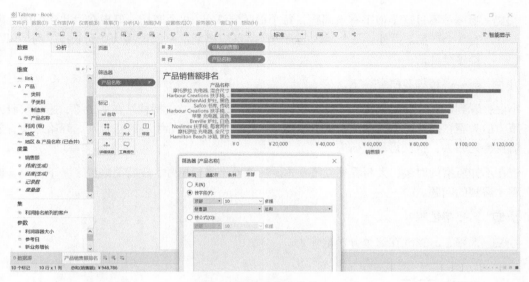

Top 10 产品明细

皮特 对，这个是全公司销售量前 10 的产品列表，不过各地区经理要用本地区销售额最高的前 10 个产品做促销，所以还需要每个地区对应的前 10 的产品列表。

小白 这个简单，我再把地区加上来。

小白把"地区"维度拖放到"行"功能区，放到了产品名称胶囊的左边，得到了这样一个结果。

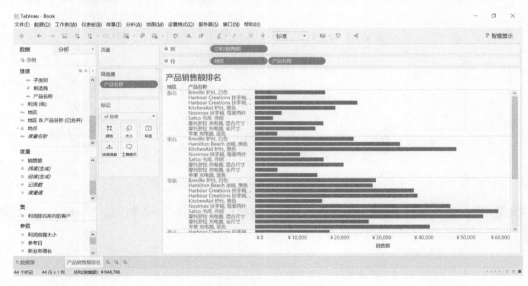

分地区 Top *N* 的错误结果

9

皮特　嗯……不过这个似乎有点问题，每个地区应该有 10 个产品，但现在西北和西南地区都只有 4 个产品。另外，每个地区里面的产品都应该是按照销售额从高到低排序的，现在这个排序是乱的……

小白　啊……稍等我研究一下。

小白也看到了这个异常情况，不过并不知道问题出在哪里，皮特就站在旁边等，这时候研究问题压力山大啊！果然，小白左试右试也没搞定，心里立刻发虚，手心有点冒汗，开始琢磨着要不要请皮特先回去，自己再研究研究。

正在不知所措的时候，大明看见皮特在这，从外面进来打招呼，皮特简略说了一下情况，也说了刚才遇到的问题。

大明　需要帮忙吗？

小白　太好了。被现在这个分析难住了。

9.2　rank 方法

大明　嗯，其实有很多种解决方法，咱们先用个简单方法吧，先把"产品名称"从"筛选器"功能区移走，然后写一个计算字段。命名为 rank，内容很简单，就是"RANK(SUM([销售额]))"。

小白很快写了出来。

"rank"计算字段

大明　嗯，这个 rank 字段会出现在"度量"窗格中，用鼠标右键单击这个字段，在弹出的菜单中把它"转换为离散"类型。

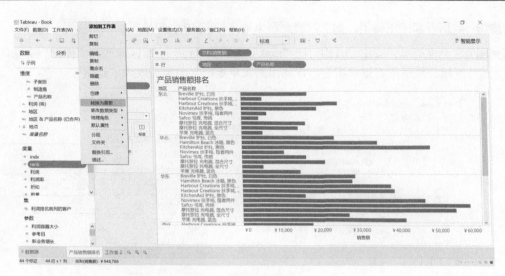

rank 转换为离散

大明 然后把这个字段拖放到"行"功能区，放在"地区胶囊"和"产品名称"胶囊中间，现在我们再来看看数据？

小白 这下排序对了！每个地区的产品按照销售额从高到低进行了排序。不过……那个排序的数值不是 1、2、3、4……好像有点问题？

大明 好解决，现在是按照全表数据来进行排序的，我们把排序范围改成按照区来排序就可以了。右键单击"rank"胶囊，在弹出菜单中选择"计算依据"→"区（向下）"。

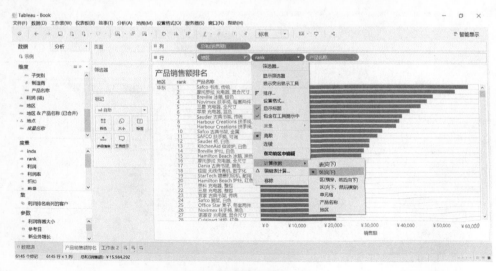

表计算依据更改

9

皮特　数据看起来正确了，如果只需要每个地区的前 10 个产品呢？

大明　这个也简单，按住 Ctrl 键，把"rank"胶囊从"行"功能区拖放到"标记"功能区的 LOD 区域，然后用右键单击它，在弹出的菜单里把它的类型改为"连续"。

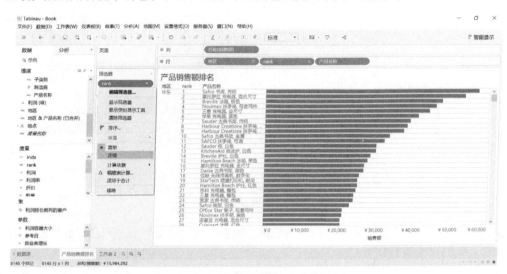

更改 rank 筛选器为连续型

大明　然后再次单击鼠标右键，调出菜单，选择"显示筛选器"。右侧会出现筛选器选择栏，选择"1~10"就可以了。或者可以选择任意范围。

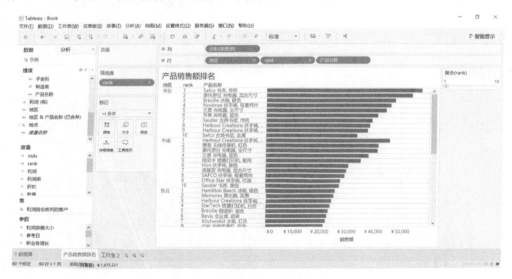

完成 Top 10 排序

皮特　酷！不错不错！果然效率高，几分钟能搞定。对了，啥时候请你们几位跟我们部门的同事一起进行一次头脑风暴，做个专题的产品分析？

大明　好啊好啊，下个月如何？

皮特　成，下个月就下个月！好饭不怕晚！

皮特离开之后，小白向大明请教其他的排名方法。

小白　大明哥，你刚下说求分类排名有很多种方法，能把其他方法也讲讲吗？

9.3　嵌套排序

大明　没问题。其实这个问题在 Tableau 里面是个典型的嵌套排序问题。嵌套排序是一种相对比较复杂的排序，咱们先从基本排序开始解释一下排序的几种方法。新建一个工作表，把"地区"维度拖放到"行"功能区，把"销售额"拖放到"列"功能区，再把"地区"维度拖放到"标记"功能区的"颜色"按钮上。

小白　好，结果是这样的。

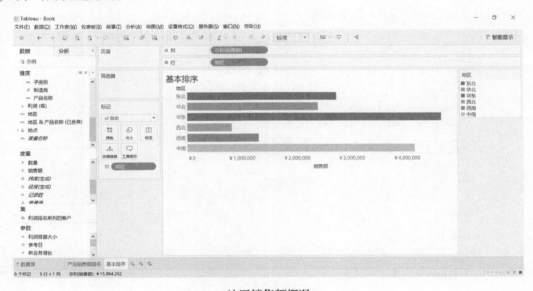

地区销售额概况

大明　嗯，在这个视图上对地区按照销售额从高到低进行排序，有几种方法。最简单的方法是手动排序，直接用鼠标选中轴标签上的名称，将其拖放到其他位置上，就可以完成手动排序，比如我们在这里将"西南"地区拖放到"东北"和"华北"地区之间。

9

视图中进行手工排序

小白 这个操作很好理解，也很方便。

大明 还有更简单的方法，上下拖动图例标签，效果跟直接拖动轴标签是一样的，就像这样。

图例中进行手工排序

小白 哈，这个也不错！

大明　另外一种简单的方法就是直接用工具栏上的排序按钮。选中"行"功能区的维度胶囊，然后点击"工具栏"上的"升序排序"看一下。

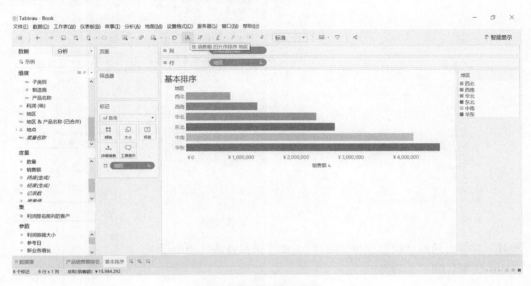

工具栏排序按钮排序

小白　如果在"行"功能区、"列"功能区或者标记功能区有其他的维度胶囊，或者多个维度胶囊呢？

大明　嗯，这种情况下，选中哪个维度，就按照哪个维度进行排序。如果胶囊都并列排在"行"功能区，或者都在"列"功能区，那么多个维度的嵌套排序还比较容易理解一些，但如果嵌套排序的多个维度分散在不同的功能区，就会显得抽象一些。不过原理都是一样的，我们现在就说嵌套排序的问题。回到刚才的问题，如果不求 Top N，就不用写计算字段，用"合并字段"就可以了。

9.4　合并字段方法

小白　合并字段？

大明　对，你新建一个工作表，把"地区"和"产品名称"两个字段拖放到"行"功能区，然后把"销售额"拖放到"列"功能区，我们先对地区按照销售额从高到低排序，还记得刚才说的怎么排吗？

小白　简单，选中"地区"胶囊之后，用工具栏上的"排序"按钮排序就行了。

大明　嗯，如果要更直接指定排序方法，可以用鼠标右击"地区"胶囊，然后点击"排序"。

9

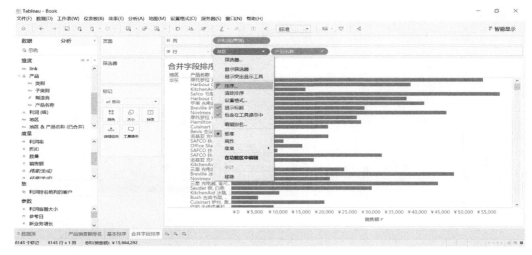

菜单排序

大明 在弹出的对话框里选择"降序"，排序依据选择"销售额"和"总和"。

小白 赞！

大明 你注意到没有，现在视图上显示的是销售额，我们也按照销售额来排序，这中间做显性排序，也就是排序的依据和结果是直接展现出来的，你看得见。我们也可以不按照销售额来排序，而是按照利润或者客户名称，如果你选客户名称，那么聚合方式就自动变成"计数"，也就是按照客户采购次数来进行排序。这时候视图上显示的是销售额，而排序依据却是另外一个字段，这就叫作隐性排序。隐性排序的排序依据不直观展现，所以会有点令人费解。

设置排序依据

大明 我们继续，地区排序之后，我们再对产品进行排序，其实上产品排序也可以按照刚才的方法，用"工具栏"上的"排序"按钮或者对话框，问题是排序的结果看起来是不对的，首先你得明白问题出在哪里？为什么排序看起来是不对的？

小白 这个……没想明白。

大明 就像对地区进行排序一样，如果对产品名称也按照销售额降序排序，那么这个排序动作中就没有考虑地区维度或者其他维度的存在。所以排序的结果是产品名称单一维度情况下的排序结果。即使前面加了地区维度，或者其他任意维度，都不会改变这个排序结果。我们来比较一下，做个工作表看一下单一产品名称维度的排序结果。

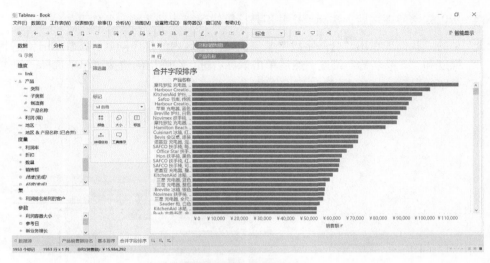

固定对产品名称排序结果

大明 然后再看前面有地区维度的排序结果。

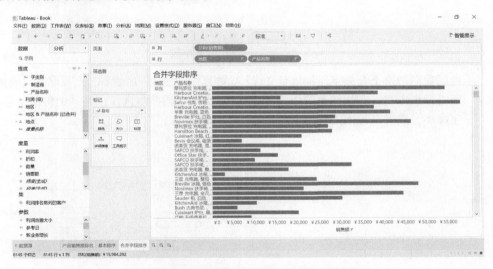

加入其他维度之后不会改变产品名称排序结果

说明：可以看到加了地区维度之后，与前面的图相比，产品列表中的上下顺序是一样的。

小白 果然啊！加了地区维度之后，排序顺序没有变化！

大明 嗯，如果再观察一下，你会发现每个地区下面的产品名称排序顺序也都是一样的。在这个排序顺序条件下，销售额度量值实际上按照地区切开了，所以你看到的每个地区下面，各个产品的销售额排序就是错误的了。

9

小白 所以知道原理之后，实际上这并不是计算错误，而是在特定条件下的结果？

大明 是的。我们现在用"合并字段"来解决这个地区内的排序问题。按住 Ctrl 键选择"地区"维度和"产品名称"维度，然后单击鼠标右键，在弹出的快捷菜单中选择"创建"→"合并字段"。

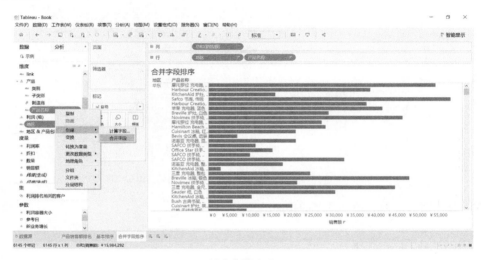

创建合并字段

然后我们把这个合并字段拖放到"行"功能区中"地区"胶囊和"产品名称"胶囊的中间，用右键点击它，在快捷菜单中选择"排序"，在对话框中选择按照"销售额"总计进行降序排序，或者直接用工具栏上的"排序"按钮也行。

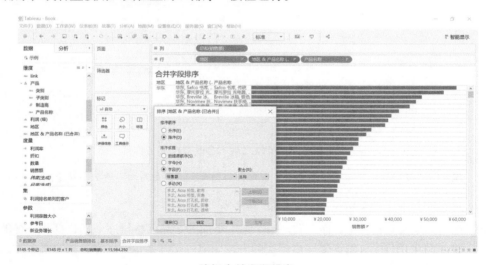

编辑合并字段排序

现在排序对了，但这一列实际是排序辅助列，我们并不希望在表格中显示它，所以在胶囊上点击右键，在快捷菜单中将"显示标题"选项勾掉就可以了。

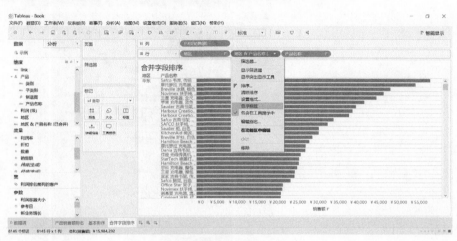

在排序结果中隐藏合并字段

小白　哇！这个方法好，不用写计算字段！

大明　这个方法还有一个好处，如果是多级嵌套排序，比如有很多个字段需要嵌套排序，就多做几个合并字段，按照我们刚才的方法就能全都搞定。

小白　真不错！嗯……其他方法呢？

9.5　Index 方法

大明　有！另一个方法与刚才写排序函数的方法类似，不用 RANK 函数，而是用 INDEX 函数。我们先写一个计算字段，叫作 indx，内容就是"INDEX()"。

"indx"计算字段

然后把"indx"字段拖放到"行"功能区，改成"离散"类型，放到"地区"胶囊和"产品名称"胶囊中间。

9

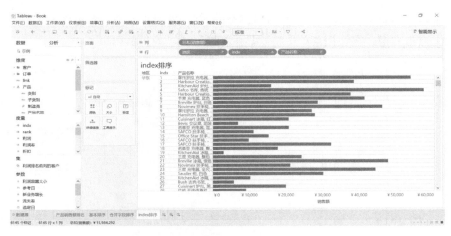

加入 indx 计算字段

小白 排序没变化啊？

大明 别急，我们还需要设置"indx"字段的表计算依据，INDEX 函数是一个表计算函数，在这个胶囊上单击鼠标右键，弹出的菜单中选择"编辑表计算"，在弹出的对话框里设置按照"特定维度"，选择"地区"和"产品名称"两个维度，注意地区维度在上面，产品名称维度在下面，所在级别选择"产品名称"，重新启动间隔选择"地区"，排序依据为按照销售额总和降序排序。

设定 indx 的排序顺序

小白 哇，这个复杂了！

大明 虽然复杂，却也是 Tableau 中非常通用的一个技巧。我们讲过表计算的基本原理，这些都是表计算原理的实际应用场景。

大明 如果要得到 Top *N*，那么直接在"indx"字段上单击鼠标右键，选择"显示筛选器"就可以了。

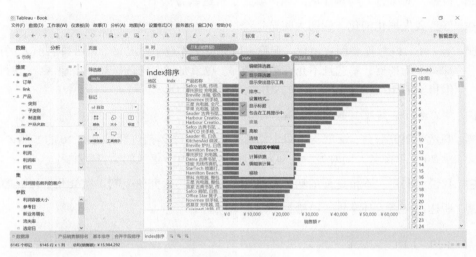

显示 indx 筛选器

小白 可是这个筛选器为什么是复选的，而不是范围的？

大明 要注意，我们设置了这个字段为"离散"类型，离散类型字段的筛选器默认都是复选的，而连续字段的筛选器默认是范围的。想要得到连续范围的筛选器也简单，按住 Ctrl 键把"indx"字段拖放到"筛选器"功能区，然后将"indx"胶囊改为"连续"类型，然后再"显示筛选器"就可以了。

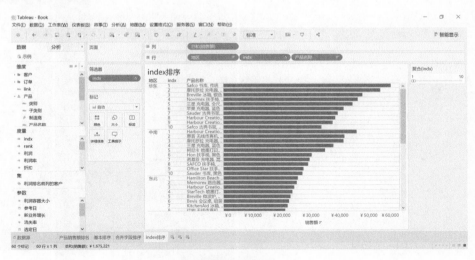

通过筛选器选择 Top *N*

小白　最终效果跟 rank 是一样的。

大明　没错，对于排名与排序的问题，就先了解这些方法吧！

小白　好！我先消化消化，谢谢大明哥！

大明　等一下，既然你要回去消化，干脆再给你留个作业。列出每个地区排名前 N 的产品，要求加一个筛选器，单选且不允许选择全部。也就是说，先选择某一个地区，然后看该地区的销售额前 10 名的产品。要求不用表计算方法实现。

小白　啊？哦……好吧，我研究研究。

大明　既然要研究研究，那就再多留个作业？选出 2017 年销售额排名前 10 的产品，在表格里显示 2017 年排名，同时另一列显示这些产品在 2016 年度的销售额排名。

小白　我说大明哥，不带这样的啊！不过……我还是再研究研究吧。这会儿下楼喝咖啡？

大明　斯达巴克斯大杯拿铁，哈哈！

第 10 章

数据桶与指标分段：数据分组

指标分段是数据分析工作中经常用到的功能，本质上是将"度量值"变换为"维度"来使用，常用的分析场景包括将每个产品的销售额分成几段和分析每段产品的数量等。数据桶则提供了一种自由灵活的分段方法，能够帮助分析员更加准确地理解数据的分布特征。

学习难度：*中级*
涉及的业务分析场景：*产品分析*
涉及的图表类型：*条形图*
知识点：*自定义计算字段，分组方法，参考线，嵌套表计算，LOD，数据桶分组*

10.1 按照销售量的简单分组

产品经理在找过小白和大明之后，对产品结构重新进行了梳理，帮助他们在分析中更加能抓到重点。同时，随着供应商数量的增多，计划下一步深入研究一下供应商，提高优质供应商的进货量，砍掉那些不能盈利的品牌。可见，数据分析正在为公司带来改变，当企业慢慢转型为数据驱动的组织之后，决策分析也会随之变化，由偏重经验总结的策略转为更偏重数据支持的策略。对于产品经理皮特来说，数据纠正了他原本的很多偏见，他发现自己很多的"原以为"都是不完全正确的，这让他汗颜，同时也感到兴奋，他开始觉察到数据正在为业务开展注入新的动力。

随着分析的深入，过去的静态报表已经不能适应业务的变化，商业模式发展日新月异，数据分析方法也要与时俱进了。这不，今天皮特又跑到小白这里寻求帮助。

皮特 小白，上次你帮我做的分组很有用，对品牌分析非常有帮助。不过我这两天看数据的时候，发现我们的单品销售总额差异非常大，有些单品的销售额有几十万，而另一些单品一年卖不了几十块钱。所以，我想按照单品的销售额把所有单品再次进行分组，比如去年销售额大于等于 50 000 的产品作为高端组，销售额大于等于 10 000 但低于 50 000 的作为中端组，10 000 以下的作为低端组。你帮我研究一下怎么分？

小白 行，我试试看。

小白答道，同时打开了 Tableau 软件。

小白 把"销售额"拖放到"列"功能区，把"产品名称"拖放到"行"功能区，然后选中"行"功能区的"产品名称"胶囊，点击工具栏的"降序排序"按钮，将产品名称按照销售额从高到低进行排序。接着用右键单击"订单日期"维度并选择"显示筛选器"，年度筛选器只选择到"2017 年"。然后加两条常量参考线，一个 50 000，一个 10 000，结果显示 2017 年销售额超过 50 000 的产品只有两个，销售额高于 10 000 的不少。

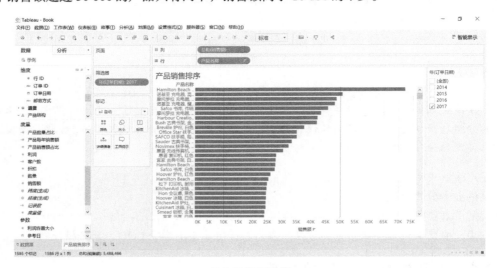

产品销售额排序

皮特 嗯……不过我更关心销售额超过 50 000 的产品数量、超过 10 000 的产品数量以及低于 10 000 的产品数量。

小白 如果是这样，可能需要写计算字段。

小白调出自定义字段编辑对话框，开始创建公式。

"销售额分段"计算字段

小白 创建另一个计算字段来表示产品数量。

"产品数量"计算字段

小白 先把"产品名称"和"销售额"从"行"功能区和"列"功能区拖走,然后把"聚合(product segment)"字段拖放到"行"功能区,把"产品数量"字段拖放到"列"功能区,这样一来……

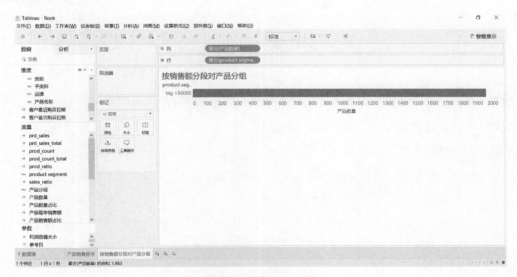

按销售额分段对产品分组

　　只有一条大于 50 000 的数据了,看起来不太对……

小白看着结果发呆,琢磨了一分钟不知道问题出在哪里,皮特也不着急,在旁边乐呵呵地等着。还好这时候开完会的大明从外面进来,小白像见到救星一样喊他。

小白 嗨,大明哥!帮忙看个数据,我这个分析好像有点不大对!

大明 哈,又在研究啥?

小白把皮特的分析要求大略说了一下,又给大明看了刚才的公式和操作步骤。

大明 原来如此，你把"产品名称"维度拖放到"标记"功能区的"详细信息"按钮上试试，应该就对了。

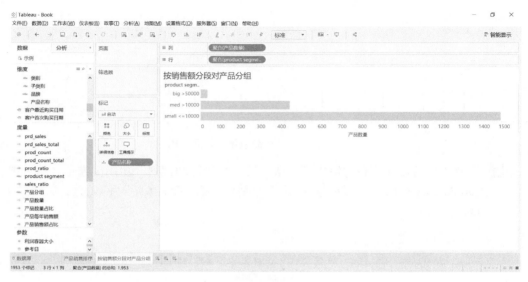

正确的销售额分组

小白 嗯，是这个意思，那能不能把每个分组的产品总数显示出来呢？

大明 可以，这要再写一个公式，我来吧。

大明坐到电脑前，写了一个公式。

产品数量计算公式

大明 小白你看，这就是表计算的公式用法了，之前我们一直使用快速表计算，再高一个难度就是使用公式做表计算。这个有很多实用场景，比如"WINDOW_SUM"就是求计算范围内某个度量值的总计，而里面的"COUNTD[产品名称])"就是每个产品的计数。由于在 LOD 区域内有"产品名称"，所以视图的详细级别是到"每个产品"，刚才那个条形图实际上由一系列的小格子组成，每个小格子代表一个产品，你把鼠标移上去就可以看到。

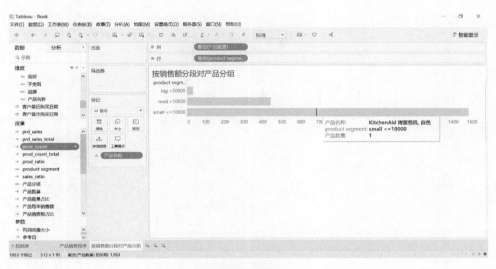

查看数据详细信息

小白 果然，那么刚写的这个"prod_count"怎么用呢?

大明 我们把"prod_count"拖放到 LOD 区域，然后把数据窗格切换到"分析"窗格，把"参考线"拖放到浮动窗口的"单元格"上面。

添加单元格参考线

在这里，我们又用到单元格级别的表计算了。对于图形来说，每个轴标签上的数据视为一个单元格，而实际上则可能包含多个数据。比如现在这个条形图，每个轴标签包含了很多个产品计数数据，但对于每个产品来说，它的计数值都是 1。下面还要继续设置参考线。

10

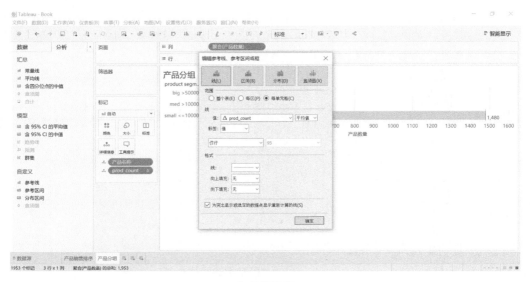

参考线设置

大明 在对话框中把"值"改为"prod_count"，后面的下拉框默认为"平均值"。实际上，由于prod_count 是设置好的表计算，这里选择"平均值"或者"总计"对结果并没有影响，这里采用默认值"平均值"，并在下面的"标签"中选择"值"。

皮特 现在这个报告非常清晰，2017 年高端产品只有两个，中端产品 100 多个，低端产品超过1000 多个，跟我预想的一样。如果能再有一个百分比就更好了，就是高端、中端、低端产品数量占全部产品数量的百分比。

大明 赞同。我来试一下，原则上我们已经分组计算了每组的产品数量，用这个数量除以总数就可以得到该产品数量占全部产品数量的百分比。不过这个总数实际上与分组的产品数量计算方法是一样的，只是计算范围不一样了。这里有一个小技巧，我们直接把刚才的prod_count"复制"一下，重命名为"prod_count_total"，然后再创建一个新的计算公式来计算占比。

"产品数量占比"计算字段

小白 可是既然 prod_count_total 是由 prod_count 复制出来的，这个公式本质上不就是自己除以自己了？岂不是都等于 1？

大明 别急，这就是表计算的嵌套计算了。虽然表计算的公式是一样的，但它们的计算依据不一样，得到的结果也是不一样的。我们把"产品数量占比"拖放到 LOD 区域，为了观察方便，切换到"分析"窗格，然后"添加参考线"。

堆叠图上加汇总

然后在参考线对话框中选择"产品数量占比"，计算方式为"平均值"，"标签"选择"值"。

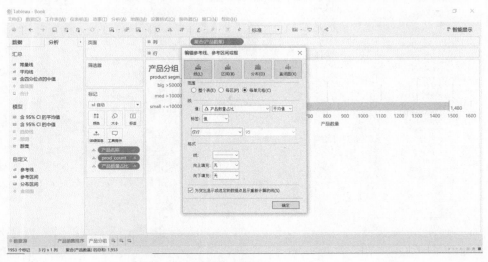

显示参考线数值

点击"确定"之后，我们得到这样一个结果。

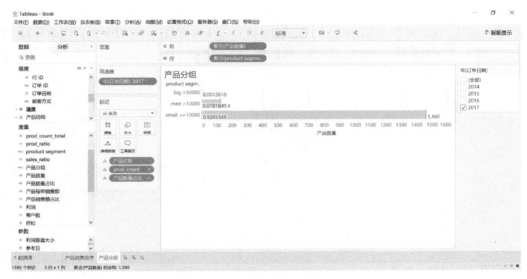

显示了标签的视图

小白 好像数字都叠起来了，看不清楚。

大明 是的，我们可以设置一下显示格式，用鼠标选中数字，然后在出现的浮动工具栏上选择"设置格式"。

设置数字的百分比显示格式

在格式设置界面上先把数字格式改为"百分比"。

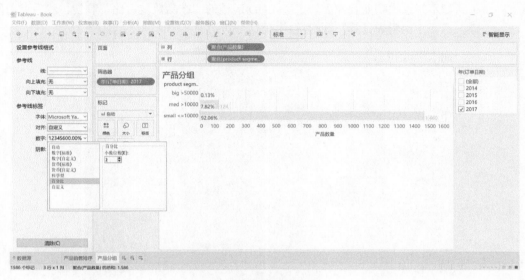

格式设置界面

再将对齐方式改为垂直居中对齐。可以看到，界面上"产品数量"和"占比"这两个值显示在了不同的位置，不再叠加了。

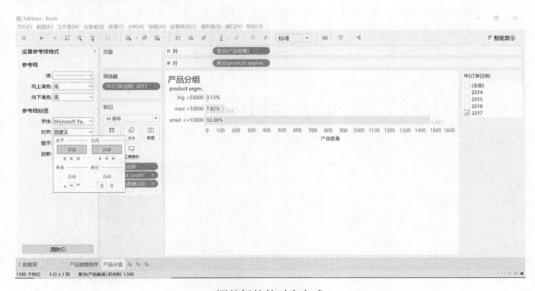

调整标签的对齐方式

小白　现在清楚多了，占比数字也是对的。

大明　哈哈，虽然现在结果是对的，但是还是说一下具体设置，否则不一定什么时候结果就不对了，都不知道去哪儿找原因。选择 LOD 区域的"产品数量占比"胶囊，然后点击鼠标右键，选择"编辑表计算"，此时会出现这个对话框。

表计算设置

"嵌套计算"这里默认显示的是"prod_count"字段，它的计算依据是"表（横穿）"（或者你也可以选择"单元格"），结果都是一样的。就像我刚才说的，在图形上面的一个标签序列中多个数字被视为一个单元格，所以保持默认值就可以了。我们再把嵌套计算改为"prod_count_total"，来看一下这个设置。

更改嵌套计算

这里要把"计算依据"改为"特定维度"，然后选择"产品名称"，这样计算就会沿着每个产品名称算一遍，不会因某些条件重新启动计算。

小白 所以，现在这个结果就对了！

皮特 大明很熟嘛，这个分析还真不错！但现在只看到了产品数量，我还想看看这些分组的销售额总量，比如高端产品的总销售额、中端产品的总销售额以及它们各自与所有产品销售额的占比。这样跟产品数量比较起来就更有意义了。

大明 啊哈，这个不难，与刚才计算产品数量的方法是一样的，小白来吧！

说罢，大明把座位让给了小白。

小白 好，应该是差不多的，我来试一下，先把"销售额"度量拖放到"列"功能区。

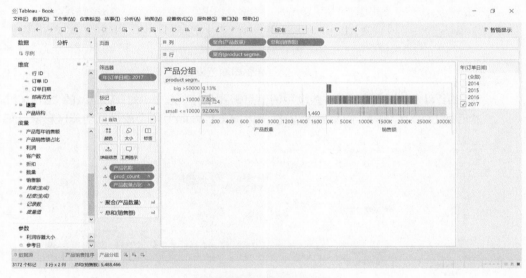

销售额和数量同时分析

大明 看起来不是很美观，先调整一下颜色吧，选中"列"功能区的"销售额"胶囊，然后点击"标记"功能区的"颜色"按钮，把边界改为"无"。

10

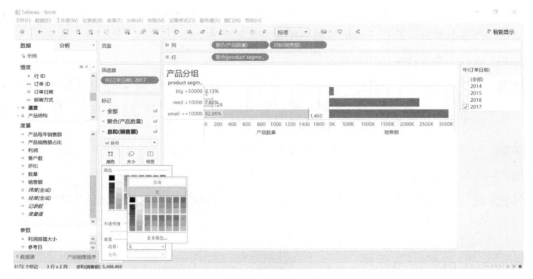

堆叠图颜色设置

现在销售额这个视图上有一些没用的信息需要删掉，选中"列"功能区的"销售额"胶囊，然后把 LOD 区域的"产品数量占比"和"prod_count"两个胶囊从功能区移除就好了。

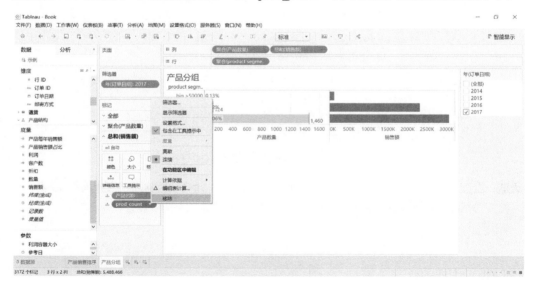

删除多余的详细信息

小白　现在这个图干净清爽了，我在图上加两个参考线，一个是每个分组的总销售额，另一个是每个分组销售额与所有产品销售总额的占比。先写总销售额计算字段 prd_sales。

"prd_sales"计算字段

然后按照大明哥刚才的做法，把 prd_sales 直接"复制"一下，改名为"prd_sales_total"就可以了。再写另一个公式。

"产品销售额占比"计算字段

接下来，我们选中"列"功能区的"销售额"胶囊，把"prd_sales"和"产品销售额占比"这两个自定义字段拖放到"标记"功能区的 LOD 区域，然后添加两条参考线，对应这两个自定义字段。

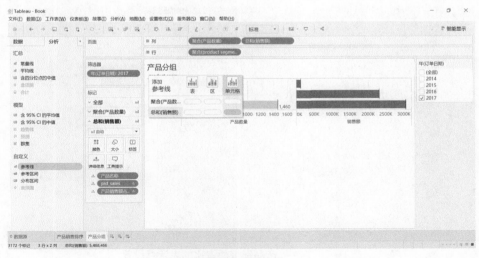

添加销售额参考线

设置参考线。现在，默认的计算规则算出来的产品销售额占比结果是不对的，需要重新设置一下。

销售额参考线设置

编辑表计算。与处理产品数量一样，"prd_sales"的"计算依据"选为"表（横穿）"，产品销售额占比的"计算依据"选择为"特定维度"，勾上"产品名称"。

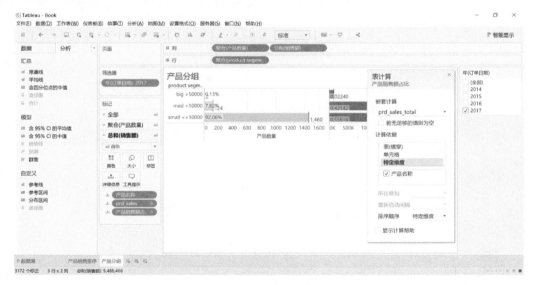

产品销售额占比的表计算设置

设置产品销售额占比的参考线的格式，数字格式为"百分比"，对齐方式为"垂直居中"。看起来差不多了。不过大明哥，我怎么觉得这个操作过程有点烦琐呢？

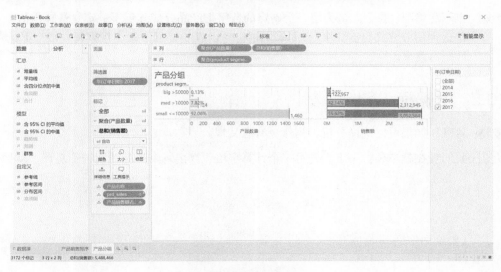

销售额格式优化

大明　感觉烦琐就对啦！实际上如果用 LOD 来完成这个计算要简单得多，不过今天我们主要研究表计算应用，LOD 的方法就留给你当作业吧，你可以在下班后再研究。在你这个计算结果的基础上再美化一下，在"标记"功能区选中"全部"选项卡，把"product segment"字段拖放到"颜色"按钮上。然后将表格的底边向下拉伸，这看起来就清楚多了。

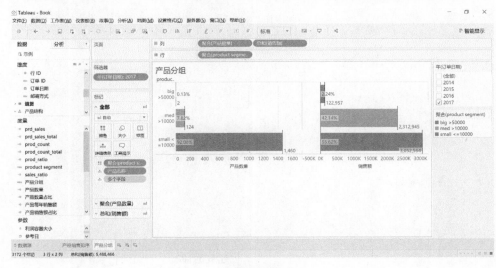

添加颜色

皮特　嗯，这个分析结果很有帮助，我们低端产品数量占比是 92%，而产品销售额占比却仅占 56%。高端产品数量太少，看来中端产品才应该是我们的关注重点。

大明　也不尽然吧，我个人认为用一个确定的数字把产品分成几组不一定是最科学的，主要问题是这种切分方式有点"粗"，如果把销售额切成 100 元一段，观察每一段产品的数量，或许更有意义。

10.2　数据桶

皮特　对呀！如果可以这样分析，当然更有意义！

大明　我们现在就来分析一下。先写一个计算字段，算出每个产品的销售额总计，就像这样。

"产品销售额"计算字段

然后用右键单击"产品销售额"度量值，在快捷菜单中选择"创建"→"数据桶"。

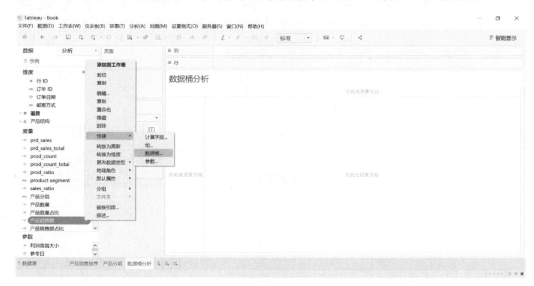

创建数据桶

在出现的对话框里设置数据桶的大小，Tableau 会给一个默认值，我们也可以自行设置，这里将其设置为"500"。

产品销售额数据桶大小设置

接着构建一个分析视图，把"产品销售额（数据桶）"从"维度"窗格中拖放到"列"功能区，把"产品数量"度量值拖放到"行"功能区，然后打开"数据标签"。希望现在这个图表能给我们更多的发现。

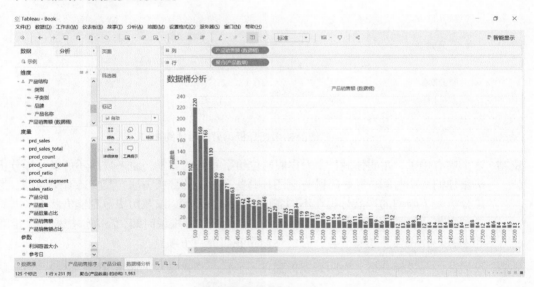

按照数据桶观察的产品数量分布

皮特　嗯，从这个图上看，我们的低端产品是占大多数的，销量越大的产品数量越少。不过，从这个图上仍然很难精确地把高端、中端、低端产品的界限划分清楚。

小白　也许，帕累托图更合适？80/20 分析应该同样适用于这种分析场景。

皮特　80%的销售额是由 20%的销售额最高的产品构成的？以前我想过这个问题，但从来没有验证过咱们的产品销售是否符合这个规律，如果真符合这个规律，那么我们非常需要知道这20%的产品。

10

10.3　产品帕累托

大明 其实这个是可以验证的，刚好前段时间我们分析过客户的帕累托，产品帕累托跟客户帕累托的原理是一样的，请小白用帕累托曲线验证一下吧。

小白 这个帕累托我还记得怎么做，现在就做一下吧。

说罢，小白在电脑上"三下五除二"做出了帕累托曲线和帕累托表格。

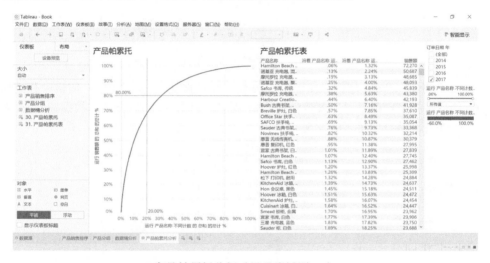

产品帕累托分析（另见彩插图 30）

皮特 这个更有用了，谢谢你俩！今天你们两位给了我新的启发，原来数据还可以这样分析！回头跟你们约个时间，好好研讨一下还有哪些有价值的分析方法！其实还有个问题，我一直想分析一下咱们的产品分类在不同省的盈利能力差别，以及历史盈利能力状况。以前也有各种报表，但产品报表说产品、地区报表说地区、月报说时间，没办法把这几个维度联系起来看。我一会儿还有个会，有空你们帮我研究一下呗！

小白 没问题，一说要分析，大明哥就像猫见了老鼠一样兴奋得两眼放光！

大明 嘿嘿，还真有点这个状态！

小白 今天又得感谢大明哥啦！你不来我还真是搞不定。

大明 咳，其实这没啥，有时候业务上想到的分析方法并不是最优的，你跟着他的思路走很难受，实现起来也很困难，分析结果还不一定有什么价值。所以，我们需要向业务主动提供关于分析方法的建议。

小白 好吧，看来这方面才是我需要加强学习的！现在有点头晕脑胀，下楼喝杯咖啡醒醒脑？

大明 斯达巴克斯大杯拿铁？哈哈！

第 11 章

销售要重新划地盘儿啦：手工分组

数据分析的目的不仅是回顾历史，还经常需要从数据中找到答案，回答类似"如果……那么……"的假设性分析问题。本章介绍的对地理区域的重新划分方法，就是一种假设分析的情况，而且这种分析方法还能够广泛应用于产品分组、客户标签等领域。

学习难度： 初级

涉及的业务分析场景： 销售分析

涉及的图表类型： 条形图

知识点： 分组方法，自定义计算字段

11.1 调整销售区划

这天，小白参加公司的经营分析会议后，又收到了一个让她头疼的问题。销售总监在会议上提到，目前各地区的业绩情况差别比较大，于是开始分析对大区划分进行调整的可能性，想把原本的 6 个地区重新划分为销售额总量差不多的 3 个大区。总监请小白分析如何划分才比较合理。小白坐在座位上研究了很久，还是没有头绪，决定找大明咨询，看对于这个分析需求，Tableau 有没有什么好方法。

大明 我们先看看各地区的销售额情况。

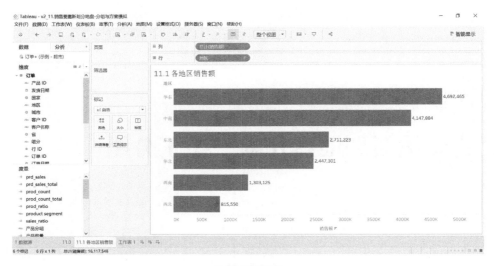

各地区销售额

看来地区之间的差距真是不小！各省的情况呢？

小白 各省之间销售差距也非常明显。

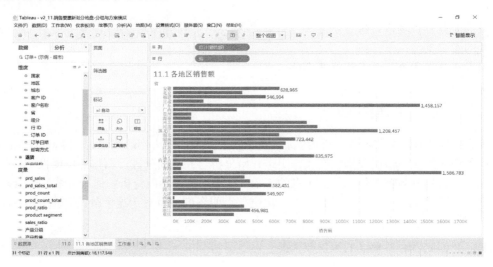

各省销售额

大明 没错，我们从左下角的状态栏上可以看到全国总销售额大约是 1610 万，如果平均分为 3 个大区，每个大区应该在 540 万左右。

小白 可是怎么重新划分呢？可以用 Excel 手工调整，但这将是一个非常费力且没有效率的过程，在 Tableau 中有没有更好的方法？

大明　嗯，这个简单。你直接按住鼠标左键，在画布上画个框，选中从第一行"安徽"到"河南"这些省，将鼠标悬停在选定的范围内，这时出现的浮动工具栏里就会显示当前选中的 10 项，销售额总计大约是 546 万元。你看咱们把这些省归为一个大区不是正合适吗？

小白　是很合适，可是怎么归为一个大区呢？

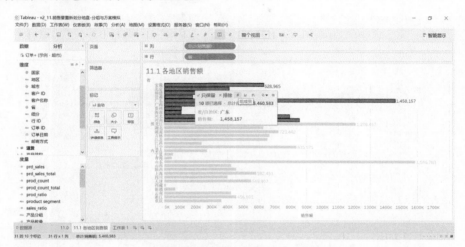

选中部分省，查看选中省的总销售额

大明　你注意到浮动工具栏上的"曲别针"按钮了吧，这个是分组按钮，点击它，就能把这些项归为一组。然后在 LOD 区域会出现一个新的胶囊，叫作"省（组）1"，并且默认放在"颜色"按钮上，所以画布右侧出现了颜色图例。刚才分组的默认名称是几个省的罗列，可以用右键点击这个图例项，在弹出菜单中选择"编辑别名"，将名称改为"新大区-A 组"。

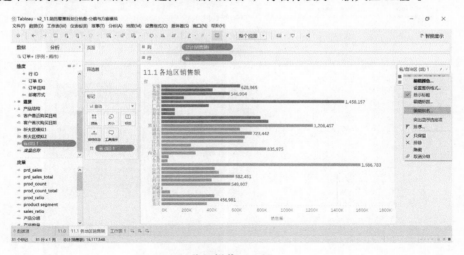

分组操作：A 组

小白 这么简单？我也会了，是不是继续选择其他省，用一样的方法继续分组就行？

大明 对，方法是一样的，现在我们把"黑龙江"至"青海"这些省归为一组，改名为"新大区-B 组"，剩余的省自动归为其他组，直接把这个其他组改名为"新大区-C 组"。B 组和 C 组的销售额总计都大约在 530 万元以上，也是基本接近三分之一水平的。

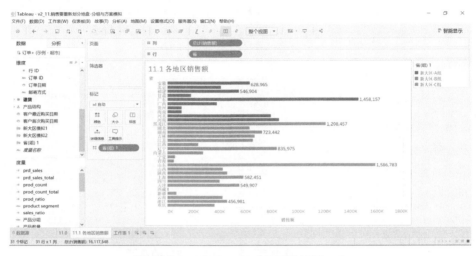

分组操作：B 组和 C 组（另见彩插图 31）

小白 我们再观察一下这几个新大区的汇总销售额吧。把"维度"窗格中的"省（组）1"直接拖放到"行"功能区替换"省"胶囊就对了吧。看起来是比较接近了，不过如果我想再精细地调整一下呢？还要像刚才一样，重来一遍吗？

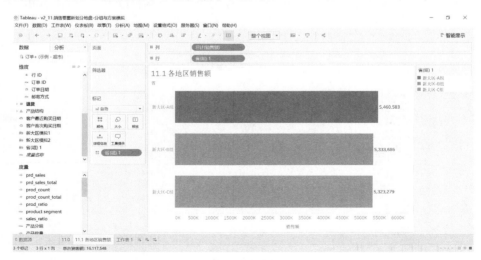

新大区分组销售额情况

大明 不用重来一遍，可以直接用右键点击"维度"窗格中的"省（组）1"，在弹出的快捷菜单中选择"编辑组"，就可以在弹出的对话框里面修改分组的名称。当然，我们也可以通过鼠标拖曳的方式把某个省拖放到另一个分组中。点击"应用"之后，视图中的数据就会实时发生变化。

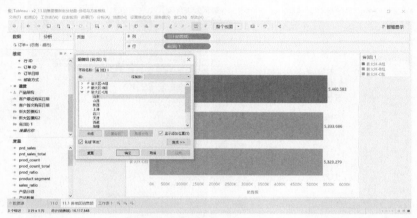

修改分组

小白 嗯，这样分组的确很简便。不过，这样随便选几个省组合起来，虽然销售额是比较均衡了，但合理吗？

大明 这个问题问得好！虽然这样做已经完成了最初的想法，但未必就是最合理的。我举个例子。新建一个工作表，把"省"拖放到"行"功能区，把"销售额"拖放到"列"功能区，然后降序排序。我们发现山东、广东、黑龙江 3 个省的销售额遥遥领先，中间一部分省销售额彼此相差不大，而下面一部分省的销售额比较低。那么我们可不可以把全国重新划分为 3 个市场，比如大型市场、中型市场、小型市场？

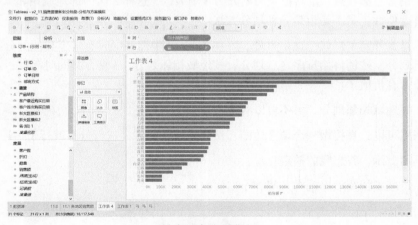

排序后各省销售额

小白 我照刚才的方法划分一下试试看……但这样的话，新划分的 3 个大区的销售额就很不均衡了。

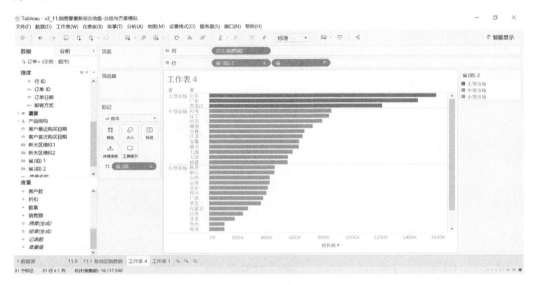

按市场规模重新划分大区

大明 嗯，但是数据分析的目的不是机械地完成任务，而是要给出业务上的建议和策略。这样划分出来的大区虽然销售额不均衡，但每个大区内的各个省却规模相当，业务特征比较接近。从管理和经营的角度来看，大区内部的营销政策更容易统一，这样不是更有利于业务发展吗？

小白 有道理！按照你这个说法，我也想到一个点子，如果根据地域相邻原则，同时保持每个大区销售总额接近，重新把全国划分为 3 个大区，这样大区内部地域相邻，业务特征应该也有近似性，是不是也是一种划分方法？

大明 你是真开窍了！就是这个道理。好在 Tableau 中能够同时有多个类似的分组模拟，可以随机划分、按销售额排序之后划分、按地域相邻划分，3 套方案同时存在，这对业务决策就非常有价值了！

小白 按照地域相邻划分，可不可以直接在地图上划分？

大明 当然可以，直接做一个填充地图，然后多选相邻省，进行分组就行了！还需要演示吗？

小白 不用演示，我想我能搞定！

这时产品经理皮特突然出现在大明和小白面前。

11.2 产品归类分组

皮特 有啥高兴事儿,这么乐呵?

小白 刚学到了一个新技能,满足啦!您每天都乐呵呵的,看来天天都有高兴事儿吧?

皮特 我啊?"愁事一箩筐",只不过"账多了不愁,虱子多了不咬",该乐还得乐。这不正要找你俩研究个事儿呢。

皮特说着,把电脑摆在大明和小白面前,屏幕上是一幅图。

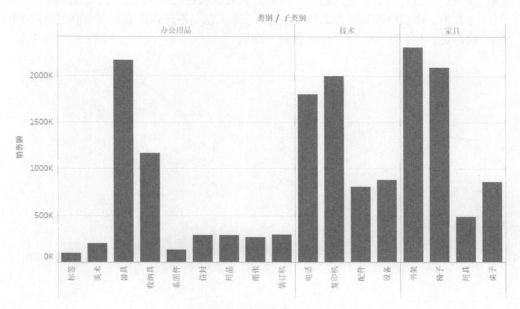

各子类别销售额

皮特 你们看哈,咱们的办公用品里面有几个销售非常低的小类别,这虽然不是我们关注的重点,但当初进行产品分类之后就没有再更新,现在每份报表都以这个分类进行配置。以前一直说把这些类合并,结果操作起来却总是各种困难,各种麻烦,总之我忍到现在,还没改成。听说你们现在用了新的数据分析工具,功能挺强大,你们看看能不能帮我把这几个小类别合并成一个?

小白 哈哈,问着了,我刚跟大明哥学的这个!

说罢小白乐颠颠地给皮特示范,很快就完成了类别调整。

皮特 这么牛!看来软件牛,人更牛!这么快就搞定了,感谢感谢!不过我还有些别的问题。

小白 您说。

皮特　你看，目前咱们的产品分类只有 3 级：类别、子类别和产品名称。其中类别有 3 个，子类别原来有 17 个，重新归类之后只剩 11 个，可是产品名称却有接近 2000 个，所以分析的时候，要么看得很粗，看不出问题，要么一下子扎到单品里面，又太细，也看不出来问题。我一直想着能不能给产品增加几个粗细程度适中的分析层次，既能反映问题，又不至于太过琐碎。你俩帮我出出主意？

小白　嗯，在产品层面上进行重新分组也是可以的，但工作量大一些，当然主要问题还是要考虑清楚分组规则和逻辑。

皮特　是啊，不过这倒没什么问题，工作量大我可以从我们团队增加人手，让他们用 Excel 分好给你们，你们也就知道怎么分了。这是一个方法，不过我琢磨也许会有更有效率的方式解决问题。你们先看一下"产品名称"数据。

"产品名称"列表

小白　这个名称……怎么这么奇怪？

皮特　这个名称有点门道，它由 3 部分构成，前面是品牌，然后是空格和产品名称，接着是逗号，再是产品备注特性。其实"品牌"应该是个独立的字段，也不知道当初咋整的，写到产品名称里来了，可是分析的时候需要这个，数据源的事儿让报表解决显然比较差劲，咱们是不是有办法把这个"品牌"拆出来当作一个分析层次呢？

小白　这个……

大明　我觉得这个想法非常好，很有价值，恰好在 Tableau 里面也比较容易做，咱们现在就来试一下吧。

11.3 用函数切分产品名称，获取品牌信息

大明 我们在"分析"菜单下面选择"创建计算字段"，然后写这样一个公式。

"品牌"计算字段

然后"维度"窗格里面会出现"品牌"字段，把"品牌"字段拖放到"行"功能区的"产品名称"前面，我们就发现这个字段显示的正是品牌。

皮特 没错，我要的就是这个！

大明 其实，为了方便分析，我们还可以把"品牌"字段直接加到"产品结构"层次中去，变成这样。这样，上下钻取分析就更方便了。

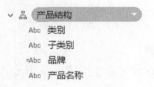

将品牌加入到产品层次中

皮特 太好了！谢谢两位，解决了我困惑已久的问题，一会儿我还有别的会，有空请你们喝咖啡，没准还要继续麻烦你们。

说完，皮特乐呵呵地走了。

小白 大明哥，你对 Tableau 函数这么熟啊？一下子就想起来什么分析需求该用什么函数处理？

大明 "此亦无他，唯手熟尔"。

小白 嘿嘿，我请大明哥喝咖啡吧，还得向你多讨教讨教！

大明 斯达巴克斯大杯拿铁？哈哈！

第 12 章

灵活的 KPI 分析：数据混合与嵌套表计算

数据工作者在日常工作中经常会发现，一份每天的流水数据最终会演变成一套无比复杂的分析体系，包括 MTD（Month To Date）、QTD（Quarter To Date）、YTD（Year To Date）以及与目标值的对比。在这个过程中，Tableau 的表计算能够充分发挥作用，让数据分析和解读的角度千变万化。在产品功能方面，本章涉及复杂表计算、标靶图、数据混合等内容，难度较高，建议读者使用 Tableau 软件自带的示例数据做一下练习，加深理解。

学习难度：高级
涉及的业务分析场景：KPI 分析
涉及的图表类型：条形图，标靶图
知识点：筛选器应用，自定义计算字段，参考线，嵌套表计算，数据混合

12.1 卖得多就是业绩好吗

小白最近疯玩 Tableau，越来越上瘾，她发现在分析过程中的确能产生很多见解，还时不时解决点小问题，跟大明也学了不少关于 Tableau 的知识，心里颇有一些小得意。这天正得意的时候，大胡路过小白座位，看见小白电脑上条形图的分析。

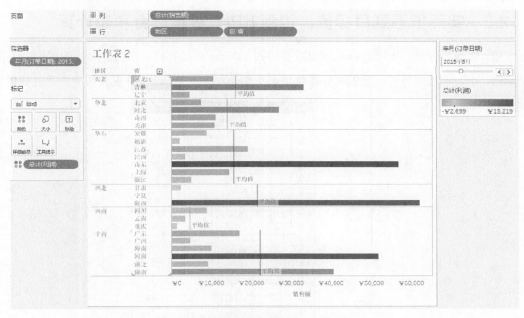

各地区、省的销售额和利润（另见彩插图 32）

大胡　小白，这个分析是？

小白　我把每个地区的销售额平均线加上之后，发现每个地区实际的销售额基本上都是靠一两个销售大省撑起来的。也就是说，基本上每个地区都有那么一两个省的销售额高于均值，而其他省几乎都低于平均销售额。

大胡　哦，看起来的确是这样哈。不过这个绝对数字有什么意义呢？是不是销售额越高就越好？

小白　当然！销售额越高越好啦！不过……这个结论是在不考虑利润的情况，如果考虑利润就不一定了。

大胡　就算不考虑利润，只考虑销售额。举例来说，东北地区销售额考核，黑龙江销量最高，辽宁销量最低；然而黑龙江没完成销售额指标，辽宁却完成了销售额指标。这样的情况，哪个省工作完成得更好呢？

小白　要考虑销售目标？这个我没分析过……不过应该是完成目标任务的地区更好了。

大胡　你分析一下吧，只关注绝对的销售数字是没用的，没有比较就没有鉴别，比较的同时还要有正确的基准，不同省的情况千差万别，绝对数字未必有可比性，但公司下达的销售指标却已经考虑到了地区差异，因此目标达成情况才是比较和考核的标准。

小白　有道理，我找一下销售目标数据来分析一下目标达成情况。

12.2　实际值遇到目标值，得到 KPI：数据混合和表计算

大胡 你现在分析一下吧，我正好也看看你的 Tableau 用得咋样。

小白 行，不过销售目标数据不在系统里面，而是在一个 Excel 文件里，看上去是这样的格式。

省	年	月	计划
安徽	2014	1	1,351
安徽	2014	2	4,062
安徽	2014	3	17,349
安徽	2014	4	1,410
安徽	2014	5	3,912
安徽	2014	6	14,538
安徽	2014	7	1,272
安徽	2014	8	11,985
安徽	2014	9	2,701
安徽	2014	11	13,005
安徽	2014	12	7,712
安徽	2015	1	2,211
安徽	2015	3	12,372
安徽	2015	4	2,167
安徽	2015	5	3,839
安徽	2015	6	6,810
安徽	2015	7	1,614
安徽	2015	8	9,771
安徽	2015	9	4,824
安徽	2015	10	6,751
安徽	2015	11	18,717
安徽	2015	12	6,377

各省销售目标

不过没关系，Tableau 能读取这种格式的文件。新建一个数据连接，选择 Excel。

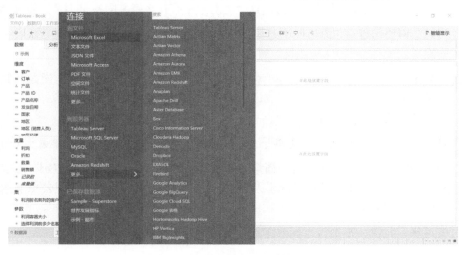

在一个分析中使用多个数据源

然后把数据表拖放到连接界面的画布区，此时数据预览窗格显示的数据是这样的。

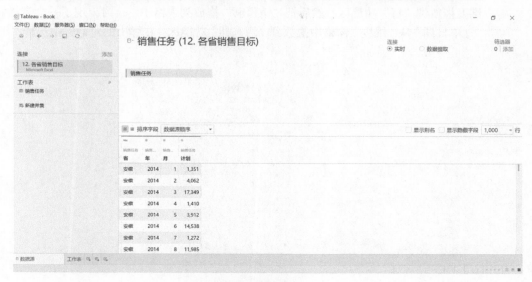

连接销售目标表

转到工作表之后，左上角有两个数据连接，点击"数据"菜单，选择"编辑关系"。在销售任务中有"订单日期"字段，而在各省销售目标中则有"年"和"月"两个字段，不过这也没关系，在 Tableau 中可以自动处理。

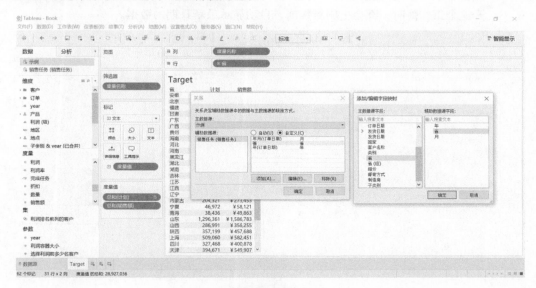

编辑数据源关系

这样，两个数据源的关系就建立起来了。选中销售数据源，然后从"维度"窗格中将"省"维度拖放到"行"功能区，然后把"销售额"拖放到表格中，这时出现了一个表格。再把"订单日期"从"维度"窗格中拖放到"筛选器"功能区，在弹出的对话框中选择"年/月"。

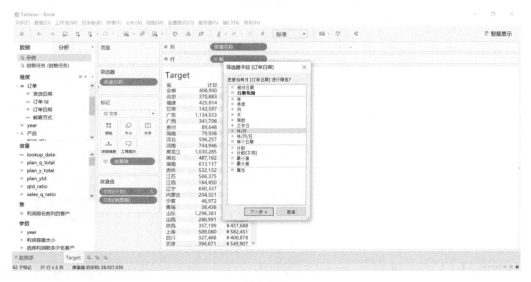

筛选年月

点击"下一步"，然后选择"打开工作簿时筛选到最新日期值"选项，这样软件在每次打开这个工作簿时，都会去刷新数据，自动显示最新日期的数据。

日期自动刷新到最新日期

在"筛选器"功能区的"订单日期"胶囊上单击鼠标右键，选择"显示筛选器"。

显示日期筛选器

然后再将筛选器样式改为"单值（滑块）"。

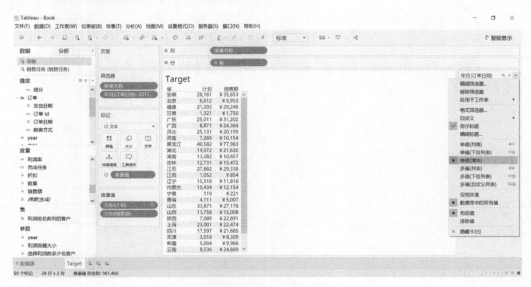

改变筛选器样式为"单值（滑块）"

接着就可以混合分析了。把数据连接选择为"销售任务"数据源，然后把"维度"窗格中3 个关联字段后面的曲别针图标点亮，表明这几个字段已经跟销售数据中的值进行关联。然后将"计划"度量值拖放到表格中，就可以了。

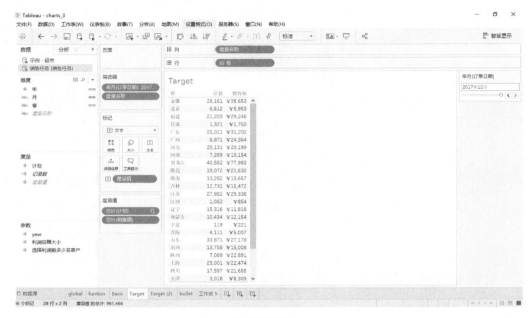

混合的数据表

不过为了区别任务完成状态，还可以写一个计算字段来标识任务完成状态。

"完成任务"字段

最后，把"完成任务"字段拖放到"标记"功能区的"颜色"按钮上，就 OK 了。

完成状态 KPI 颜色（另见彩插图 33）

大胡　不错不错，看你一边操作一边解说，还是非常流畅的。虽然看起来似乎还要几个步骤，实际上照你这么行云流水般地操作下来，也没用两分钟！

大胡看完小白的演示颇为赞扬。

大胡　不过还有一个问题，一个度量值与目标值相加之后，它最重要的分析就变成了计划与实际的对比分析，这是非常重要的。而一旦有计划和实际的对比分析，这个度量值就变成了 KPI。KPI 之所以重要，是因为业务上的必要性。人们关注 KPI 的另外一个原因往往是因为 KPI 经常会与个人的绩效奖金挂钩。

12.3　紧盯目标：标靶图

小白　这样啊，看来还真是很重要。为了让 KPI 更清楚，我再用标靶图呈现一下数据吧。新建一个工作表，重复前面的步骤，把"销售额"放到"列"功能区，把"省"放到"行"功能区，把"订单日期"放到筛选器，按照年月进行"单值（滑块）"选择。然后切换到销售任务数据源，把几个公共字段的曲别针点亮，然后把"总和（计划）"度量值拖放到"标记"功能区的 LOD 区域。接着切换到"分析"窗格加参考线，选定每个单元格，选定"平均值"，显示数值。

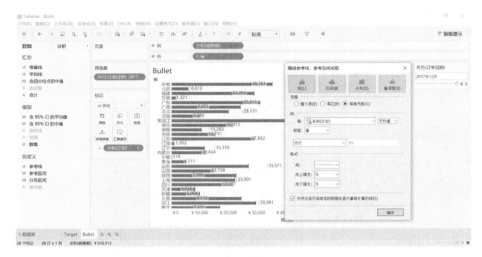

标靶图参考线

刚才使用过的"完成任务"字段仍然可以用来渲染指标完成情况。把"完成任务"字段拖放到"标记"功能区的"颜色"按钮上就可以了。

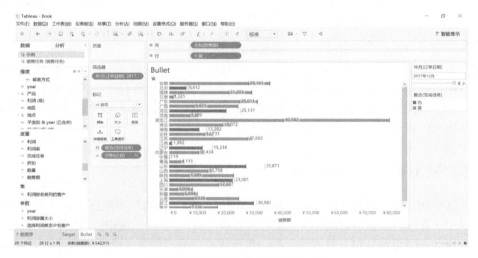

带颜色的标靶图（另见彩插图 34）

大胡　嗯，这个也不错，不过它本质上与那个表格是一样的。KPI 分析的关键不在于使用表格还是图形，而在于分析其在周期上的延展性。

小白　分析周期上的延展性？

大胡　是的。你刚才只是选择了某一个月份，看它当月的指标完成情况。但考核往往是按照季度和年度的，因此这一组指标销售额与实际销售额任务就会演化出一组指标出来，比如：

当月销售额，当月任务；

上月销售额，环比增长；

QTD 累计销售额，QTD 任务，QTD 完成进度，上季度期值；

YTD 累计销售额，YTD 任务，YTD 完成进度，去年同期值。

其实数据还是那个数据，只不过在时间维度上展开之后，看起来就很热闹了。我没时间看你做这些分析了，得马上去开会，你得空可以研究一下这组指标如何分析。

12.4　各种 TD 的分析

大胡说完就走了，留下小白手心里直冒冷汗。还好只演示了最基本的东西，要是真演示 QTD 和 YTD，估计十有八九要"歇菜"，这些问题小白从来就没想过。至于在 Tableau 中怎么去做这些分析，就更没主意了。心里庆幸自己没出糗，赶紧研究研究。

不过这一研究，发现这些问题还真不是那么好研究的，要进行同比环比分析，就必须保留上个周期甚至上年度的数据，可是一个视图中却只能显示一个月的切片快照式数据，小白越整越乱，脑子也渐渐地"浆糊"起来。

大明出现的时候，小白立刻感到救星来了。

小白　我以为自己这段时间玩 Tableau 颇有成果呢，结果一遇到实际问题，发现自己还是只菜鸟……

大明　没关系啊，谁不是从菜鸟过来的呢？这样，你新建一个工作表，把"省"拖放到"行"功能区，把"订单日期"拖放到"行"功能区，展开成"年""季度""月"3 个胶囊，然后把"销售额"和"计划"从这两个数据源中拖放到表格里面，就像这样。

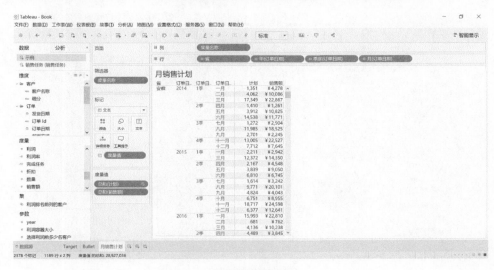

每月的销售额

小白　这个倒是蛮清楚的，可是要按季度、年度算一大堆东西呢！

大明　别急啊，心急吃不了热豆腐。在这个表格基础上计算 QTD，会做吧？把"销售额"拖放到"标记"功能区的 LOD 区域，然后用右键单击这个"销售额"胶囊，在弹出菜单里选择"编辑表计算"，接着做这样的设置。

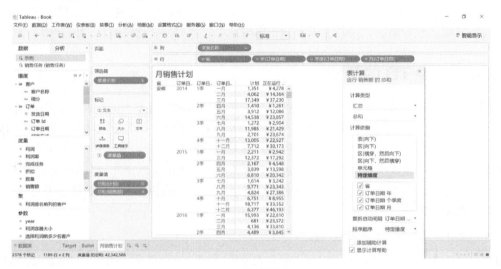

QTD 表计算设置

设置完成之后，把这个设置好表计算的"销售额"拖回到"度量"窗格中去，然后将它改名为"Sales_QTD"，再把这个"Sales_QTD"字段拖放到表格中，就得到了这样的结果。

QTD 表计算结果

小白　看这个结果是对的，这一列果然是 QTD 值。

大明　对了就好。换一种方法做 Plan_QTD，切换到"销售任务"数据源，然后新建计算字段，写这样一个计算字段。

计划值 QTD 计算

把"Plan_QTD"字段拖放到表格中，按照"Sales_QTD"一样的方法设置表计算。设置好之后，表格里面的字段名称就变成了一长串描述，可以编辑别名，简化为"Plan_QTD"，就得到了下面这个结果。

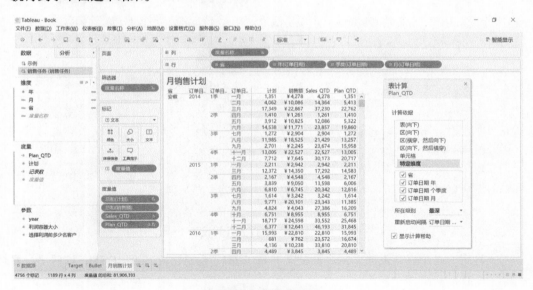

编辑表计算字段名称

此外，需要再写一个计算字段——季度累计完成比率，起名"QTD_Ratio"。

QTD 完成率计算

然后把"QTD_Ratio"拖放到表格中，用右键点击"QTD_Ratio"，在弹出的快捷菜单里选择"编辑表计算"。

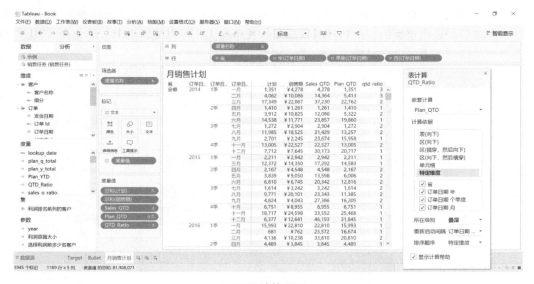

QTD 表计算设置 1

注意这是个嵌套表计算，除了设置 Plan_QTD，也要设置 Sales_QTD，这两个设置是一模一样的。

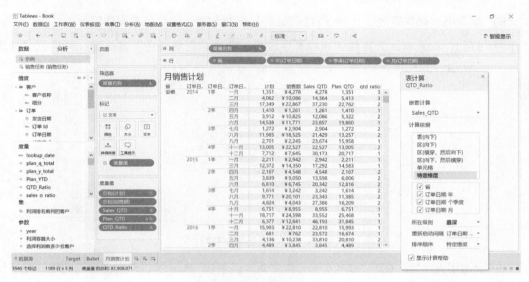

QTD 表计算设置 2

完成表计算设置后，还要设置这个字段的显示格式。在"QTD_Ratio"胶囊上单击鼠标右键，在弹出的快捷菜单里选择"设置格式"，然后将"数字"格式设置为"百分比"格式。

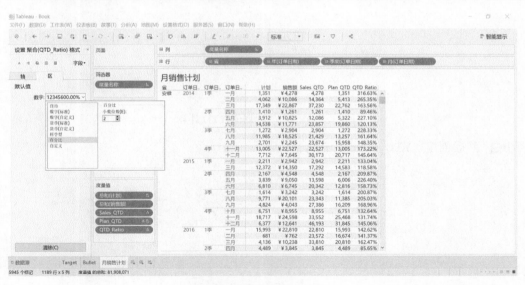

设置"百分比"显示格式

小白　这样就都对了。

小白有一点点开心。

大明 复杂吧？同样道理，计算 YTD 值也是一样的方法，你自己来操作吧。

小白 好的，我来试试。直接创建计算字段喽。选中"销售任务"数据源，然后创建计算字段
"Sales_YTD"。

销售额 YTD 计算

不切换数据源，仍在"销售任务"数据源里面创建"Plan_YTD"也是可以的吧？先试试……
嗯，真的也可以。

计划值 YTD 计算

小白 然后创建"YTD_Ratio"，Easy！

YTD 完成率

把这 3 个字段拖放到表格中去，分别设置它们的表计算依据。先设置"Sales_YTD"，这次"重新启动间隔"要改为"年"了。

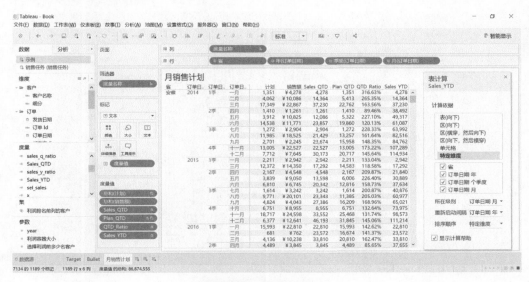

销售额 YTD 表计算设置

同样设置"Plan_YTD"的重新启动间隔为"年"。

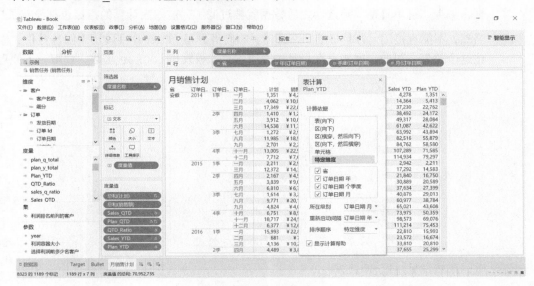

计划值 YTD 表计算设置

然后再设置 "YTD_Ratio"。这个嵌套表计算要分别设置 "Sales_YTD" 和 "Plan_YTD"，然后将格式设置为 "百分比" 格式。

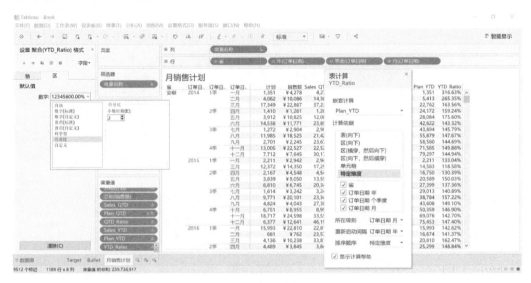

百分比格式设置

这下这组数据全都出来了！可是大明哥，这是所有月份的数据，如果我只想看某个月的数据，加上 "订单日期" 筛选器之后数据就被过滤了，这些表计算的指标也都没有了！

大明　当然，不能直接用 "订单日期" 筛选器，咱们得再写一个计算字段用来筛选月份，你先记住这个是怎么写的，回头有空自己去查查 ATTR 函数和 LOOKUP 函数，理解一下原理。

LOOKUP 公式

小白　哦，果然没见过这种写法啊！

大明　把这个字段拖放到 "筛选器" 功能区，选择 "所有值"。

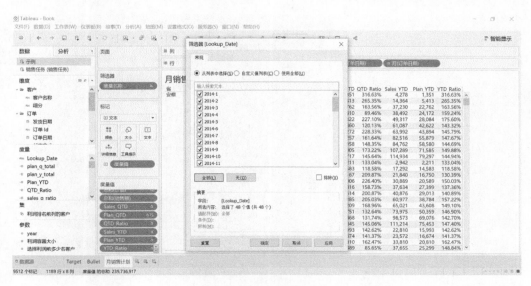

LOOKUP 过滤

点击"确定"之后右击"Lookup_Date"胶囊，在弹出的快捷菜单中选择"显示筛选器"。

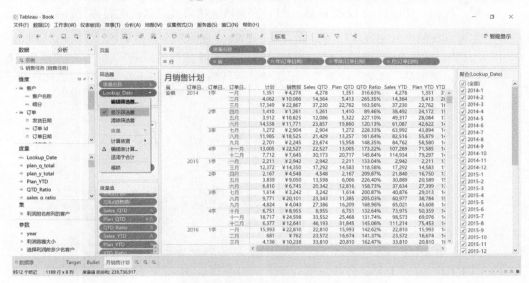

显示"Lookup_Date"字段筛选器

再把右侧的筛选器样式改为"单值（滑块）"。现在看这个表格的效果如何？

筛选后的表格

小白　哈，好得很啊！要的就是这个效果！

大明　不过还有一些不足，"年""季度""月"这时候就没必要显示在表格中了，可以把它们移到"标记"功能区的 LOD 区域，然后把表格标题通过别名改成简称就行了。

你可以按照当月完成率、QTD 完成率、YTD 完成率来对表格染色，以突出 KPI 完成状态。比如用 QTD_Ratio 染色，把"QTD_Ratio"字段拖放到"标记"功能区的"颜色"按钮上，把标记类型从"自动"改为"方形"，然后可以对颜色做一下设置，将完成比例低于 100% 的行用橙色显示出来。

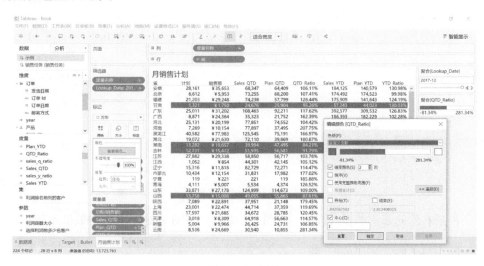

设置 KPI 颜色

小白 哈，这个很好!

大明 很好吗? 其实还有一些地方可以改进哦! 比如标题，双击工作表标题，然后插入年、季度、月字段，然后插入一些文字，让报告的标题动态起来。

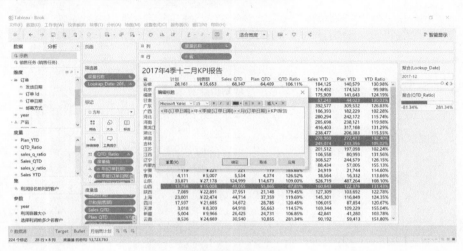

编辑筛选器标题

小白 哇哦，这算不算彩蛋功能?

大明 不算彩蛋，很平常哦! 等一下，我似乎想到一些问题……

小白 什么问题?

大明 你觉得 QTD_Ratio 和 YTD_Ratio 这样计算合理吗?

小白 合理啊? 怎么不合理?

大明 不是这样的，销售们关注的季度完成进度，实际上是 QTD 累计销售除以本季度总任务数，比如现在是第一季度的第二月，那么销售额有两个月的，但销售任务应该以第一季度总的任务数作为分母。同样的道理，年销售任务完成比例也应该等于累计销售实际数除以当年销售任务总数。咱们实际的业务是这样算的，大家也是这样关心的。是不是?

小白 是哦……这个能算吗?

大明 当然能算，不要怀疑 Tableau，更不要怀疑我的实力。

把刚才的工作表复制一下，把"年""季度""月"这 3 个胶囊从 LOD 区域移动到"行"功能区，删除"筛选器"功能区的"Lookup_Date"胶囊（这只是为了看数据时更清楚），做完之后我们再将它挪回去并增加筛选器。再做几个计算字段吧，"Plan_Q_Total"用来计算每季度总计的销售任务，"Plan_Y_Total"用来计算每年度的销售任务总数，这次都用 WINDOW_SUM 函数来计算就对了。

计划值季度总额计算

计划值年度总额计算

小白　这两个计算字段的写法是一样的，不过我已经理解了，它们的表计算依据不一样。

大明　然后把这两个字段拖放到表格中去，分别设置它们的表计算依据吧。

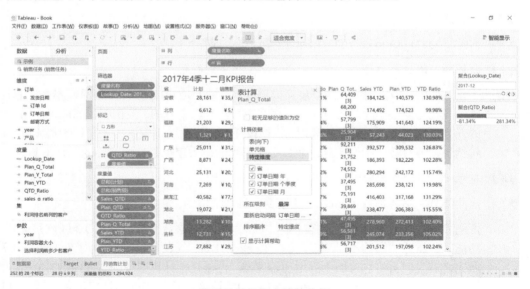

设置季度总额表计算依据

12

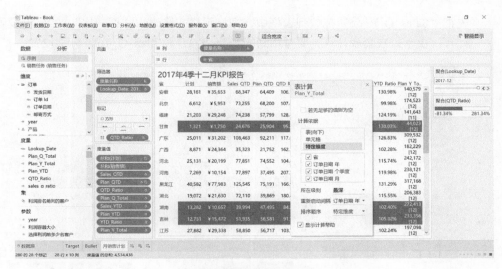

设置年度总额表计算依据

小白 然后再计算累计销售额与任务总数的比例就容易了。再写两个计算字段：Sales_Q_Ratio 和 Sales_Y_Ratio。

销售额季度完成比率

销售额年度完成比率

先把 "Sales_Q_Ratio" 拖放到表格中，把显示格式修改为 "百分比"，然后再设置它的表计算。由于是嵌套表计算，要对用到的 Sales_QTD 和 Plan_Q_Total 分别设置。

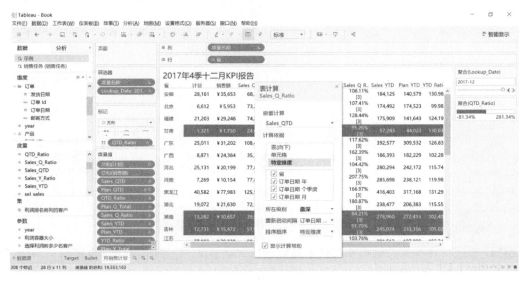

QTD 嵌套表计算设置 1

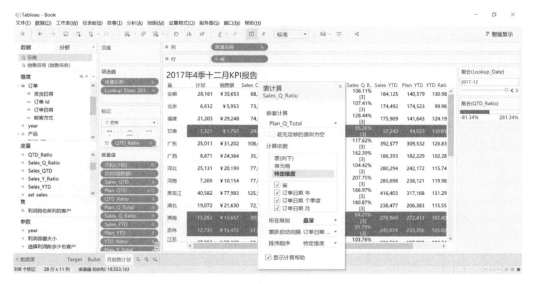

QTD 嵌套表计算设置 2

现在表格里的计算结果是对的了！

大明 还没完，要再做另外一个 Sales_Y_Ratio，其方法是一样的，就只看一下表计算设置部分吧。

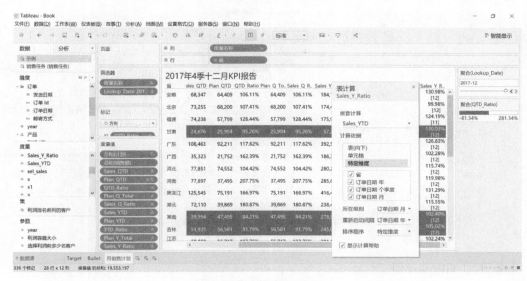

YTD 嵌套表计算设置 1

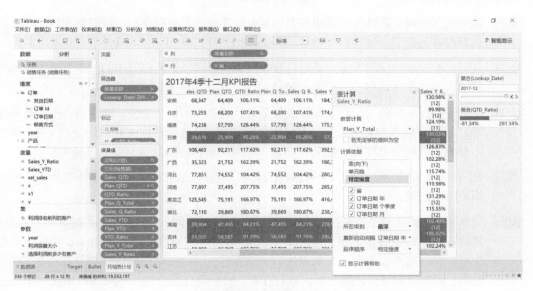

YTD 嵌套表计算设置 2

小白 好了，现在结果对了。打扫战场，把"年""季度""月"这 3 个胶囊移动到 LOD 区域，修改表格标题的名称，加上"Lookup_Date"筛选器。大功告成！

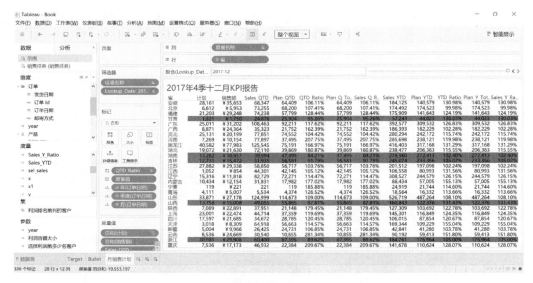

整理报告

大明 嗯，看起来不错了！

小白 神奇的表计算！

大明 这个应用里面，表计算虽然很重要，但更重要的却是数据混合。没有数据混合，这些分析就都没有基础了。

小白 是啊，不过一直没怎么深入研究过数据混合，看起来倒是蛮简单的，建立两个数据源的关联字段，基本就可以当一个数据源使用了。

大明 看起来是挺简单的，用起来却是蛮复杂的。这会儿刚好有点空，给你讲讲吧。首先我们知道，Tableau 能做数据混合，还有跨库关联的功能。这个跨库关联功能是在 v10.0 版本以后才有的，数据混合则历史悠久。那么，跨库关联和数据混合有什么区别呢？

小白 是啊！跨库关联也能实现两个数据源的关联分析，数据混合也可以，具体有什么区别呢……倒是真没想过。

大明 简单地说，关联操作是在行级别上进行的，无论是在同一个库内，还是跨库进行关联操作，都是在数据的最明细级别上进行操作。当然，如果是跨库关联，Tableau 实际上要把多个库里相关的数据表先读取过来再进行关联操作，因此比单库内操作更复杂一些，而查询的时候，则使用关联合并过的数据进行查询。数据混合是分别从不同的数据源中执行查询操作，得到结果集，这个查询结果集通常很小，例如几十条记录，然后基于这个结果集做关联操作。可以想象，如果关联的表格数据量比较大，那么数据混合的效率应该会更高一些。还是拿图来看一下。

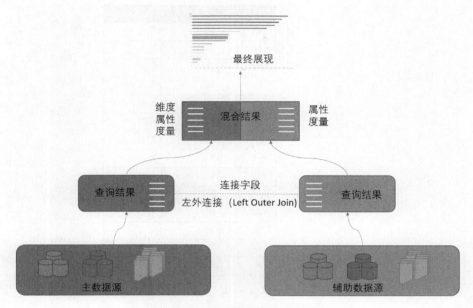

数据关联与数据混合的原理区别

小白 这个清楚啦，关联操作发生在行明细级别，数据混合发生在汇总级别。

大明 是的。有了这个作为基础，后面的应用也就比较容易理解了。数据关联有左关联、右关联、内关联和外关联之分，那么数据混合操作有没有这些选项呢？

小白 没有，记得以前哪次说过，数据混合操作相当于以主数据源左关联。另外，也没有不等连接选项。

大明 是的。相当于左关联，所以做混合的时候要非常清楚谁作为主数据源，谁作为辅助数据源。有一些数据混合的应用场景估计你会用得到。

12.5　混合，然后去掉混合

小白 比如？

大明 比如说有时候数据混合并不是从两个数据源中都获取度量值，而只做维度的混合。

小白 嗯……帮忙举例说明一下吧。

大明 比如有这样一个数据表。

大明说着，在电脑上给小白看了一个表格。

省	简称	大区
北京	京	北方
天津	津	北方
上海	沪	南方
重庆	渝	南方
黑龙江	黑	北方
吉林	吉	北方
辽宁	辽	北方
河北	冀	北方
内蒙古	蒙	北方
山西	晋	北方
新疆	新	北方
宁夏	宁	北方
甘肃	甘	北方
青海	青	北方
陕西	陕	北方
河南	豫	北方
山东	鲁	北方
湖北	鄂	南方
湖南	湘	南方
广西	桂	南方
广东	粤	南方
浙江	浙	南方
江苏	苏	南方
安徽	皖	南方
江西	赣	南方
贵州	贵	南方
云南	云	南方
西藏	藏	南方
四川	川	南方
福建	闽	南方
海南	琼	南方
台湾	台	南方

各省的简称表

大明 在这个表中，业务数据只有省名称这一列，现在要从这个表中获得其简称。我们来混合一下看。

把这个 Excel 表连上，定义数据关系。只关联省名称就可以了。

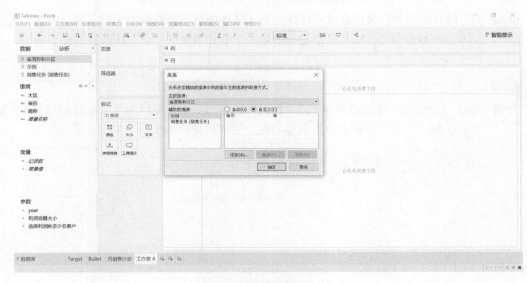

编辑数据源关系

现在我们新建一个工作表，从"销售任务"数据源中取出"省"字段放到"行"功能区，然后从辅助数据源中将"简称"拖放到"行"功能区，注意点亮"省"字段旁边的曲别针图标。

通过混合获取简称

小白 这个表格就是省份名称和简称的对照了。

大明 对，但是如果我们做数据混合仅仅是为了从辅助数据源获取一个——对应的简称的话，可以不进行数据混合，毕竟数据混合要做两个数据的关联，会消耗额外的计算资源，并且操作步骤也多一些。

小白 是啊，一对一的，应该在主数据源中为省份名称创建别名。

大明 是的，创建别名。不过这种情况下，我们可以自动为主数据源的相应字段创建别名。在"行"功能区的"简称"胶囊上单击鼠标右键，在弹出菜单中选择"编辑主要别名"。

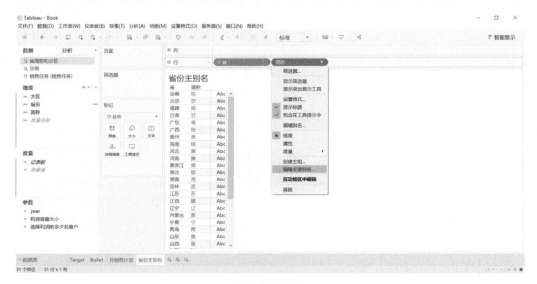

编辑主要别名

小白 哦，进入了编辑别名界面。

编辑别名对话框

大明 对，你现在点击"确定"，看看会有什么结果。

主别名应用

小白　哈，主数据源的数据列变成别名了，而辅助数据源的这一列都变成空值了。

大明　没错。也就是说，为主数据源创建别名之后，辅助数据源的这个字段就没用了，可以从视图中删掉了。后续的分析也不再需要这个辅助数据源进行数据混合了。

小白　没想到还有这种操作！

大明　还没完呢！再新建一个工作表，从主数据源中选择数据"省"字段并将拖放到"行"功能区，从辅助数据源中把"大区"字段也拖放到"行"功能区，看一下结果。

大区变空了

小白　为什么"大区"一列都是空值了？

大明　这是因为主数据源中"省"字段已经有别名，而有别名的情况下，数据关联是与别名取值相关联的，所以关联不上就都显示成了空值。先在主数据源中选择"省"字段并点击右键，在快捷菜单中选择"编辑别名"，然后在弹出的对话框中选择"清除别名"。

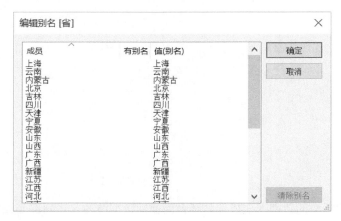

清除别名

点击"确定"之后，视图中的结果就对了。

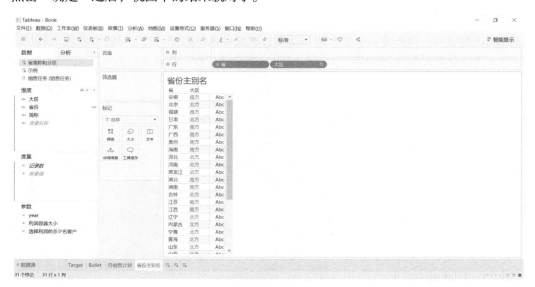

清除别名后的大区

问题是，这个混合操作只是重新划分了省份的分区。

小白 分区？

大明 是的，分区。所以这时我们在"行"功能区的"大区"胶囊上单击鼠标右键，在弹出的快捷菜单中选择"创建主组"。

创建主组

小白 此时出现了编辑组对话框。

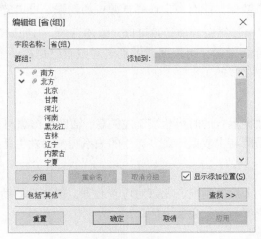

编辑组对话框

大明 是的，点击"确定"之后，我们发现在主数据源的"维度"窗格中出现了一个新的分组，把这个分组拖放到"行"功能区，放到"大区"的右边，再看一下视图结果。

主组应用

小白　这样的话……"大区"字段就没用了，可以移走了，也就是说，这种情况下也就不再需要进行数据混合了？

大明　就是这样，数据混合操作需要消耗额外的计算资源，所以能避免就避免，Tableau 提供的主别名和主组功能就是干这个用的。

小白　可是就这么几条数据，能有多少计算资源可消耗呢？可以忽略不计吧？

大明　是的，这个例子中计算资源消耗是可以忽略不计的，但如果你要创建别名或者组的数据集很大呢？或者你要做的分组依据或者别名对照表就是在一个单独的对照表里呢？这样是不是可以减少你很多的工作量？

小白　有道理！

大明　刚才说我们做数据混合的时候相当于左关联，辅助数据源与主数据源是一对一的关系，但是如果辅助数据源与主数据源是多对一的关系呢？会发生什么？

小白　多对一？

大明　比如，刚才那个大区的情况，北京对应着北方，但如果辅助数据源"发神经"，北京对应着北方，也对应着南方，会发生什么？

小白　这个……不知道。

大明　不知道没关系，我们可以试着模拟一下。再做一个简单的 Excel 文件，填几条简单的数据。像这样。

省份	大区
北京	北方
北京	南方

辅助数据源一对多

新建一个数据源，把这个也混合一下。

重新定义主数据源

然后我们新建一个工作表，从主数据源中把"省"字段拖放到"行"功能区，再从辅助数据源中把"大区"也拖放到"行"功能区，注意点亮数据关联的曲别针图标。看我们得到了什么。

混合后得到星号

小白 得到一个星号（＊)!

大明 是的。如果今后在应用数据混合的过程中，发现表格里出现了星号，必须要知道是什么原因才可以。我们再看一下数据混合，但不做字段关联的情况吧。

小白 什么？数据混合不就是要做关联的吗？

12.6   不关联的混合

大明 通常情况下是要做关联的，也就是点亮关联的曲别针图标，但有时候我们需要断开连接。举个例子，我们回到销售数据和销售任务那个情况下。新建一个工作表，从主数据源中把"省""年""月"拖放到"行"功能区，然后把"销售额"拖放到表格中，从辅助数据源中，也就是"销售任务"数据源中，把"计划"拖放到表格中，注意点亮关联字段的关联曲别针图标，得到这样的一个结果。

常规的混合结果

小白 这个结果不是很正常吗？难道还有别的玩法？

大明 当然。现在把"月"后面的曲别针图标点一下，看看表格中发生了什么变化？

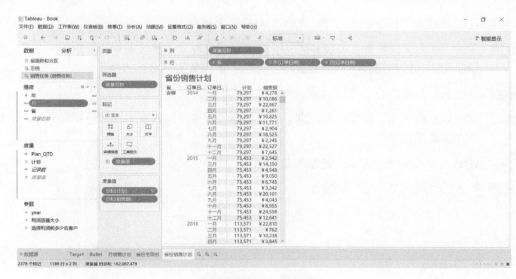

去掉关联的查询结果

小白 哇！"计划"数据变了，变成全年的数据了！

大明 就是这样。如果要计算全年任务完成进度，还记得怎么计算那个计划全年数吗？

小白 使用 `WINDOW_SUM` 函数。

大明 是的，我们原来用的是 `WINDOW_SUM` 函数来计算全年的计划数，但是现在可以用数据混合的方法取得这个值了。进一步来看，再关掉年度的关联图标看。

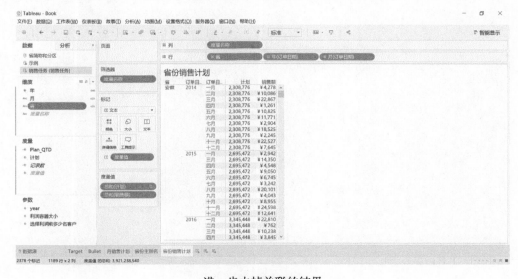

进一步去掉关联的结果

小白 这样就得到了每个省所有年度的任务总数！太神奇了！

大明 是的，就是这样神奇，在很多情况下都可以用这种方法替代表计算来求得汇总值。应用场景非常多，以后遇到类似的情况可以考虑一下用数据混合的方法。

小白 没想到，数据混合还有这么多花招！

大明 这还算不得花招，只是基本原理。不过原理最重要，以后在实际的分析场景中，可以变化出许多花招出来。

小白 好吧，今天又涨知识了！请你喝咖啡吧！

大明 斯达巴克斯大杯拿铁！哈哈！

第 13 章

提升分析性能：数据提取

本章介绍 Tableau 的一项技术功能：数据提取。由于大部分的数据工作者很大概率会经常使用此功能，所以作为独立的一章详细介绍。虽然是技术性内容，但是并不涉及复杂的操作，读者可以轻松阅读，在日常工作中充分利用这项功能来提升分析性能。

学习难度： 高级
涉及的业务分析场景： KPI 分析
涉及的图表类型： 条形图，标靶图
知识点： 筛选器应用，自定义计算字段，参考线，嵌套表计算，数据混合

13.1 快则酣畅，慢则憋气

这段时间小白使用 Tableau 越来越熟练，工作变轻松的同时，找到了分析的乐趣，数据原来也可以这样玩，她几乎每天都有新发现。不过今天又遇到烦恼了，市场部给了一份 Access 格式的市场调研数据，内容是市面上几家同行公司的主要产品的分月销售数据。数据结构虽然比较简单，但是数据量大，约包含 500 万条数据。小白用 Tableau 连上数据之后，每次拖曳操作都需要运行 10 秒左右才能显示结果，严重影响工作效率！使用 Tableau 分析数据的流畅感大打折扣，这可如何是好？

还是请教大明吧，于是小白把情况和大明描述了一下。

小白 Tableau 有没有什么方法能快一点呢？

还有一个问题是，我在仪表板上放了一些筛选器，每次调整这些筛选器时，文件都会进行筛选计算，其实很多情况下是没有必要的计算，影响操作的流畅性，有没有方法能让用户完成所有筛选选择之后，再统一进行一次筛选计算？

13.2　条件都选好再刷新

大明 原来如此，看来你也有认真思考如何提高工作效率呢。我也遇到过和你一样的困惑，有两个方法解决，第一个方法是在筛选器选项里加上应用按钮，这样一来，只有在用户点击应用按钮后，Tableau 才会进行筛选计算，就像这样。

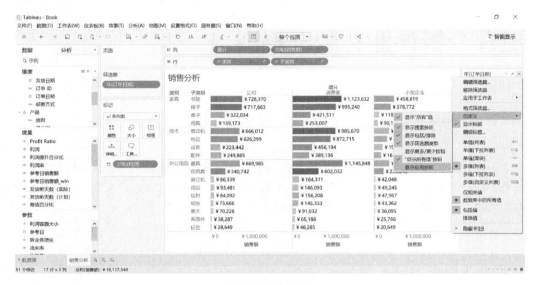

激活筛选器应用

大明 看到了吧。筛选器有很多自定义选项，"显示应用按钮"其实不算很常用，"显示'所有'值"更常用一点，就是筛选器值的列表中是否出现全部选项。

小白 这个还不错，不过每个筛选器都是独立的应用按钮啊，如果改变其中的一组筛选条件，岂不是依然要点好多次？

大明 是的，还是不够理想。我们还有另外一个办法，在工具栏上有一个"自动刷新"按钮，点击它就可以停止自动刷新数据，等你的筛选器都调整好之后，再点击旁边的手动刷新按钮，数据就刷新了。

小白 还有这个按钮？

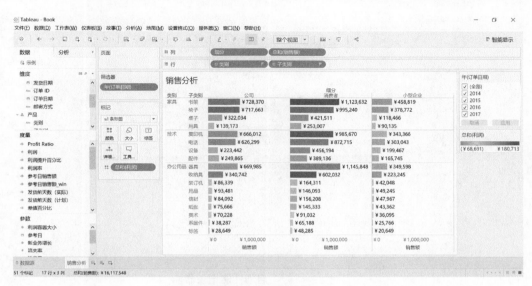

应用按钮（另见彩插图 35）

大明 看到了吧？就出现在右侧筛选器的底部。

小白 这个很实用！以后我就用这个了！

大明 在某些条件下这个按钮还是真的挺有用的，但自动刷新用起来岂不是感觉更爽？你这才几百万行数据，对 Tableau 来说应该是"小菜中的小菜"吧。

小白 可是，现实情况是用起来感觉有点卡顿啊！

大明 没关系，咱们先分析一下整个数据展现的时间都花在了什么地方。

小白 怎么分析啊？

13.3 性能分析

大明 在 Tableau Desktop 中的"帮助"菜单中，有"设置和性能"子菜单，其中有一项叫作"启用性能记录"，勾上它之后照常进行分析和操作。

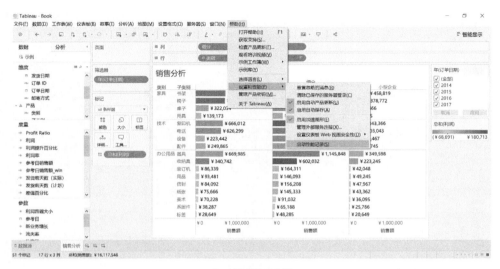

启动性能记录器

小白　好，我操作一会儿，各种拖曳、点选、过滤呗。

大明　对，就是这样，尤其是把你感觉慢的操作都进行一遍，然后回到刚才菜单的位置，选择"停止性能记录"。稍等一会儿，Tableau 会自动弹出一个新的仪表板出来，显示刚才你所有操作的性能统计。

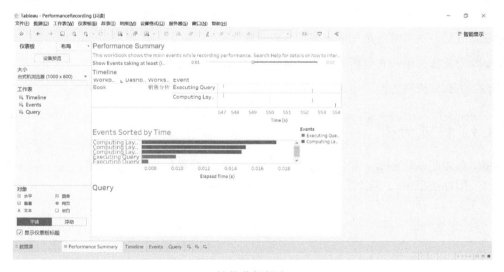

性能分析报告

注意：这个图仅作为示例，作者电脑上没有运行很慢的工作簿，所以这个图看上去有点穿帮，特此说明。

小白 这个怎么看呢?

大明 你瞧哈,这里面按照工作表把所有操作时间分成了几类,主要包括 Executing Query、Computing Layout 和 Sorting Data 三个部分。可以看到刚才的操作执行了几个查询,每个查询执行时间的长短,有几次布局计算,每次计算消耗的时间多少。

小白 哦,懂了,以我说的比较慢的操作来说,是 Executing Query 时间比较长。

大明 是的,通常情况下,连接大数据量的查询,主要的时间都会花费在执行查询上。当然,如果 Computing Layout 时间比较长,你就需要优化你的查询或者仪表板设计了。

小白 那么问题是,知道执行查询的时间长之后,怎么进行优化呢?

13.4 实时与提取

大明 别急。我们回到数据连接画面,可以看到右上角连接类型有"实时"和"数据提取"单选框,默认是在"实时"上面。

小白 对,我现在就是"实时"连接。

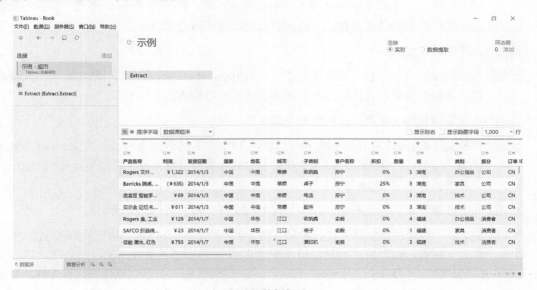

实时和数据提取

大明 实时连接,顾名思义,对于每次的拖曳或者查询动作,比如数据过滤等,Tableau 都会发送数据查询请求给数据库,数据库返回查询的结果集之后,Tableau 再进行展现渲染,最后呈现出来。

小白 哦,看来我拖曳分析的时候,后台的数据库还挺忙。

大明　没错。但是实时连接具有实时性的优点，数据源端的数据时刻在变化，你查询分析得到的数据永远是最新的数据。

小白　这是优点，可是缺点呢？

大明　缺点也是有的，首先如果你连的是一个生产数据库，那么这种分析操作发出的查询请求会对数据库带来不小的负荷，这在真正的业务生产系统中是颇有风险的。

小白　那……既然如此，究竟该不该用实时连接呢？

大明　没有绝对的应该或者不应该，一般来说具备以下几个条件之一，可以用实时连接。

(1) 对数据展现实时性要求很高，不接受延时。

(2) 数据库性能很好，查询负载不成问题。

(3) 连接了高性能计算引擎，比如内存数据库，类似 SAP HANA 或者其他高性能数据库时，优先使用实时连接。

小白　好吧，这几条……我这种情况都不满足。我要解决查询性能的问题。

大明　所以你这种情况，可以换用提取连接，把数据连接从实时连接切换到提取连接。提取连接，顾名思义，Tableau 会把数据先一次性地抽取出来，存放到 Tableau 本地，后续的分析就会基于已经提取的数据来做，不再向数据源发送任何查询请求。

小白　这样能保证更快吗？

大明　我不能保证哦！不过一般来说会更快，Tableau 自有的数据查询引擎比通常的关系数据库性能要强劲很多，几倍到几十倍的加速还是可以期待的。

小白　这么强啊！那么提取过来的数据存放到哪里呢？

大明　存放到 Tableau 本地，是 TDE 格式，所以 TDE 格式的数据也可以作为 Tableau 的数据源来使用。忘了说，从 Tableau v10.5 开始，提取和查询引擎换成了性能更强劲的 Hyper，提取文件格式也是 ".hyper" 了。

小白　我的数据量很大，岂不是要存一个很大的文件，多浪费存储空间啊！

大明　放心，与传统的数据库"按行存储"的方式不同，Tableau 进行数据提取时生成的 TDE 文件是"按列存储"的。因此，相比于用 TXT 文件或者关系数据库存储文件，TDE 格式存储的数据文件在体积上大约有 10 倍到 30 倍的压缩，所以就算你有几百万行的数据、有 20~30 个常用的分析维度，存成 TDE 文件后一般不会超过 1GB。再说，现在存储不值钱，数据才值钱，分析更值钱，哈？

小白　好，可是我点击了"数据提取"，没什么变化啊？

大明　这个数据提取是在切换到"工作表"时发生的，你切换到工作表试试看，会弹出一个对话框，问你提取文件存放到哪里。

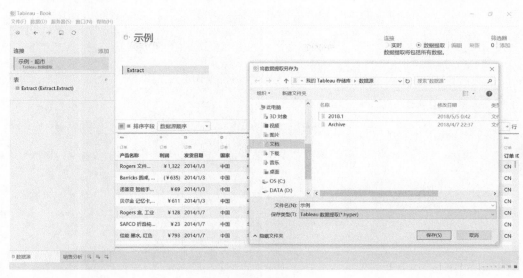

保存提取

小白 果然，点击"保存"。提取要等一会儿吧？

大明 如果数据量很大，提取一次还是需要一些时间的，当提取的时间很长时，还要注意数据库有没有超时设置，避免提取过程中失败。对于大数据量的提取，交给 Tableau Server 去提取比较靠谱。

小白 为什么 Server 提取会更靠谱呢？

大明 Server 提取可以在后台进行，你不需要一直等着。另外，Server 可以定时刷新提取。

小白 哦，好吧，可惜咱们还没有 Server。

大明 是，以后会有 Server 的，现在先用 Desktop 吧。

小白 还有个问题，如果这个数据源里的数据发生变化，要重新提取吗？

大明 数据源里的数据发生变化时，可以刷新提取，这个"刷新"未必意味着全部重新提取，这一点跟"重新提取"的说法还是有差异的。

小白 刷新提取……意思是可以增量提取吗？

大明 说来话长，还是看一下选项吧。点击"数据提取"选项旁边的"编辑"字样，会出现"提取数据"对话框，咱们看一下。

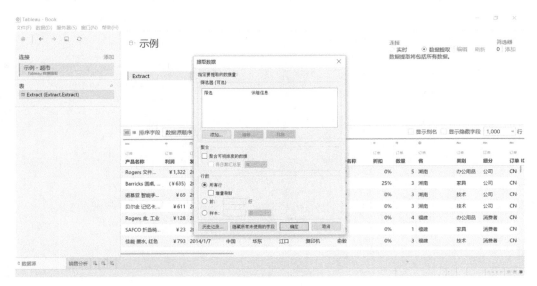

"提取数据"对话框

小白　选项不少，都是什么意思呢？

大明　先从上往下看。最上面是"筛选器"，也就是说可以只提取一部分数据，比如你只分析某个地区的数据，那么可以添加一个筛选器，过滤出这个地区的数据，提取的数据量岂不是就变小了？

小白　是，有时候还的确只分析某些地区的数据。

大明　下一个选项是"聚合"。假如数据源中的数据是明细数据，比如交易记录，在时间维度上肯定是精确到天甚至具体时刻的，但如果分析时只需要精确到"月"级别，那么你可以选择在提取过程中，将日期汇总到"月"级别。可以想象，数据量是不是急剧缩小？

小白　如果从"日"级别汇总到"月"级别，数据量缩小大约 30 倍喽！

大明　是这个道理。再下面一个选项是"行数"，用来采样。第一个是"所有行"，下面还有"增量刷新"选项，选择"增量刷新"会再出现一个"使用列标识新行"字段（用于判断哪些行是新增的）。一般来说，增量判断依据时间戳字段或者流水号字段，Tableau 会自动列出这两种字段供用户选择。

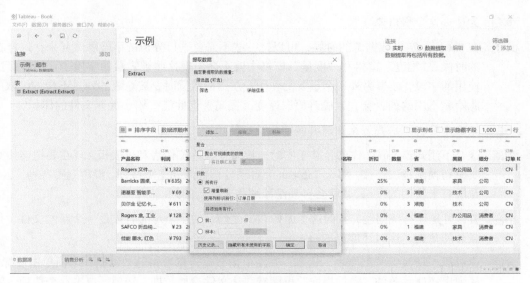

增量刷新

小白 这个很有用！增量刷新的效率肯定高。可是……如果我的数据中有更新，就是更新过的数据，仍然可以增量吗？

大明 如果你更新的数据没有产生新的时间戳和流水号，"增量刷新"是不识别其他字段的变化的，也就是更新甚至删除的数据都会被忽略了。所以这种情况下，建议隔一段时间做一次全量的刷新。

小白 明白了。下面两个选项是什么用途呢？

大明 下面一个选项是"前 *N* 行"，用来采样。一般在分析一些构成、比例、趋势之类时使用，比如面对海量的客户数据，要分析客户性别、年龄、职业等百分比构成，不用进行全数据量的分析，使用采样数据也可以得到接近实际情况的结果，这样分析的效率就高太多了。

小白 这个可以理解。不过目前还是有点偏报表类型的分析，多数都是要看总数和总量，不能做采样。

大明 这也正常，以后用到采样分析的时候知道在哪里进行设置就好了。再下面一个选项是"样本"，可以随机采样，选择提取固定的 *N* 行，或者 *N*%，原理跟"前 *N* 行"是一样的，只是"前 *N* 行"不如"样本"更加精确，而"样本"不如"前 *N* 行"更快速。

小白 明白。下面还有一些选项。

大明 是的，下面还有两个选项，一个是"查看历史记录"，可以提取被刷新的历史记录，点击它就知道这个数据源被提取过几次，发生在什么时间，是全量刷新还是增量刷新。另外一个选项很重要，叫作"隐藏所有未使用的字段"。

小白 为什么这个很重要呢？

大明 在 Tableau 定义数据源的时候，可以把一些不需要进行分析的字段隐藏起来，这样在分析的时候，"维度"窗格和"度量"窗格中就不会出现这些被隐藏的字段了。但隐藏这些未使用的字段，还有另外一个重要的作用：在提取数据时，被隐藏的列是不会被提取的。因此隐藏不用的列，会大大提升提取速度，提高查询性能，缩小提取文件的体积。

小白 这么重要？可是我怎么知道哪些字段没被使用呢？

大明 这个不用知道。假如你已经基于实时连接做了一些工作表和仪表板，现在要把连接类型从实时切换到提取连接，那么 Tableau 会自动分析你用到了哪些列，没用到哪些列。点击"隐藏所有未使用的字段"，就会自动隐藏那些未用到的列。

小白 赞！可是还有些问题，我的这个原始数据文件，到下个月的时候是一个新的文件，只包含当月的数据，这时还能提取吗？

大明 也可以，切换到"工作表"状态，在左上角数据连接窗格的"数据"上面单击鼠标右键，从弹出快捷菜单的"数据提取"里面有"从文件追加数据"选项。点击这个选项，就可以从另外一个文件中追加提取了。

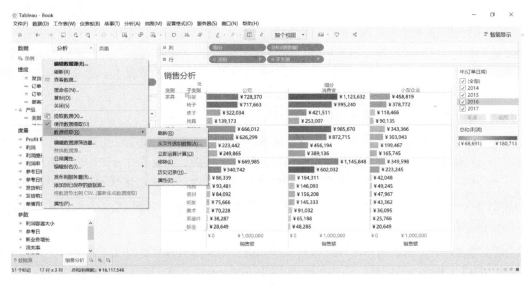

追加提取

小白 这里还有这么多功能？

大明 是的，上面还有"刷新"选项，效果与在"数据源"画面中点击"编辑"是一样的，都是编辑数据提取的选项。"立即运算计算"选项（某些版本中此菜单项翻译为"优化"）倒是比较特别。

小白　我正要问这个问题，具体是什么功能呢？

大明　可能你在分析的时候已经写了一些计算字段，"立即运算计算"就是在数据提取的时候，把这些计算字段预先算好，再放到提取文件中，这样当你分析时用到这些计算字段时就不用计算了，直接查询就可以得到结果。

小白　哦，我还真写了一些计算字段，字符串计算的、表计算的……

大明　等下，有一些计算字段是不能够在这里预先计算的，包括下面几类。

> ❑ 使用不稳定函数（如 NOW() 或 TODAY()）的计算
> ❑ 使用外部函数（如 RAWSQL 和 R）的计算
> ❑ 表计算
> ❑ 详细级别（LOD）计算。

小白　原来还是有些限制，我按照你的指导优化试试。

大明　并不需要对所有数据提取时都使用这个选项，只有当数据提取的查询性能由于复杂计算（如字符串操作和正则表达式）而变慢时，才应用此选项。

小白　好吧，正好我这有好几个字符串处理的计算字段。是不是勾选以后就计算了？

大明　是的。但是注意一点，如果你写的计算字段发生了变化，或者删除了计算字段，那么 Tableau 会从提取文件中删掉相应的已经计算过的字段，直到你再次使用这个选项。

小白　这里还有另一个问题，我们可以从数据提取切换回到实时连接吗？

大明　可以，在快捷菜单里有"使用数据提取选项"，把它勾掉就切回实时连接了，选上它又切回到"数据提取"。使用提取的时候，数据连接名称前面的图标是 2 个小圆柱；而实时连接的时候图标是 1 个小圆柱，Tableau 的图标都是有含义的哦。

小白　够智能！现在提取完成了，我试一下查询速度有没有变快……嗖嗖的，酣畅啊！看来以后如果仪表板的速度慢了，就做提取啦！

大明　等等！我得纠正你一下，仪表板也好，工作表也好，影响性能的因素有很多，所以性能优化也不是"提取一招治百病的"！况且刚才也说了，提取有它的适合场景，也有它的局限性，所以你这个误解可是很大，千万注意！有空你可以到 Tableau 官网上查一下"设计高效工作簿"，那个白皮书里系统地介绍了影响仪表板性能的各种因素。具体优化方法的运用，以后咱们碰见了再详细研究。

小白　谢谢大明哥！咋感谢你呢？还是请你喝咖啡吧！

大明　哈哈，斯达巴克斯大杯拿铁！

第 14 章

把数据分析和网络百科相连：动态仪表板

本章将系统地介绍仪表板的操作动作设置，并举例说明什么是引导式分析。在将分析成果分享给他人时，仪表板是最为直观有效的方式。而仪表板的动作可以将一个仪表板所能够传达的信息量大大扩充，因此熟练地使用仪表板的操作是每个 Tableau 分析员必须掌握的技能。本章学习难度不高，读者可轻松阅读。

学习难度：初级
涉及的业务分析场景：销售分析，客户分析
涉及的图表类型：条形图，散点图
知识点：仪表板互动性操作，URL 链接

14.1 不公平的对比分析

今天，大明和小白参加了销售经营会议，会议的重点是关于地理区域的工作分析，包括各省以及各城市的销售额、利润和平均折扣等分析。业务部门对数据的观察很细致，有时候看得比较宏观，有时候又要关注细节，经常在不同的数据图表之间切换。

汤米看了半天地理数据，似乎发现了一些问题。

汤米 我怎么觉得仅仅看每个省的销售指标会有一些问题。

大明 具体是？

汤米 你看，各个省之间的销售额和利润差别很大，所以我们需要同时考虑到这些省及其对应的主要城市市场的自身条件。经济发展、人口总量情况，这些指标是开展业务的最基础条件，就像拿云南和广东相比，基础条件不在一个水平线上，比较起来就毫无意义。

大明 同意你的看法，有什么建议？

汤米 所以，在看这些销售指标时，能否同时显示出来这些地方的基本概况？

大明 比如这个地方的人口、经济、环境等情况？

汤米 是的，但目前数据库里好像没有这些数据……

大明 我们公司的确没有这些数据。Tableau 的内置地图提供了关于美国地图的经济、人口、环境等数据背景信息，但是对于中国地图目前还没有这些数据。百科上应该能找到些有用的数据信息，我们可以直接链接到百科上。

汤米 这个方案可行吗？比如选择某个省或者城市的时候，能同时显示当地的百科信息？

大明 嗯，是不是这样？

大明打开了一个仪表板。

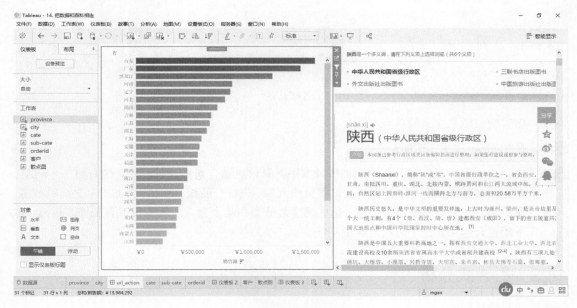

交互仪表板

大明 选择不同省的时候，右边的网页会列出该省的百科信息。

汤米 能不能把城市也列出来呢？

大明 当然可以，点击某个省的时候，不仅右边出现该省的百科，省级地图下面还会出现该省的放大地图，显示各城市指标，而点击城市名称时，右边网页就会出现选中城市的百科信息。在不选择某个省时，城市地图被隐藏，就像这样。

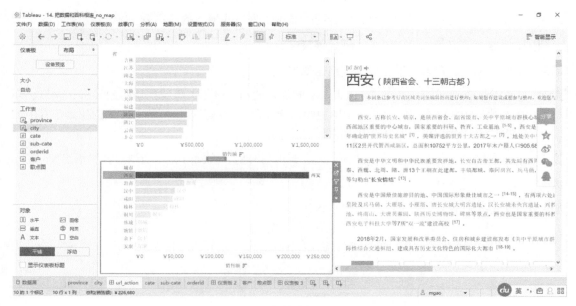

过滤到省

汤米 厉害啊，原来这么简单？

大明 是 Tableau 简单，哈哈。

汤米 成，这个太好了，回头我们把销售数据跟百科信息结合起来分析一下。还有另一个问题，在分析过程中，我们希望从产品角度由浅入深，先看产品线，再看产品细分，之后看城市，最后到具体的订单明细。目前，这些维度是分布在几个独立的仪表板或者工作表里面，能不能整合起来让这个分析过程更顺畅？

14.2 引导式分析

大明 比如像这样？

大明又打开了一个仪表板。

大明 最开始先显示每个产品线的指标。

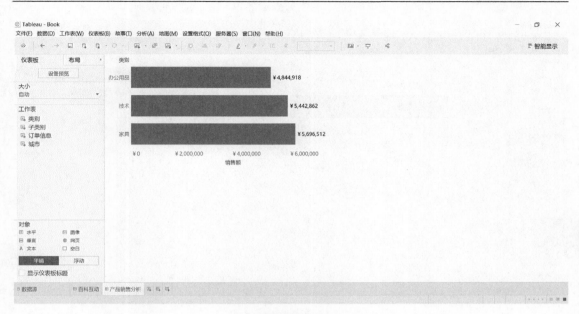

类别维度分析

点击某产品线后，显示相应产品细分的销售指标。

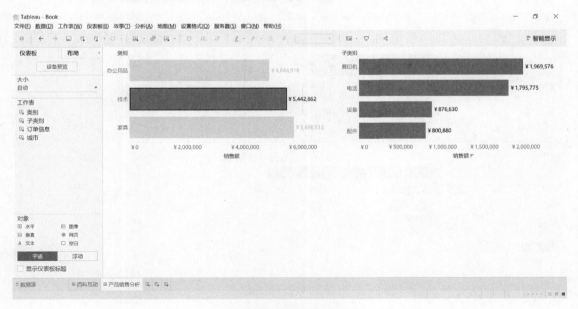

显示子类别维度分析

然后点击某产品细分，可以显示各城市该小类的销售指标。

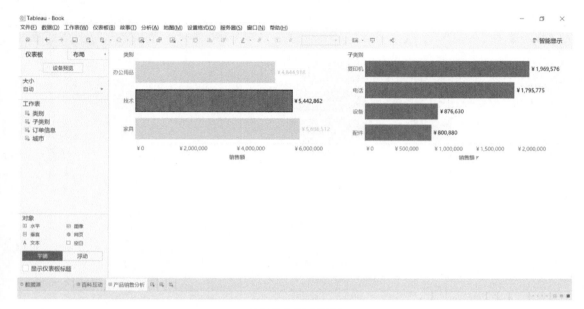

显示城市维度分析

点击某城市，显示该城市的订单明细。

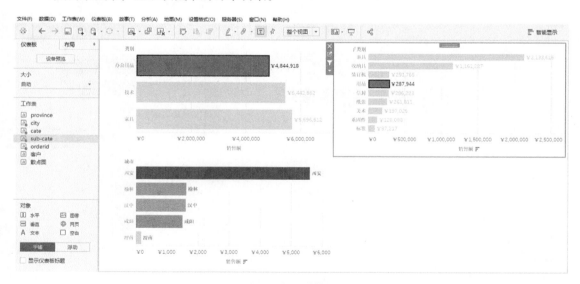

显示对应订单信息

大明的几步操作下来，让汤米感到非常吃惊。

汤米 这是你刚才做的？

大明 是的。不知道理解的是否正确。

汤米 是这个意思！我是惊讶你怎么会这么快就把分析报告弄出来了！

大明 这个其实也不难，不涉及复杂计算，也不用写公式。

汤米 看来 Tableau 比我想象的还要强大啊，大明还不知道有多少的工夫没能施展啊！

14.3　仪表板操作

会后，小白跑过来找大明。

小白 大明哥，刚才的那两个仪表板你是怎么做出来的啊？怎么会那么快？我都惊呆了！

大明 咳，本来也是比较简单的功能，你没用过所以觉得神秘，我跟你说了你也觉得没啥了不起。

小白 讲讲呗！否则我对你的景仰犹如滔滔江水……

大明 得得得，台词就免了吧，跟你说说。这其实就是仪表板动作设置，仪表板共有 3 个动作，分别是突出显示、筛选和 URL。突出显示就是使某个工作表中的数据加亮显示，筛选就是根据条件过滤某个工作表中的数据，URL 是指操作动作触发某个 URL 动作，如果仪表板上有 Web 网页对象，则 URL 就在这个 Web 对象中打开，否则就会触发打开外部浏览器窗口。用起来也简单，在仪表板菜单下面有"操作"菜单项，点击进入操作动作设置对话框，就像这样。

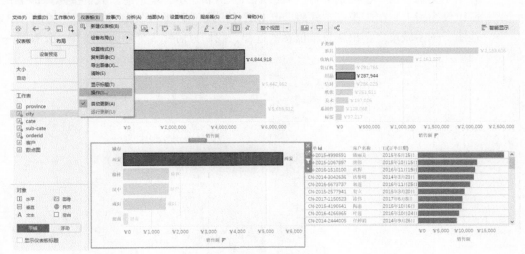

打开操作菜单

进入操作对话框以后，可以添加不同类型的操作。

设置筛选器操作

而无论用哪一种动作，后一步的设置界面都是很相似的。先说筛选器吧，刚才给汤米看的从类别到子类别、再到城市、订单的分析叫作引导式分析，就是沿着某个特定的操作路径引导用户逐步发现问题，或寻找原因。好的引导分析，应建立在业务经验基础之上，操作路径应该实实在在的有引导作用，否则会给用户带到"沟里"去，造成误读数据，甚至作出错误决策。所以对于引导式分析，不能光看热闹，一定要理解业务。

小白　成！我懂，业务有效第一，功能次之，好不好看再次之，你每次都强调这个。

大明　嗯，虽然有点啰唆，但强调多少遍也不为过，我见过太多只注重形式不关心数据的人了！继续说仪表板，上面显然有4个工作表，分别是类别、子类别、城市和订单信息，各自单独用于类别分析、子类别分析、城市地图分析和显示订单信息。我们要从产品类别开始，所以仪表板上只出现类别工作表，点击后才出现子类别工作表，再点击子类别后出现城市地图，选中城市之会出现订单信息。这样，我们只需要3个筛选器动作，先看第一个。

类别-子类别筛选器操作

"源工作表"和"目标工作表"比较好理解，源就是正在操作的工作表，目标就是操作源
工作表的时哪些工作表跟着变化。所以，第一个筛选器的源就是"类别"，目标就是"子
类别"。源动作选项有 3 个："悬停""选择"和"菜单"，"悬停"就是将鼠标放在那里就
触发过滤动作；"选择"指用鼠标点击之后触发过滤动作；"菜单"指用鼠标点击之后出现
一个弹出菜单，在弹出菜单的中选择是否触发过滤动作。这里我们使用"选择"。如果源
表中进行了选择，即会进行数据过滤。目标工作表也有几个选项，如果源表清除了过滤，
这时有 3 个选择，"保留筛选器""显示所有值"和"排除所有值"，意思比较直白，我在
这里使用"排除所有值"，所以当取消选择的时候，仪表板显示大类的工作表，其他工作
表都是空白的。

小白　目标筛选器是啥意思？

大明　我们刚才的应用场景比较简单，只有产品大类维度，但实际应用中往往会有多个维度存在。
假设源工作表上的"一根柱子"是多个维度条件下的数据，它表示了某细分或某大类的产
品销售额，这时你点击它，传给目标工作表的是哪些条件？如果有多个维度，就有可能有
多个条件传过来，这时目标筛选器可以进行设置，选择传过来单个字段筛选或者多个字段
进行筛选。

小白　嗯，我回头自己试试。

大明　显然，下一步通过子类别过滤城市地图也用类似的方法，就像这样。

子类别-城市筛选器操作

同样道理，通过城市地图过滤订单列表的方法也是一样的。就像这样。

城市-订单信息筛选器操作

小白 看起来还真是蛮简单的，看来以后得活学活用了！那么，最开始点击省或者城市名称能够显示百科的功能，是用的 URL？

14.4   仪表板上的 URL 动作

大明 是 URL，咱们看一下就知道了。我建了两个工作表，一个是省级填充地图，另一个是城市标记地图，然后新建一个仪表板，把大小调整为"自动"，在仪表板画布上放一个垂直容器，再把省级地图工作表和城市地图工作表都拖放到垂直容器中，上下摆放，最后在垂直容器右边，放一个网页对象，初始 URL 设置为 https://baike.baidu.com，去掉多余的图例，这个仪表板的框架就完成了。

小白 其实关键点还是设置仪表板动作呗？

大明 对的，在这个仪表板上，我放了 3 个动作，第一个动作是点击省级地图过滤显示当前省的城市地图，这个动作的类型是"过滤"，目标选项设置为"排除所有值"，这样在垂直容器中，未选中任何省份时，城市地图就是空白的，且被压缩掉不显示；第二个动作是 URL，点击省级地图中的某省时，网页中显示该省的百科；第三个动作也是 URL，点击城市地图中的城市名称时，网页中显示该城市的百科。

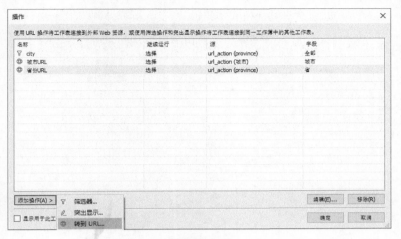

设置 URL 操作

小白　听起来不复杂，看看那个 URL 是怎么设置的呗？

大明　好，先看第一个过滤动作的设置吧，是这样的。

省份-城市筛选器操作

第二个 URL 动作是这样的。

省份 URL 操作

小白 这个 URL 中可以插入动态参数啊？

大明 是的，这个最关键，用数据中的字段来代替 URL 串中的可变部分即可。但有两个关键点需要注意，第一个是如果传递的参数是中文，有可能进行 URL 转码，下面有 URL 编码数据值的选项；第二个是传递多个值，如果你在工作表选中了多个数据点，比如选中了多个省，那么可以传递给 URL 多个数据，这个在商业分析中也是非常有用的。

这样设置之后，点击某个省，就会在网页对象中显示该省的百科内容了。城市的设置方法也是一样的，看一下。

城市 URL 设置

小白 哇塞！这个高级的功能，点透了也就这么回事儿哈！

14.5 悬停加亮

大明 本来就没什么神秘的，再看一下悬停效果吧，这个也很常用。先建一个工作表，起名"客户清单"，把"客户名称"拖放到"行"功能区，把"销售额"拖放到"列"功能区，然后"降序"排序，把"利润"拖放到"颜色"按钮上，把"折扣"拖放到"大小"按钮上，并且把聚合方式改为"平均值"，就像这样。

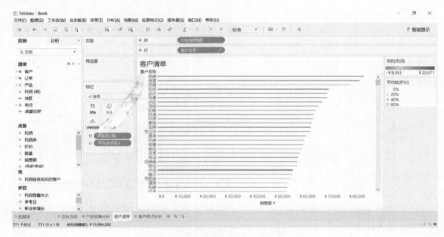

客户综合指标分析

然后再建一个工作表，起名为"散点分析"。把"利润"拖放到"列"功能区，把"销售额"拖放到"行"功能区，把"客户名称"拖放到"标签"按钮上，把"利润"拖放到"颜色"按钮上，把"折扣"拖放到"大小"按钮上，聚合方式改为"平均值"，就像这样。

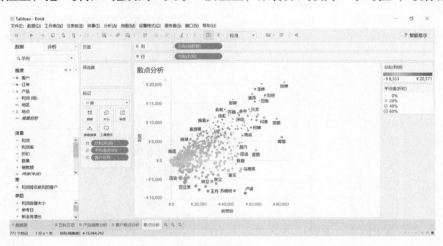

客户散点图

接下来新建一个仪表板，把这两个工作表左右布局。

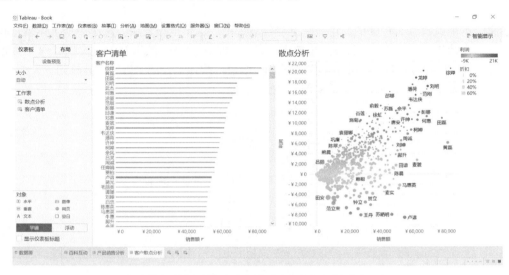

客户指标分析及散点分析仪表板（另见彩插图 36）

下面我们就来双向定义突出显示，也就是将条形图中选中的客户在散点图中突出显示，把散点图中选中的客户在条形图中突出显示出来。

悬停突出操作

说简单就很简单，源设定为仪表板上的两个工作表，目标也设定为仪表板上的这两个工作表，源选项设为鼠标"悬停"，注意这个操作类型是"突出显示"。目标突出显示字段可以使用默认的"所有字段",也可以使用自选的"客户名称",效果是一样的。设置完点击"确定",看一下效果吧!

悬停突出显示效果

小白 嗯,看了效果,蛮不错的!但是,为什么选中多个客户的时候就不能加亮显示了呢?

大明 选中了多个客户,数据动作是"选择",而不是"悬停",所以就不能突出显示了。不过没关系,可以再定义一个基于"选择"的突出显示动作,就像这样。

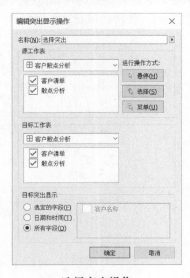

选择突出操作

大明　现在效果如何？

小白　很不错！

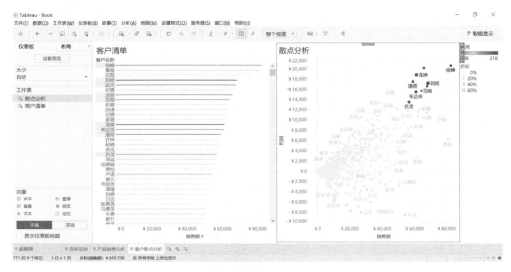

选择突出显示效果

我还有一些问题。这些动作设置都是在同一个仪表板中的，那么点击 A 仪表板的某个工作表，可以跳到仪表板 B 上并且过滤仪表板 B 上的某些工作表数据吗？

大明　当然可以！你可能没有发现，目标设置时可以选择其他的仪表板，或者单独的工作表，那样就可以实现跨仪表板之间的跳转！你看这个设置。

跨仪表板跳转

小白　神奇！还有另外一个问题。假如我要做的东西不是仪表板，而是几个独立的工作表，那么在这几个工作表之间，是否可以进行类似的筛选和跳转呢？

大明　当然可以！你看一下，点击"工作表"菜单里面的"操作"一项，出现的界面仪表板操作的设置界面是一样的，用法也相同！

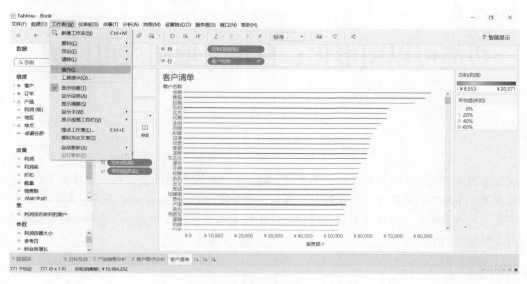

基于工作表操作

大明　还有别的问题吗？

小白　还有一个……你想不想喝咖啡？

大明　斯达巴克斯大杯拿铁！哈哈！

第 15 章

一切都可以图形化：自定义地图应用详解

地图应用是 Tableau 的特色之一，而且 Tableau 中的地图应用千变万化，往往能呈现出令人惊艳的效果。在绚丽的地图可视化分析应用背后，则是简约的 Tableau 基本原理。本章学习难度中等，不需要写计算字段，读者可以轻松阅读，对于背景地图、画线和多边形应用，建议读者根据本章内容模拟数据加以练习。

学习难度： 中级
知识点： 背景地图应用，注释应用

15.1 地图的玩法

这天上午，大明正在为一个高难度的数据分析任务头疼，小白抱着电脑跑了过来。

小白 大明哥有空吗？我刚刚在 public.tableau.com 上看到一些图，是直接在图片上画线，或者画块来展现数据的，好看得不得了，请教你这种图是咋做的？

大明 哦，你问这个啊。正好我得休息一下换换脑子，就给你讲讲 Tableau 里面地图的玩法。总的来说，Tableau 中的地图可以是真的地图，也可以是背景图片，但是用法都是差不多的，都可以在上面画点、画线、画块来展现数据。今天给你讲讲高难一点儿的，背景图片应用，也叫作自定义地图应用。至于使用地图当背景的应用，你得空自己研究研究吧。先给你几个例子：

背景	点	线	面
图片	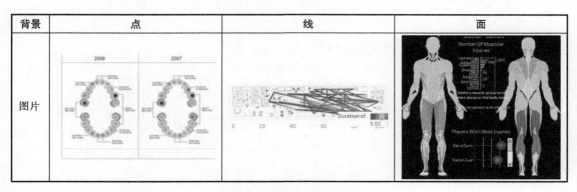		

Tableau 地图应用场景表

小白 哇哦！想不到 Tableau 还能把地图用成这个样！

大明 我们来试试看，5 分钟之内能不能做一个校园建筑使用和维护状况的分析。

小白 5 分钟？

15.2 背景地图标记应用

大明 我们先找一幅校园平面图，就这个吧。

校园平面图

然后我们看一下这个图片的尺寸。

图片属性

这个图片的尺寸是"1000×694"，记住这两个数。假定我们需要分析这个学校各个建筑的使用和维护情况。先模拟一个数据。

校园建筑使用状况

小白 可是没有建筑位置信息啊?

大明 别急,现在就随机假设一个建筑坐标信息。

校园建筑坐标

但是要注意,这个 X 坐标和 Y 坐标是随机的,不是真的,一会儿我们还要修改这些坐标值。现在用 Tableau Desktop 连接上这份数据。

连接数据

切换到工作表界面，选中这个数据源，然后在地图菜单中，选择"背景图像"，再选择数据源，就像这样。

加载背景图片

大明 点击这个菜单项之后，会出现背景地图定义界面。点击"添加图像"，选定我们刚才那张校园平面图，指定 X 轴和 Y 轴对应的字段，尺寸是"1000×694"，然后点击"确定"。

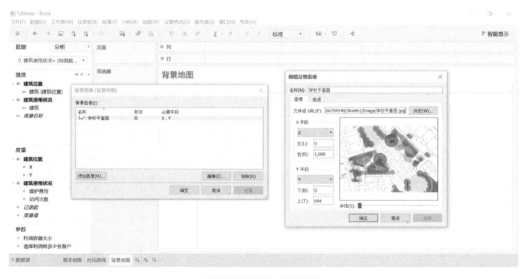

设置背景图片坐标范围

下一步是把"X"字段拖放到"列"功能区，把"Y"字段拖放到"行"功能区。编辑轴范围，指定 X 轴范围为"0~1000"，Y 轴范围是"0~694"，视图中就出现了整个平面图。

固定图片坐标轴范围

再下一步是在视图中插入注释，单击鼠标右键，在快捷菜单中选择"添加注释"→"点"。

添加点注释

其实 Tableau 的注释有一个非常有用的功能：点注释可以显示横纵坐标值。所以把点定在哪里，就可以获得这个点的坐标值，这样就能很容易取到建筑实际位置的坐标值了。

小白 是啊！真是个好方法！

大明 在增加注释之后可以设置注释格式，使坐标值更醒目一些。就像这样。

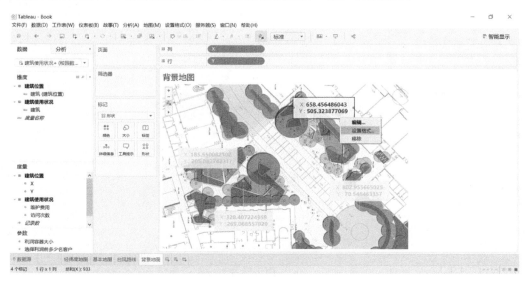

设置点注释格式

然后我们把箭头指向几个建筑的位置，记录坐标值就可以了。得到如下这个结果。

更新实际建筑坐标信息

接下来打开 Excel，用这组数据更新建筑的坐标位置信息然后保存文件。在 Tableau 中刷新数据源，把"建筑"字段拖放到"标记"功能区的"标签"按钮上，然后把"标记类型"改为"圆"，就可以在图纸上看到实际的建筑位置。

最后，把"访问次数"拖放到"大小"按钮上，把"维护费用"拖放到"颜色"按钮上，完成。

校园建筑使用及维护状况

小白　步骤比较繁多，但看起来也不是很难，我得好好练习练习，这个太有用了！那要是在背景图片上画线呢？

15.3　背景图片上画线

大明　画线也不复杂，我们知道，一条线至少由两个点组成，或者多个点组成，所以数据中要有这些线的路径信息才可以。可以就刚才这个图片继续改造一些数据出来，假定学生从图书馆出来之后有 3 个去向，分别是教学楼 A、教学楼 B 和食堂。我们要用线条来表示不同去向的学生访问频次，并对每条线进行区分，也就是要有线路名称，另外，这条线上的点坐标要记录下来，画线路径也要在数据中。所以有这样一个表格的数据是必须的，这个数据也记录在 Excel 表格里吧。

访问路线数据

然后新建一个数据连接，连接到刚才这个数据文件。与之前的步骤一样，新建一个工作表，定义背景地图，把"线路"及"线路编号"等字段拖放到"维度"中，然后把"X"字段拖放到"列"功能区，把"Y"字段拖放到"行"功能区，再把"线路名称"拖放到"颜色"按钮上，把"标记类型"选择为"线"，把"线路编号"字段拖放到"路径"按钮上，接着把"使用频次"拖放到"大小"按钮上，同时将"聚合方法"改为"平均值"，而不是"总计"。来看看结果如何。

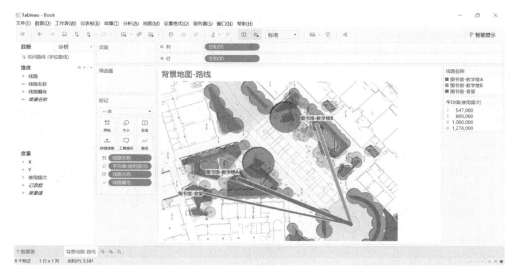

校园建筑路线使用频次

小白 哇哦！按照这个原理，想同时画从不同建筑出发的学生流向图也可以喽！

大明 当然可以，无非是线条看上去密集一些嘛。

小白 感觉画线简直是个万能的东西，几乎可以画任何东西了？哦，不对，还有多边形应用。

15.4　背景图片上画多边形区域

大明 多边形也不复杂，无非是画一个封闭的线嘛。比如在刚才这个图中有 4 个建筑，可以定义两个多边形区域，一个是从图书馆先到教学楼 A 再到教学楼 B 的三角形区域，另一个是从食堂出发先到教学楼 A 再到教学楼 B 的三角形区域。跟画线类似，我们需要一个多边形的相应字段，还需要一个画线路径字段，同样也造一点数据出来。

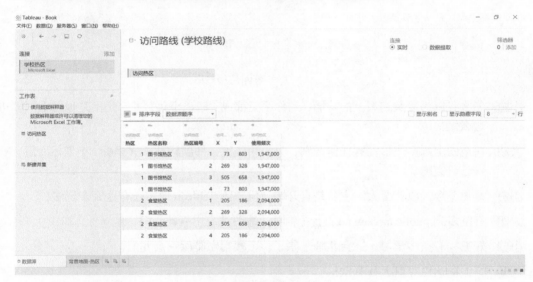

校园热区数据

接下来连接这份数据，导入背景图像，这些步骤就不说了。新建工作表，把"热区"及"热区名称"字段拖放到"维度"窗格，然后把"X"拖放到"列"功能区，把"Y"拖放到"行"功能区，接着把"热区名称"拖放到"颜色"按钮上，将"标记类型"改为"多边形"，并把"热区编号"拖放到"路径"按钮上，注意，在多边形应用中"大小"和"标签"两项不能使用。大功告成，结果就是这样。

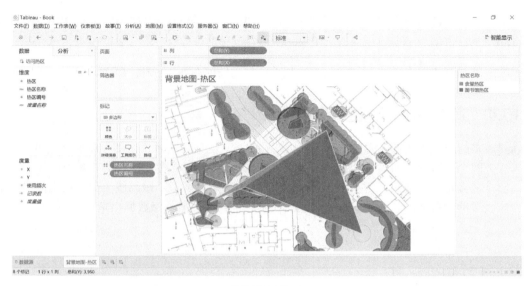

校园使用热区

小白 怎么我以为复杂到天上的功能，到你手里都成"赠送小菜"了？是不是地图上画多边形也这么做？

大明 在地图上画多边形没有任何区别，只是用经度、纬度代替了 X 坐标、Y 坐标而已，有空你自己研究吧。

小白 好吧。今天收获蛮大，主要是真开眼，没想到 Tableau 地图还有这么多玩法！

大明 有空多到 public.tableau.com 上看看吧，地图类应用五花八门，绝对让你脑洞大开！

小白 好吧，有空多学习，这会儿脑子累了，下楼喝咖啡歇一会儿？

大明 好，斯达巴克斯大杯拿铁！

第 16 章

更多的灵活与互动性：参数概述

本章集中讲解参数的应用，在分析工作中，参数经常用于 What-if 分析，但实际上参数还有很多的应用场景，例如切换视图中的维度、度量，甚至切换图表等。本章的学习难度中等，建议读者边读边做一些练习。

学习难度： 中级
涉及的业务分析场景： 产品分析，销售分析，What-if 分析
涉及的图表类型： 条形图，树状图
知识点： 参数应用，排序方法，自定义计算字段

16

16.1 问题

使用 Tableau 软件之后，大家终于从报表的格式和样式中解脱出来，真正地用数据理解业务、帮助业务，大家的工作负荷也大大降低，告别了 "996" 的生活（早 9 点上班，晚 9 点下班，每周 6 天工作日），能够抽出一些时间进行内部学习分享。今天上午就是内部学习时间，由大明主持，先了解一下大家目前工作中遇到的主要问题。

小毛 总体来说，现在我们给业务部门定制分析仪表板，而不是传统报表，用户能够通过仪表板上的筛选器来改变视图中的数据，还能通过图表间的互动来实现联动分析，用户查看数据的角度已经比过去丰富了太多。过去那种换个维度，或者换个指标就要再出一张报表的情况基本上没有了，跟业务用户之间的交流更多是关于数据分析的，而不是报表制作的。不过，工作中仍有一些问题，其中最典型的问题就是需求不确定性，比如进行产品分析的时候，我分析了前 10 名产品，业务还想再看看前 20 的产品，有时候则要后 20 名的产品……

小丁 哈哈，这问题我也遇到过！给出一个产品分类维度的销售额图表，就有人要看客户分类维度的图表，或者产品分类维度的利润图表，好像特意跟我作对似的。现在他们没有 Tableau

Desktop，只是在 Web 上查看，由于种种条件制约，也没有权限用 WebEdit 自己分析。所以遇到这样的要求，我也是郁闷又无奈，改仪表板吧，有人会要求你再改回来；再做个新的仪表板吧，这样下去很快仪表板又会泛滥成灾……

小方 你俩遇到这些问题比较常见，不知道我遇到的问题你们遇到过没有。最近几次我参加销售部门的经营分析会时，他们看了历史数据不满足，问假如明年业务流失 10%、20% 或 30% 的话，销售额会有什么变化？如果新业务带来 20%、30% 或 40% 的增长，销售额能达到什么水平？平均折扣降低 10% 的话，利润会增加多少？诸如此类。

小毛 你这问题高级啊，这不是典型的 What-if 分析吗？做数据分析的初级阶段只是看看历史，高级阶段就要模拟业务方案了，而模拟业务方案的重要方法之一就是做 What-if 预测分析，模拟一些变化条件下的产出结果的变化。你这高级问题我没遇到过，但是我在仪表板上用了条形图，就有人说用树图更漂亮，用了地图就有人说用条形图更清爽，真是的！一个仪表板就那么大，我能放多少东西？再说了，同一个分析中，维度和度量都一样，做两个图表放那儿岂不是重复？

大明 那大家觉得这些要求……是合理呢？还是不合理呢？

小白 其实我一开始觉得这些要求都挺奇葩的，可是业务那边却是一脸的诚恳，再一琢磨，觉得人家的这些需求也有一定的道理，不是无理取闹，没什么好方法，就只好把仪表板多做几个版本。

小方 嗯，只能如此，多做几个版本，可感觉不到任何的业务增加值，又变成了体力劳动，总是不爽。

大明 咱们可最好不要做太多体力劳动，这样吧，今天咱们就研究这几个问题。

大家 有好方法？

16.2 变动的 Top N

大明 用参数试试看喽！比如第一个问题，Top N，其中 N 是变动的数值，这个最简单，就是求销售额最高的前 N 个产品。我们新建一个工作表，把"产品名称"拖放到"行"功能区，把"销售额"拖放到"列"功能区，用工具栏上的"排序"按钮进行"降序"排序，然后把"产品名称"维度拖放到"筛选器"功能区，在弹出的对话框里切换到"顶部"一页，默认是顶部前 10 按照销售额总计，数字"10"这里是个下拉框，我们可以在下拉框里直接选择"创建新参数"。

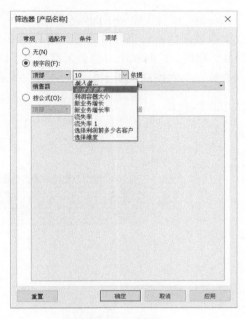

创建 Top *N* 参数

接下来就是设置参数选项了，选择"参数类型"，可以是浮点类型、整数类型、字符串类型、布尔类型、日期类型或者日期事件类型。对于整数类型来说，允许由用户输入任意值；比如按照列表进行选择，用户只能从给定列表中选择某个值，并且可以从数据源的某个字段中获取值列表；或者是某个范围，用户可以在指定范围内进行选择或者输入。当前值的意思是默认值，显示格式可以设置百分比、数字等。同时还可以为参数增加注释，当鼠标移动到这个参数上时，提示中会显示注释内容。

Top *N* 参数定义

定义好参数之后，在左侧"度量"窗格下面就会出现一个"参数"窗格，窗格中会出现定义好的参数，而这个参数使用起来也非常简单，用右键单击这个"参数"，在弹出菜单中选择"显示参数控件"即可。这时视图右侧会出现参数控件，看起来有点像筛选器，用户可以调整或者输入参数，从而控制视图上显示的内容。大家可以试试看。

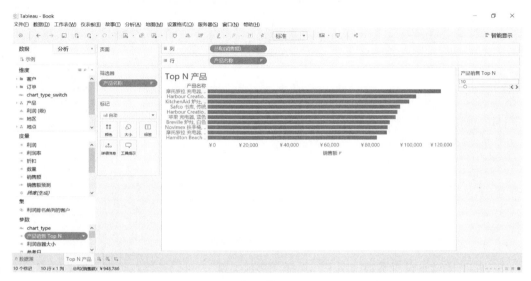

参数控制产品销售 Top *N* 列表

小毛 果然！只是我以前都直接输入一个数字，没发现点击下拉框还可以使用参数，哈哈。

大明 你看现在工作簿的名称是 Top *N* 产品，没有体现出参数选择为 Top 10 的设置。这里再教给你一个小技巧吧。

小毛 难道还能将参数设置的数值体现在工作簿名称上？

大明 没错。很简单的一个步骤。双击工作簿名称进行标题编辑。先删除字母"N"，然后在窗口的右上角点击"插入"，并选择需要插入的参数。你看看变化。

小毛 谢谢大明哥，又学了一招！

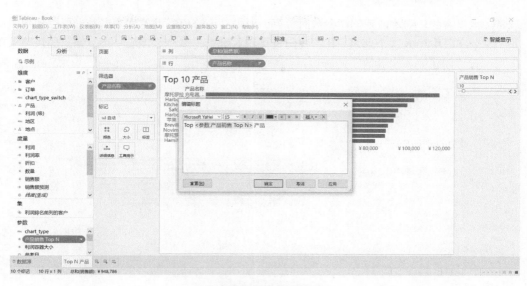

插入参数到工作簿名称

大明 咱们再看小丁的问题，业务人员只是在浏览状态下，视图上的维度和度量值能不能切换？其实利用参数也可以实现。咱们现在就来看一下怎么做。

点击"维度"窗格最右上方的的下拉箭头，快捷菜单里选择"创建参数"。

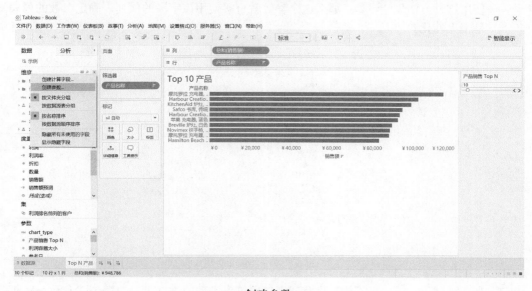

创建参数

小丁 这创建参数的地方够隐蔽的啊！还有没有别的地方可以创建参数？

大明　也是有的。刚才说到创建参数时提到，如果是字符串类型的列表参数，可以从数据源的某个字段中导入这个列表。其实我们直接用右键点击某个维度看一下，弹出的快捷菜单里面有"创建"→"参数"的选项。

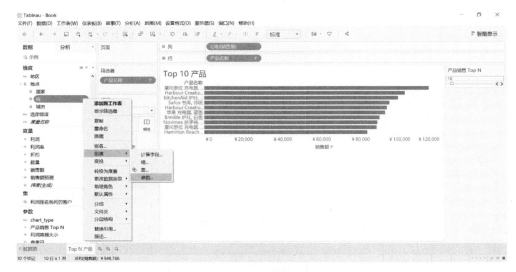

基于已有字段创建参数

使用这种方法创建参数，那么这个参数就直接使用该字段的值列表确定参数的列表。是不是很人性化？

编辑参数

小丁　嗯，刚试了一下，真不错！我发现不仅字符串类型的维度可以快捷创建参数，日期类型的维度或度量、连续性的维度或度量，甚至现有参数，都可以通过这个方法快捷创建参数，离散型字段自动创建值列表参数，连续型字段自动创建值范围参数！

16.3　可变的维度和度量

大明 对于你刚才说的维度和度量替换的问题，我们不能使用这个方法来创建参数。我们先创建一个维度选择参数吧，是这样的。

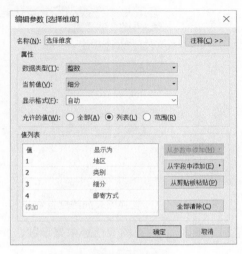

创建选择维度参数

小丁 实际值和显示值可以分别设置，值列表参数还有这功能！

大明 下一步，我们需要创建一个计算字段，判断参数值，根据参数值返回相应的维度。就像这样。

"选定维度"计算字段

现在我们把"选定维度"字段拖放到"行"功能区，把"销售额"拖放到"列"功能区，然后用右键点击"选定维度"参数，快捷菜单中选择"显示参数控件"，默认是个下拉列表，就像改变筛选器样式一样，点击右上方的小按钮，在下拉框里选择"单值列表"，将参数选择控件改为单值列表样式，选择一下看发生了什么。

切换图表的维度：细分

再把维度选择调整到"地区"。现在图表已经根据参数选择发生了变化。

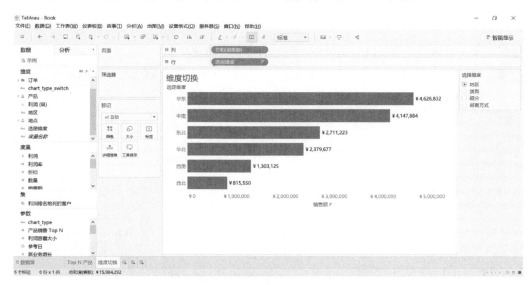

切换图表的维度：地区

小丁　是不是说，替换度量值也可以用类似的方法？

大明　没错，用参数替换度量值的方法是一样的，咱们就不再重复这个过程了。再看小方的问题吧，典型的 What-if 分析，我一直认为用参数做 What-if 分析是最有价值的分析手段之一。

16.4 What-if 分析

大明 先看一下算法，这个很重要。在现有的销售额基础上，客户流失导致销售额下降，新业务成长则销售额增加，可以用公式表示为：销售额预测 = 现有销售额 × （1−流失率）× （1+新业务增长率），但是特别要注意这个现有销售额应该是什么？是"SUM（[销售额]）"还是"销售额"？

小丁 是"SUM（[销售额]）"吧？

小毛 如果是"销售额"，在分析的时候也会进行 SUM 聚合，所以这两个在结果上应该没什么区别吧？

大明 应该是用"SUM（[销售额]）"，在这个场景中虽然两者计算结果不会有太大差异，但还是有可能存在差异的。"SUM（[销售额]）*(1−流失率)*(1+新业务增长率)"与"SUM（[销售额]*(1−流失率)*(1+新业务增长率))"在高精度计算情况可能有细微差别。大家得注意这点。

我们现在来创建这两个参数，一个是流失率，一个是新业务增长率。

创建流失率参数   创建新业务增长率参数

然后我们需要创建一个新的自定义字段，叫作"销售额预测"。

"销售额预测"计算字段

现在应用一下，用柱中柱图表示每个地区实际销售额和预测销售额。就像这个图，柱中柱都知道怎么做的吧？

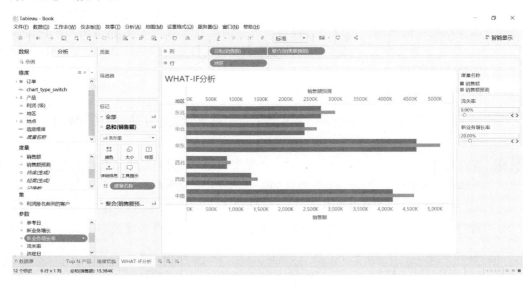

What-if分析1（另见彩插图37）

分别调整流失率和新业务增长率参数，来观察分析结果。

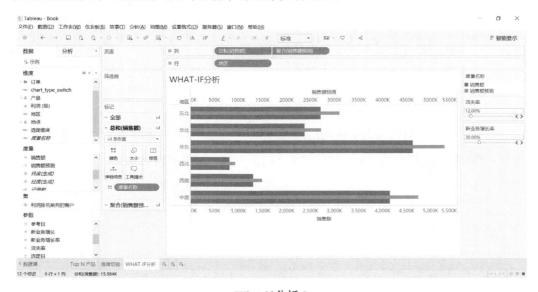

What-if分析2

小方 酷！我现在能想到好多用参数做What-if分析的应用场景了，哈哈！

大明 的确有很多应用场景，咱们再看小毛的问题吧，这个问题最有意思，用参数控制仪表板上的图表类型。

16.5 切换不同的图表

大明 先假设我们要在一个地图和一个条形图之间进行切换，我们创建一个字符串类型的参数，值列表是 tree 和 bar，就好比这样，默认值是 tree。

创建图表类型参数

然后再创建一个自定义字段，这个自定义字段直接就等于这个参数就行。

"图表类型切换"计算字段

接着我们新建一个工作表，起名为"树状图分析"，创建一个树状图，然后显示图表类型参数控件，确保当前参数值是树状图，然后把图"表类型切换"字段拖放到"筛选器"功能区，在弹出的对话框中，选中值列表为"tree"。这个意思是只有当参数值为 tree 时才显示视图。就像这样。

加入参数的树状图

点击"确定"之后，我们再新建一个工作表，起名为"条形图分析"，建立一个条形图，显示参数控件，并将当前值改为"条形图"，然后把"图表类型切换"字段拖放到"筛选器"功能区，选择值为"bar"，就像这样。

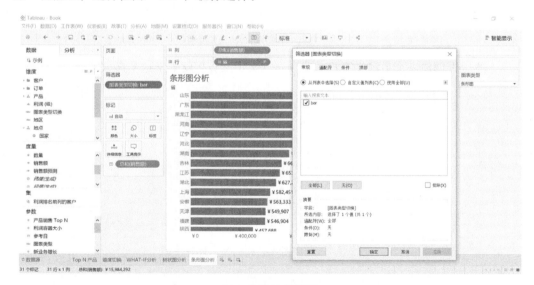

加入参数的条形图

然后我们新建一个仪表板，把仪表板大小改为"自动大小"，从左边的对象列表中将一个"垂直"容器拖放到仪表板画布上，这一步最为重要，千万注意。就像这样。

建立垂直容器

接下来把"树状图分析"和"条形图分析"两个工作表拖放到这个"垂直"容器中,隐藏工作表标题,去掉多余的图例,就像这样。

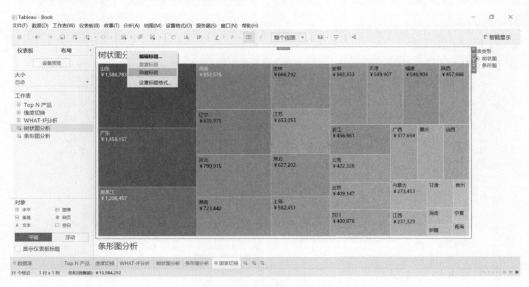

隐藏工作簿标题

通过参数控件切换一下图表,看看发生了什么。

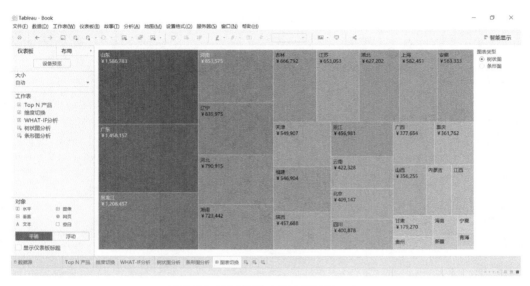

用参数切换树状图（另见彩插图 38）

小毛 哈哈，还有这种操作！

小毛很是兴奋，说着又尝试切换了条形图。

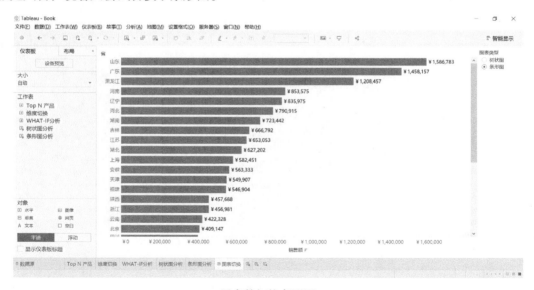

用参数切换条形图

小白 对了，大明哥，这几个参数应用都很好啊！还有没有别的参数应用场景啊？

大明 当然还有啦，想再研究研究？

小方　说说呗，我们都再学习学习。

大明　OK，我觉得可以花一点时间做做练习，咱们留几个题目大家有空动动手。

接着大明然后列出了几个问题。

大明　第一个问题是度量值替换的问题，用参数来切换视图图表上显示的度量值；

第二个问题是 Top N 图表和 Bottom N 如何切换；

第三个问题是改变视图数据颗粒度的问题，把当前视图上的时间维度颗粒度进行改变，包括年、季度、月份；

第四个问题是用参数模拟一个销售目标值，由用户输入，实际销售额高于目标值的省用另外一种颜色单独表示出来。

小方　有了参数，仪表板的互动性大大增强啊！值得好好研究！要不要大家小小庆祝一下，下楼喝咖啡咋样？

大明　哈哈，斯达巴克斯大杯拿铁？

16

第 17 章

分析常常就是筛选过程：筛选器概述

筛选器在 Tableau 中是一个具有一定迷惑性的功能，之所以这样说，是因为很多人认为筛选器很简单：使用快速筛选器，改变一下样式，就这些了。实际情况远不止这些，Tableau 筛选器的逻辑可以非常复杂，高级的筛选器应用通常用在比较高级的分析场景之中。要进阶 Tableau，筛选器是必须掌握的内容。

学习难度：高级
涉及的业务分析场景：产品分析
涉及的图表类型：条形图
知识点：筛选器应用

17.1　筛选的基本原理

上次按地区排名的问题，小白研究了很久，却一直没想出解决方案，原本用表计算可以很容易解决的问题，却被限制不能用表计算，这是不是跟自己过不去？算了，还是问大明吧。

小白　大明哥，上次你留的那个作业，不使用表计算获取某个地区销售额前 N 个产品……

大明　嗯，想出来了？

小白　还没有呢，可苦恼了，还是给我讲讲吧！

大明　哈，好吧。不过上次那个作业算是中等难度，咱们还是先从简单的开始吧。先新建一个工作表，把"产品名称"拖放到"行"功能区，把"销售额"拖放到"列"功能区。第一个问题是筛选出销售额前 10 的产品。

小白　哦，这个简单，这时选中"销售额"胶囊，用工具栏按钮做一个"降序"排序，看起来更清楚一些。然后从"维度"窗格中把"产品名称"拖放到"筛选器"功能区中，右击筛选

器功能区中的"产品名称"胶囊,在弹出的菜单中选择"编辑筛选器",然后在对话框里
选择"顶部",选择按照销售额总计取前 10 个,就像这样。

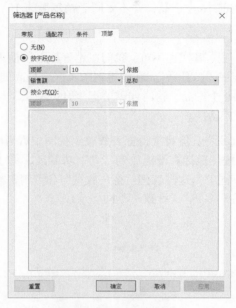

销售额 Top 10 筛选设置

完成设置之后,工作簿会根据销售额总和筛选出前 10 位的产品。

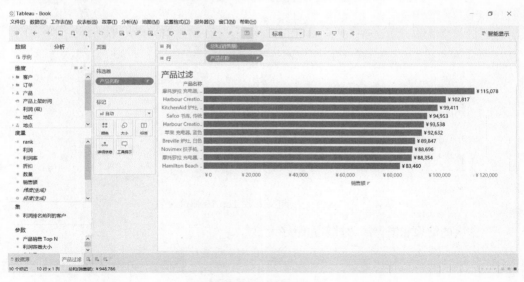

销售额总计前 10 产品

17

大明　嗯，这个是对的。这样得到的是按照销售额总计计算顶部前 10 个产品。但是我们换一个角度看，每种产品都有若干客户来买，假如我想知道购买人数最多的前 10 个产品呢？显然，这种情况下的前 10 个产品，并不等同于销售额前 10 的产品。

小白　这个……没研究。

大明　还是我来解释一下吧，其实也不难，我们在销售额下拉框里选择"客户名称"，后面的"聚合方法"自动就变成了"计数"，就能得到购买人次最高的前 10 个产品，但我们要的是购买人数最高的前 10 个产品，这时候需要把聚合方法从"计数"改为"计数（不同）"，这就是人数和人次的区别。

小白　人次和人数的区别我懂，但我觉得把人数放到视图中看得清楚一些，从"维度"窗格中选中"客户名称"，按住鼠标右键拖放到"列"功能区，释放鼠标时出现的聚合方法对话框中选择"计数（不同）"，这样就把"客户数量"和"销售额"都显示在视图中了。筛选条件中依次选择"客户名称""计数（不同）""10"。

购买人数 Top 10 筛选设置

这次的结果和销售额的排名差距好大。

购买人数前10产品

大明　嗯，如果不把客户数量（客户名称的不同计数）放到视图中来，这个隐形 Top 10 还真是不那么容易理解。这个分析有什么业务价值没有？

小白　当然有！按照现在这个逻辑来说，上次产品总监皮特跟咱们要数据，为的就是拿每个地区销售额前 10 名的产品去做促销活动，那未必是最佳选择啊！如果选择购买人数最多的前 10 个产品，可能是不是更有人气？

大明　是啊，上次他来的时候我也跟着他的思路跑了，没有思考过这个问题，咱们抽时间再约皮特把这个问题谈一谈。按照你的思路逻辑来说，假如我们搞买赠活动时要赠送一些小件商品的话，可以按照类似逻辑求出购买人数最少（底部）的前 N 个产品，或者销售额最低（底部）的前 N 个产品，反正是买的人少的，或者销量不佳的产品，搭配着搞点买赠活动。

小白　对呀对呀！哎⋯⋯我兴奋个啥？我最近总容易为一点业务发现而兴奋，是不是有点神经？

大明　哈哈哈，这个正常，是个好状态，继续保持吧！现在继续来看产品 Top N，其实我们也可以按公式来计算。比如按照销售额总计求前 10 个产品，可以写成这样。

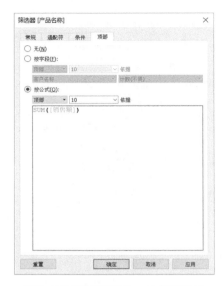

按公式进行销售额 Top 10 筛选设置

如果求购买人数最多的前 10 个产品，则可以写成这样。

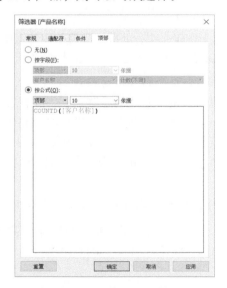

公式进行购买人数 Top 10 筛选设置

小白　嗯，显然使用字段和写公式的结果是一样的。那何必又写公式呢？

大明　如果是一个字段，当然选字段就可以了，但如果是计算条件呢？比如说，利润率最高的前10 个产品？我们该怎么做。

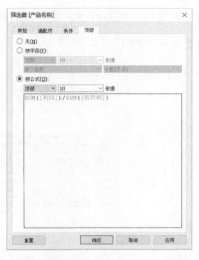

按公式进行利润率 Top 10 筛选设置

将"利润率"计算字段也加入到工作簿中观察一下结果，这里利润率计算字段的公式和筛选设置中相同。

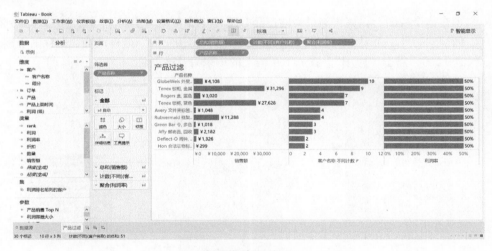

利润率前 10 产品

小白 哦，原来还可以这样操作！那么如果把这个利润率写成自定义字段，是否也可以用来对数据进行排序呢？

大明 是可以的！所以如果你把条件写成了自定义字段，的确可以直接在字段列表中选择，而不必写公式。我还是建议你有空再做一点练习，比如求人均购买额最高的前 10 个产品，平均单价最高的前 10 个产品等。

小白 好吧，主要是这些用法真的很有业务价值，我有兴趣研究！

大明 嗯，先回顾一下销售额最高的前 10 个产品列表。

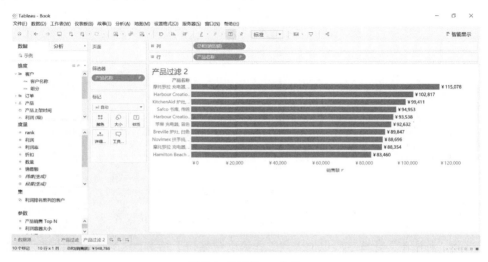

销售额总计前 10 产品

现在这个视图上，销售额最高的产品数字是 115 078，记住这个数，然后切换到筛选器对话框的另外一个界面，也就是条件界面，选择"按字段"进行设置，设置销售额总计小于 100 000，点击"应用"，看一下视图上的结果有什么变化。

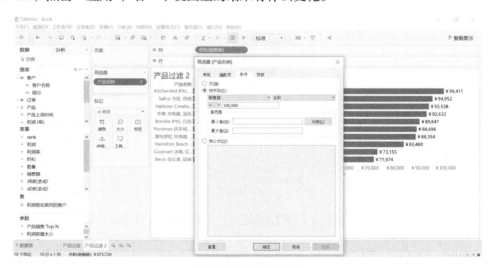

按销售额字段筛选条件

小白 销售额都小于 100 000 了！也就是说，在这里设置条件后，与顶部条件相叠加了？

大明 是的，相当于多个条件同时发生作用，且需要同时满足，也就是说各个条件之间是"并"的关系。

小白 这里可以设置字段取值范围，或者按照公式来写，原理和顶部的公式是类似的吧？

大明 是的，比如我们刚才按照定义的销售额小于 100 000，用公式写出来效果是一样的，就像这样。

按销售额条件公式筛选条件

继续增加条件，再切换到"通配符"页面，比如输入包含"Acco"的产品，点击"应用"，视图列出来的产品名称列表又发生变化。

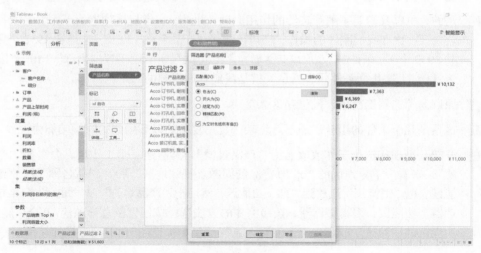

通用符筛选

小白 果然！这已经是 3 个条件叠加了，还能继续叠加不？

大明 当然可以，先观察一下，当前排在最上面的产品名称是"Acco 订书机，回收"。再次切换到"常规"选项卡，选择"从列表中选择"，然后在列表中勾掉"Acco 订书机，回收"，点击"应用"。观察一下视图中的产品列表。

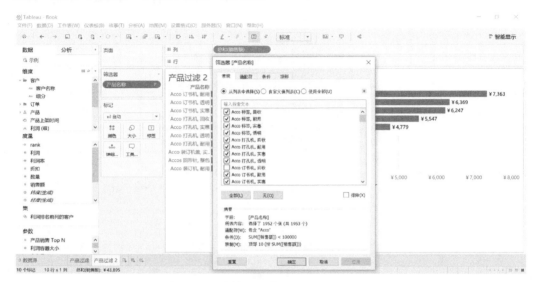

常规手工筛选

小白 果然，"Acco 订书机，回收"产品不见了。没想到筛选器有这么多操作，看来可以用来定制非常复杂的选择条件。

大明 是的，所以我们要了解筛选器的作用原理。此外，在常规选项卡的下面，有所有条件的组合摘要，比如我们刚才的操作，字段使用了"产品名称"以及"选择了 1952 个字段值（一共 1953 个）"，条件是"SUM（[销售额]）<100000"，顶部条件为"顶部""10""按 SUM（[销售额]）"，这几个条件同时满足，就是我们查询得到的结果。

小白 原以为筛选器挺简单，没想到这么复杂。

大明 这只是几个条件的组合，还不算复杂，真正复杂的以后用到的时候咱们再说。

小白 好吧，把现在这个工作表改名为"产品过滤"，再新建一个工作表，命名为"产品地区过滤"，来看一下分地区的 Top 10 产品的问题。把"地区"和"产品名称"拖放到"行"功能区，把"销售额"拖放到"列"功能区，然后把"产品名称"从"维度"窗格拖放到"筛选器"功能区，编辑筛选器，按照刚才的方法选择按销售额总计取前 10 个，然后在"行"功能区的"地区"胶囊上点击右键，选择"显示筛选器"，得到这样的结果。

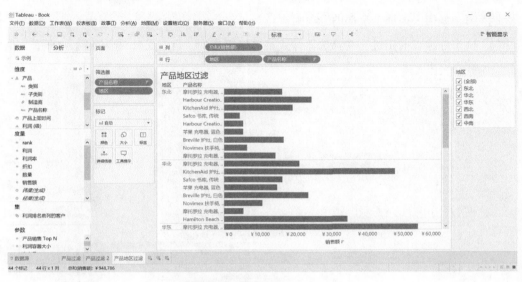

各地区销售额前10产品（有误）

大明 嗯，先把筛选器改成"单值（列表）"吧。

小白 这个简单，直接点击筛选器标题右上方的小下拉图标，弹出的菜单里选择"筛选器类型"为"单值（列表）"就行了。

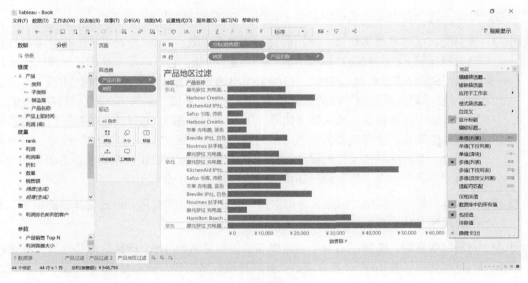

单值筛选

大明 嗯，如何去掉那个全部的选项呢？

小白 这个好像以前用过，在筛选器样式菜单里面找到"自定义"，把"显示'所有'值"勾掉就可以了。

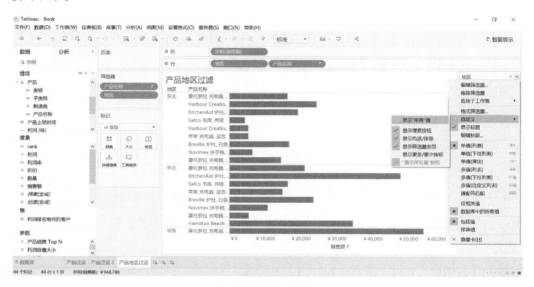

去掉筛选器中的所有

大明 没错。这个自定义子菜单中有多个选项，都知道是做什么用的吗？

小白 还别说，这里有很多细节，就当前这个菜单来说吧，"显示搜索按钮"指的是鼠标移动到筛选器标题上的时候是否显示小的"放大镜"按钮，它可以用来显示一个搜索框来搜索筛选器中的值；"显示包括/排除"指的是弹出的快捷菜单里下面有"包含值""排除值"两项；"显示筛选器类型"指的是"单值（列表）""单值（多选）"等这些选项；"显示更多/更少按钮"指是否显示放大镜旁边的"更多/更少按钮"，通过这个按钮来控制筛选器里显示多少值列表，在筛选器值比较多的时候有用；下面"'显示所有值'按钮"指的是放大镜左边一个清除筛选条件的漏斗图标，通过这个图标可以快速把当前筛选器置为全部；最上面"显示'所有'值"则控制筛选器值中是否显示全部选项。

大明 不错嘛！研究得挺细！虽然未必都常用，但这些细节都有用。地区选择器搞定了，那么现在的问题是什么呢？

小白 问题很明显啊，需要显示每个地区里面销售额最高的 10 个产品，可是你看，我选择华东的时候列表中有 10 个产品，可是选择其他地区的时候，就不足 10 个产品，甚至西北地区只有 4 个产品！

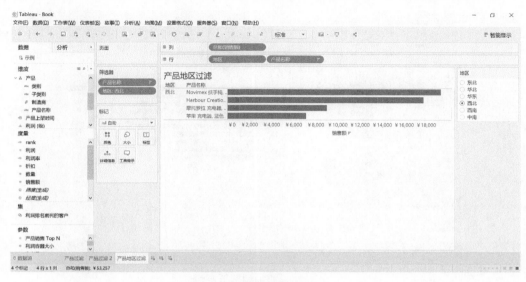

两个筛选条件并列

大明 是啊，筛选器里面有两个筛选条件，而这两个筛选条件是分别执行的，也就是说，产品名称取销售额前 10 名的产品，不考虑地区；地区过滤器取你选择的地区值，不考虑排名结果。所以查询的时候，销售额前 10 名的产品中，在西北地区只有 4 种在售，就是看到的结果了。

小白 原来如此，如果让地区过滤器先选择这个地区的所有产品，然后在此基础上再执行 Top 10 筛选就好了。Tableau 支持这个功能吗？

17.2 各种筛选器的优先顺序

大明 当然支持，这个功能就是上下文筛选器。在"筛选器"功能区选中"地区"筛选器，单击右键，在弹出的快捷菜单里面选择"添加到上下文"。你会发现这个胶囊的颜色变成了灰色的，然后视图中出现了 10 个产品。这就是因为，上下文筛选器是先于普通筛选器执行的，上下文筛选器先筛过数据之后，再进行普通的数据筛选。

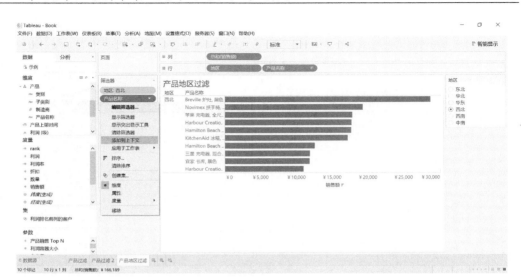

添加到上下文筛选器

小白 很强大啊！以前从来不知道这个功能，除了上下文筛选器，还有别的筛选器比上下文筛选器还要先执行的吗？

大明 这个问题问得好！Tableau 中的数据筛选是一个完整的体系，有多种筛选器，执行的次序是不一样的，你可以根据需要自由设定数据筛选发生在哪个步骤，我给你看个图吧。

各种筛选器的执行顺序

这个就是 Tableau 的各类筛选器执行的先后顺序，比如我们刚才做的地区筛选器，产品名称筛选器都是维度筛选器，而上下文筛选器则是优先于维度筛选器而执行的。你刚才的问题，还有没有别的筛选器比上下文筛选器优先级还要高的，这个图能回答你的问题了吧？

小白 嗯，原来还有数据提取筛选器和数据源筛选器比上下文还要先执行，咱们看看这两种筛选器吧。

大明　OK。比如数据提取筛选器，当你使用数据提取的时候，可以选择一些数据筛选条件，筛选条件会决定哪些数据进入到数据提取文件中，因此具有最高的执行等级。具体设置倒不是很复杂，看一下这个就知道了。

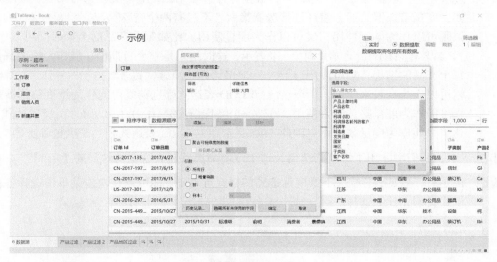

数据提取筛选器

小白　嗯，的确说不上复杂，不过如果这个筛选框里面有多个条件的话，也是"并"的关系吧？

大明　你理解得对。我们再看数据源筛选器，在数据连接的右上角，有筛选器编辑的链接，点击它会弹出数据源筛选器的设置对话框。设置方法跟提取筛选器是类似的。

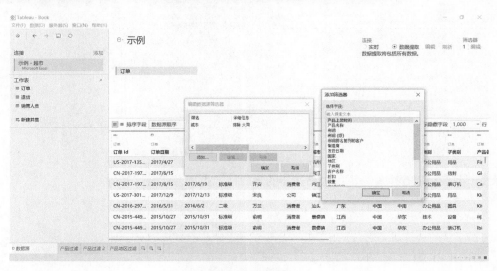

数据源筛选器

小白 数据源筛选器无论是实时连接还是提取连接都生效。对于提取连接来说，是发生在提取筛选器之后。这样理解对吗？

大明 理解正确。数据提取筛选器第一，数据源筛选器第二，上下文筛选器第三，维度筛选器第四，度量筛选器第五，表计算筛选器第六。不过有两个特殊情况，FIXED LOD 表达式结果既可以作为维度使用，又可以作为度量使用。比如每个产品的上架时间可以用{FIXED [*产品名称*]:MIN([*订单日期*])}来表示，这时结果是一个日期值，能作为维度来使用；而每个产品的销售总额可以用{FIXED [*产品名称*]:SUM([*销售额*])}来表示，这时销售总额就可以作为度量来使用。所以 FIXED LOD 表达式筛选器既可能作为维度筛选器来使用，也可能作为度量筛选器来使用。另外一个特殊情况是 INCLUDE/EXCLUDE 表达式，这种表达式只能作为度量来使用，因此 INCLUDE/EXCLUDE 表达式相当于度量筛选器。

小白 OK，我们刚才用了维度筛选器，这个维度筛选器还有哪些特性需要了解吗？

大明 还是有一些的，总结一下维度筛选器的样式类型吧，你可以在快捷菜单中选择各种筛选器样式类型，比如这样。

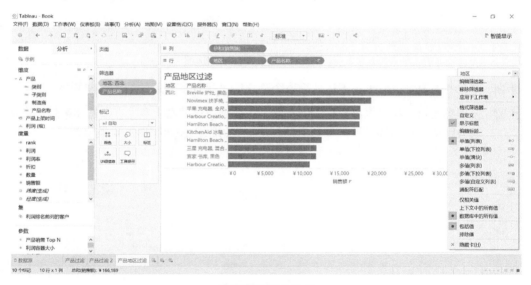

维度筛选器的选项

大明 我们可以逐个看一下每种筛选器的界面样式类型，就是这样的。

单值滑块 单值列表 单值下拉框

多值列表 多值下拉框 通配符输入

不同筛选器样式示例

小白 所有的维度筛选器都是这几个样式？

大明 不是的，日期维度比较特殊。有两种用法，一种是作为连续值筛选，在把日期类型的维度拖放到"筛选器"功能区的时候，选择日期维度作为连续值时的相对日期，或者具体日期范围时，筛选器样式是自成一套的，与度量值筛选器比较接近，相对比较复杂，我们都罗列出来看一下。

日期筛选器的类型

不同日期筛选器样式示例

另一种是作为离散类型的时间筛选器，那么与普通的维度筛选器一样，这个就不多说了。需要注意，我们的数据是一直在变化的，所以希望当前分析视图中展现的时间数据是最新的，这时候可以在离散日期筛选器的"常规"选项卡中，选择最下面的"打开工作簿时刷新到最新日期值"。

打开工作簿时刷新到最新日期

小白 这个有用！没想到这么细致！还有，菜单里有"仅相关值""上下文中的所有值""数据库中的所有值"，这几项有什么区别？

大明 由于在这个界面中，我们使用了上下文筛选器，所以就多了"上下文中的所有值"这一项，而在没有上下文筛选器的情况下，只出现"仅相关值"和"数据库中所有值"两项。原理相近，我们建一个新的工作表来说明，先把"地区""省""城市"拖放到"行"功能区，把"销售额"拖放到"列"功能区，然后在"地区"胶囊和"省"上分别右击鼠标选择"显示筛选器"，最后把地区筛选器改为"单值（列表）"，去掉"全部"选项。选择不同地区试试，看看什么效果。

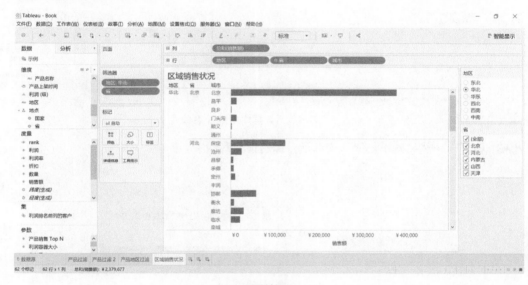

级联筛选

小白 哦哦，这个就是传说中的"级联查询"吧？选择"东北"的时候，省份筛选器里就只有东北三省，选择"华北"的时候，省份筛选器里就只有华北地区的省份。很强啊！

大明 你再打开省份筛选器的快捷菜单，可以看到当前是"仅相关值"，把这一项改为"数据库里的全部值"，看一下效果差别。

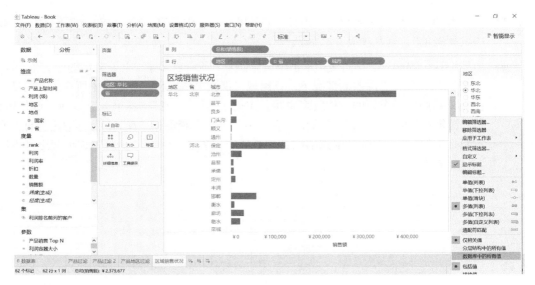

数据库中的所有值

小白　改了……然后就不是级联查询了，像这样，我懂了。

包含所有值筛选器

大明　我们再来看度量值筛选器，一般情况下，度量值是连续类型，所以度量值筛选器的默认样式是一个值范围，当然你也可以改成"至少"或者"至多"样式。某些特殊情况下，可以将"度量值"手工修改成"离散"类型，而离散类型的度量值筛选器的样式则可以"单选"

或者"多选"。比如我们在"列"功能区的"销售额"胶囊上右击鼠标，选择"显示筛选器"，观察一下筛选器样式。

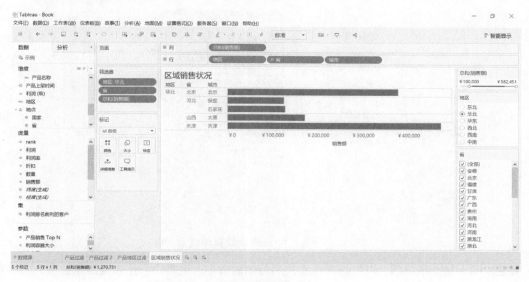

度量值筛选器

接着是表计算筛选器。表计算筛选器是最后执行的筛选器，原则上它基于已经查询到的数据来进行计算和筛选，因此它实际上的原理是隐藏数据，而非过滤数据。

小白　也举个例子呗。

大明　好，比如我们把"子类别"拖放到"行"功能区，把"销售额"拖放到"列"功能区，然后写一个自定义字段 rank。

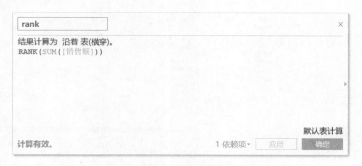

"rank"计算字段

把"rank"拖放到 LOD 区域，点击"显示筛选器"，同时把"rank"拖放到"行"功能区，将它改为"离散"类型，得到这样一个结果。

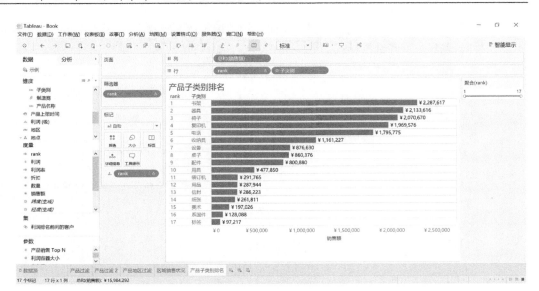

rank 表计算筛选器

小白 嗯，这个很灵活，可以选择任意排名范围的数据。但是，为什么是隐藏数据，而不是过滤数据呢？

大明 这个也很容易检验，打开"分析"菜单，选择"合计"→"显示列总和"，就像这样。

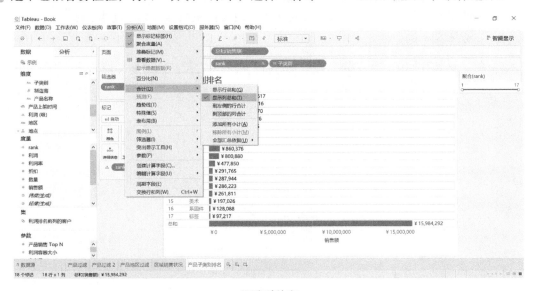

显示列总和

小白 然后呢？

大明 然后打开标签，在条形图上显示实际数据，调整一下排名显示范围，观察"总和"这一行的数据有没有变化？

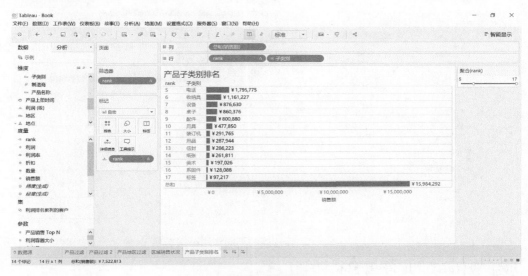

表计算数据隐藏

小白 哇！果然，不论怎么选，"总和"值不变，因此它是将数据隐藏，而非真的过滤数据。

大明 理解了就好。其实筛选器最主要的部分就是以上这些内容，还有一个很重要的概念是筛选器的作用范围。

17.3 筛选器的作用范围

小白 怎么说？

大明 筛选器的作用范围有几个级别：第一个级别，也就是默认级别，作用于当前工作表；第二个级别，作用于选定的多个工作表；第三个级别，作用于该数据源的所有工作表；第四个级别，作用于相关数据源的所有工作表。范围逐渐扩大。

小白 这样说太抽象了，咱们还是举例子吧。

大明 好吧。我们新建一个工作表，把"产品名称"维度拖放到"行"功能区，把"销售额"拖放到"列"功能区，然后"降序"排序，依次右击"类别""细分""地区""邮寄方式"几个维度，在菜单中选择"显示筛选器"，同时，在"筛选器"功能区中依次右击这几个筛选器胶囊，设置它们的作用范围。"类别"设置为"仅此工作表"，"细分"设置为"选定工作表"，"地区"设置为"使用此数据源的所有项"，"邮寄方式"设置为"使用相关数据源的所有项"。

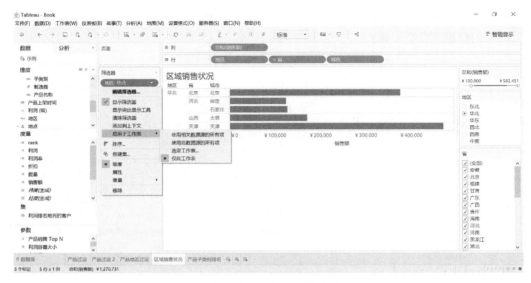

筛选器的不同作用范围选项

小白 设置好了，几个图标都不一样啊！

大明 是的，Tableau 做可视化的，所有的东西都要用可视化的方式加以区别，这样一来，就可以通过图标知道不同筛选器的不同作用范围了。

小白 这几个作用范围都很好理解，除了"使用相关数据源的所有项"，怎么理解？

大明 假如我们的分析中使用了多个数据源，每个数据源或者某几个数据源中都有一个叫作"邮寄方式"的维度，这时如果设置了邮寄方式筛选器为"使用相关数据源的所有项"，这就意味着，使用任意一个包含"邮寄方式"的数据源创建的工作表，都会自动添加邮寄方式筛选器。

小白 好吧……我再试试，理解深入一下。还有吗？

大明 没了！关于筛选器，大概就这么多了，再复杂的只能用到的时候再研究了。

小白 啊哈，总算讲完了！这信息量也太大了，脑袋要爆炸，赶紧下楼喝咖啡镇定一下吧！

大明 斯达巴克斯大杯拿铁！哈哈！

第 18 章

让数据更生动：自定义形状

本章介绍利用自定义形状将数据进行可视化表达的方法，这种方法适合的分析类型包括：产品分析、品牌分析、客户分析和员工分析等，凡是能用图片或者形状表达的分析对象，都可以使用自定义形状使之更加生动形象。

学习难度： 初级
涉及的业务分析场景： 销售分析，流量分析
涉及的图表类型： 条形图，散点图，火花线图
知识点： 自定义形状

18.1 仪表板上的产品分析

这段时间，大家使用 Tableau 的积极性很高，工作气氛明显轻松了许多，与业务部门之间的交流也一改往日的战火硝烟，虽然还说不上亲密无间，却也颇有和风细雨的感觉了。

这天，大明和小白在讨论 Tableau 的功能，产品经理皮特突然出现。

皮特 上回说请你们帮忙分析几个产品品类在不同省份的盈利情况，以及产品品类的历史盈利能力，结果这两天一忙活，我自己倒差点儿忘了。刚好路过办公区，见到你们几个，才想起来这回事。什么时候能帮忙完成这个分析？

大明 哈哈，您吩咐的事儿我可没忘，已经完成了一部分，一起看一下吧。

说着，大明打开一个仪表板。

大明 您看这个仪表板，左侧是 3 个产品分类，以及它们的总销售额；中间是各省指标，橙色代表亏损，蓝色代表盈利，颜色深浅表示数值高低；右侧是子类别的火花线图，表明各个季度每个子类别的盈利能力。

产品销售分析仪表板（另见彩插图 39）

皮特　嗯，这个是总的情况，可以单看某个类别的分省指标吗？

大明　当然可以，点击办公用品的图片，分省指标和火花线就会被过滤成这个类别的数据。办公用品的亏损省份有 6 个：内蒙古、甘肃、四川、湖北、浙江和辽宁，子类别方面只有美术产品基本上一直在亏损。

办公用品销售分析（另见彩插图 40）

皮特 还好美术产品是个很小的品类，问题不大。其他子类别总体都盈利，为什么还是有几个省是亏损的呢？先不管它，再看看技术产品。

大明 技术产品比较有意思，亏损的省份差不多，增加了江苏省；除了电话和设备在某个时间段内曾经发生过一些亏损，整体上所有的子类别历史盈利能力都是很不错的。

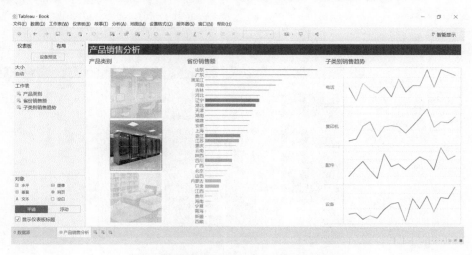

技术产品销售分析（另见彩插图 41）

皮特 原来这段时间在西藏没有技术产品销售啊，很意外的发现，再看看家具。

大明 家具品类总体来说与前两个类别的亏损省份基本一致，多了宁夏；子类别方面，桌子基本一直在亏损，用具曾经发生过亏损，但不严重。

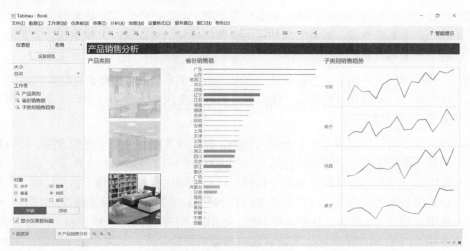

家具产品销售分析（另见彩插图 42）

18

皮特　有点意思，看起来子类别方面只有美术和桌子两个品类历史盈利能力比较差，其他品类都没什么问题，那为什么会有一些省份是亏损的呢？

大明　这个我也可以看一下，先取消类别上的选择，然后在地图上选中总体亏损的几个省份：内蒙古、甘肃、辽宁、四川、湖北、江苏、浙江，数据过滤之后我们再观察一下子类别历史盈利情况。

亏损省份销售分析（另见彩插图 43）

皮特　这个图的意思是说，亏损省份除了 4 个子类别有盈利之外，其他 13 个子类别一直都在亏损？

大明　是的，所以我的看法是，除了美术和桌子两个品类之外，其他品类的定价和经营是没问题的，至于某些亏损，则是局部地区的经营问题，因为在这些亏损省份，除了 4 个子类别之外，几乎卖什么都亏损。

皮特　跟我的判断是一致的，看来我还得跟地区经理们再聊聊，搞什么把能赚钱的产品卖成了亏损！对了，以前分析数据时，你们都是通过拖曳现场出数据，今天怎么有个现成的东西来回答我的问题了呢？

大明　哈，这个叫作仪表板，对于确定的问题，有比较确定的分析角度和方法，可以用仪表板来回答，而拖曳更适合解决那些即兴的探索性的问题。以后我们会准备更多的仪表板来回答常见的业务问题，这样常规的分析就可以直接通过仪表板来做了，尤其对于业务部门的用户来说，使用仪表板没有任何技术门槛和壁垒，只要具备业务数据的敏感性，就能从仪表板中发现问题，或者寻找到一些原因。特别深入的分析，或者仪表板不能给出答案的问题，再使用 Tableau Desktop，目前阶段由我们来协助分析，未来会把 Tableau Desktop 交给业务部门用户，我们负责协助业务来进行分析。

皮特　哦哦，仪表板！不错不错，期待有更多的仪表板来回答日常管理中的数据问题！谢谢大明，看来以后还真得多往你们这跑跑，每次来都有收获，哈哈！

皮特走后，小白又开始跟大明探讨这个仪表板。

小白　大明哥，再给我看看你这个仪表板，跟以前看过的有点儿不一样呢……

大明　哪不一样？

小白　我看看……图片！这个类别的图片怎么添加？还能够用来筛选数据？

18.2　自定义形状

大明　哦，这个没啥神秘的，就是自定义形状。不关心数据本身，却关心展现形式，有形式主义倾向哦！

小白　哪里，我也关心数据含义和数据内容，只是看到了新的展现形式，好奇心就来了。我以前也用过形状啊，怎么没发现还能变成图片？

大明　那你以前用过的形状是在什么样的？

小白　比如，我新建一个工作表，把"利润"度量拖放到"行"功能区，把"销售额"拖放到"列"功能区，然后把"客户名称"拖放到"标记"功能区的"标签"按钮上，然后把标记类型改成"形状"，再把"细分"维度拖放到"形状"按钮上。就是这样啦！

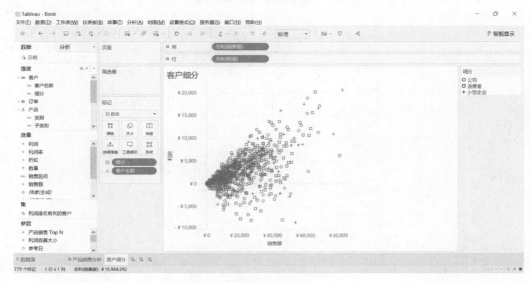

散点图形状应用

可以用不同的形状来代表不同的客户类型，在图例的右上角按下"突出显示"按钮，然后选择图例中的某一项，视图中就会加亮显示该项。可是我这里的形状就只是圆形、方形和十字形，怎么会是图片呢？

大明 哈哈，那比如我想换一组形状来表示不同的客户细分呢？

小白 这个也可以，点击"形状"按钮，在弹出的对话框里选择一组新的形状图标，点击"分配调色板"就可以了。如果要制定某个具体的形状图例，双击某个细分，然后指定形状就可以了。

大明 好，既然知道在这里改形状，那我问你，这些形状从哪儿来的呢？是写死在 Tableau 的程序里面，还是从某个地方读出来的呢？

小白 应该……从某个地方读出来比较合理吧？不过我不知道具体从哪儿来的。

大明 你从 Windows 资源管理器打开"我的文档"，然后打开"我的 Tableau 存储库"，点击"形状"文件夹，看到里面有什么？

小白 这里面有若干文件夹，我看看……跟那个形状对话框里面的形状列表是一样的！是不是说，我在这里新建一个文件夹，放一些图片进去，就会成为 Tableau 的形状库？

大明 这个嘛，你试试不就知道啦？

小白 试试就试试，新建一个文件夹叫作"细分"，里面放 3 个图片，一个代表个人消费者，一个表示公司客户，一个表示小型企业。就像这样。

图片素材存储

小白 然后回到 Tableau Desktop，点击"形状"按钮，在对话框中先点击"重载形状"，然后在下拉列表中……果然出现了细分形状！再点击"分配调色板"，逐个调整细分的图片，貌似大功告成啊！

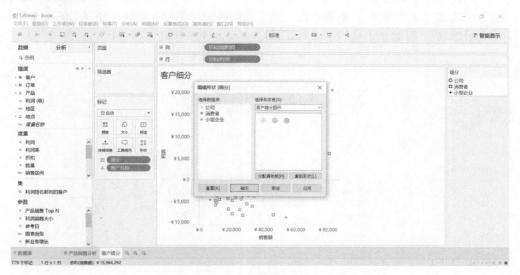

自定义形状

大明 哈哈，不错，用法就是这样的！看看效果吧？

小白 行，不过效果……不是很明显。

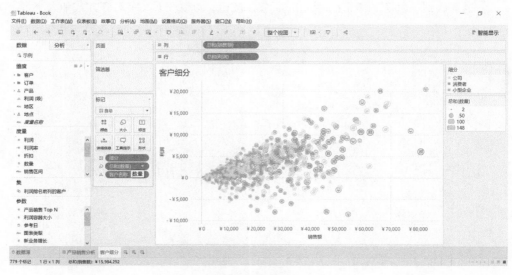

自定义形状散点图

大明 的确有点不适合，可以换个用法。

小白 好吧，就试试你刚才仪表板中的用法吧。新建一个工作表，把"细分"拖放到"列"功能区，把标记类型改成"形状"，然后把"细分"维度再拖放到"形状"按钮上，将视图大小改为"整个视图"，右键点击"列"功能区的"细分"胶囊，在弹出的菜单里勾掉"显示标题"。看起来不错！

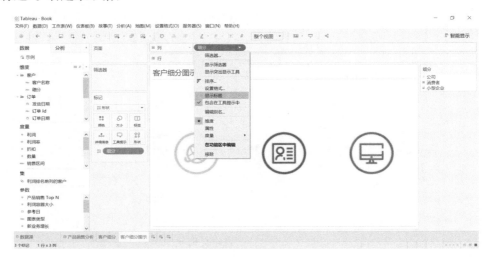

隐藏标题

然后再加标签，把"细分"维度拖放到"标记"功能区的"标签"按钮上，把"销售额"也拖放到"标签"按钮上。点击"标签"按钮，调整一下文字对齐方式和大小等。OK 啦？

标签位置设定

大明　还没有结束呢。这里再传授给你一个小技巧，在 Tableau 中，还可以编辑标签按照我们期望的方式进行显示。回到"标签"菜单栏，点击文本右侧的"编辑"按钮，瞧，我们可以在编辑标签的界面进行操作，通过更改细分标签的字体大小和颜色来让细分名称更醒目。

编辑标签

到这里应该就 OK 了，至于组合成仪表板应该没啥难度吧？

小白　没难度，自定义形状看似神秘，用起来其实还比较简单啊！

大明　是的，的确挺简单，不过实际的用途和场景还是非常多的，你能想出来什么地方可以使用吗？

18.3　可能的应用场景

小白　比如产品图片，如果每个产品都用实际的产品图片来显示，那么就会大大提高数据分析的可视化效果！

大明　嗯，我也觉得最主要的用途就是产品类应用了。不过可视化专家已经把这个东西用得出神入化了。

小白　出神入化？我好像……缺乏一些想象力。

大明　没关系，看几个来自著名的 Tableau 粉丝社区（public.tableau.com）的例子。看这个，把运动员名字用实际照片显示出来，感觉非常棒！

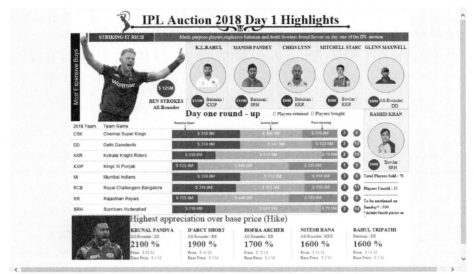

网址为https://public.tableau.com/zh-cn/s/gallery/2018-ipl-auction?gallery=votd

图片形状应用例子 1

小白 这个想法不错啊！把人名用照片显示是个非常好的用法，比如公司员工，运动队员，活动嘉宾等。

大明 嗯，再看另外一个，意大利的大学分析，用大学的校徽来代表具体学校，是不是也很合适？

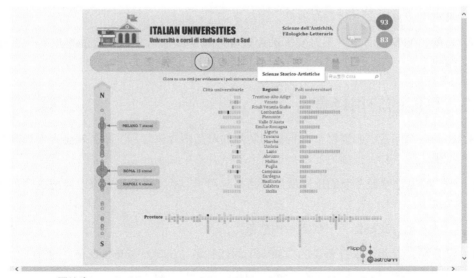

网址为https://public.tableau.com/zh-cn/s/gallery/italys-universities?gallery=votd

图片形状应用例子 2

小白 这个也不错，商品商标、公司列表、机构名称，这些都可以用企业标志来表示，让人们有更强烈的直观印象！

大明 还有一个商品分析的，用商品时间图片来代替名称。

网址为https://public.tableau.com/zh-cn/s/gallery/best-christmas-chocolates?gallery=votd

图片形状应用例子 3

小白 很清爽啊！这些用法真的都很有启发性，还有吗？

大明 当然还有，你只要经常浏览社区（public.tableau.com）就好啦！

几个例子的二维码

小白 OK，看来public上有宝藏啊！谢谢大明哥！今天又学到一招，请你喝咖啡！

大明 哈哈，斯达巴克斯大杯拿铁走起！

18

第 19 章

流向分析：桑基十八式

桑基图具有令人惊叹的可视化效果，通常给人留下深刻的印象，有很多 Tableau 用户对桑基图的制作过程非常好奇，都希望在自己的日常工作中能够恰当运用桑基图呈现数据。但桑基图的制作过程比较烦琐，综合运用了较为复杂的表计算和计算函数，因此建议读者先熟悉表计算的原理，再学习桑基图。

本章的操作步骤较多，且有很多容易忽略的细节，因此大量使用了插图来展示每一步骤，如果读者同步操作，请务必关注每一个细节设置，保证自己的界面与插图一致。

学习难度：高级
涉及的业务分析场景：分类分析
涉及的图表类型：热图，桑基图
知识点：自定义计算字段

19.1 流向问题的提出

清晨，阳光明媚，大家都一脸灿烂，互道早安。小白在茶水间接水，与销售总监汤米不期而遇。

汤米 我这两天在思考一个问题，我们的销售额从哪里来，到哪里去？举例来说吧，我们的销售额从哪些类型的客户来？这些客户又是从哪些地区而来，他们又买了什么类型的产品？当然这只是一个例子，实际问题还要灵活多变一些，比如所有的销售额是从哪些类型的产品中来，这些订单又变成了哪些订单优先级？不知道……我说清楚没有？

小白 好像有点明白，又好像有点……不明白。

汤米 咳！算了，不着急的事儿，有空帮我研究研究，大概意思就是分析销售额的流向，从地区流向客户分类、再流向产品分类、流向订单级别。要是能分析出来，会对业务部门非常有帮助！知道你们都很忙，改天再说啦。

从哪里来，到哪里去？回到座位上，小白打开电脑琢磨，怎样理解销售额从哪里来的呢？来自哪些客户细分？来自哪些地区？于是开始思考……

销售额来自哪些客户细分，看似很简单啊，一个工作簿不就能实现？

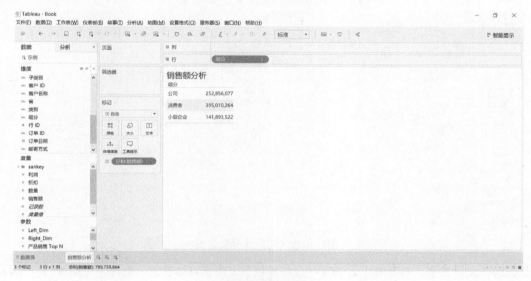

不同细分销售状况

同样道理，销售额来自哪些地区，增加一个工作簿应该就能完成。

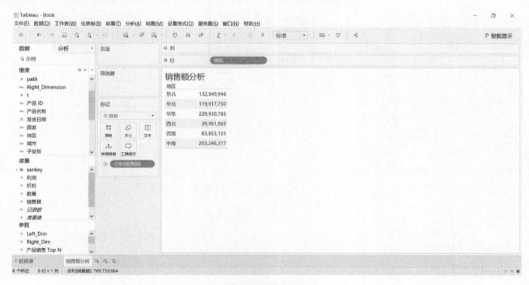

不同地区销售状况

19

如果要看每个细分的销售额来自哪些地区，就再做一个交叉表？

细分和地区销售状况交叉表

可是，这一大片数字，能看出什么来呀？直接看数字也很难具体理解，也许……换成百分比会更有意义？这个倒是简单，直接在分析菜单里面选择"百分比"，再选择"表"就可以了。

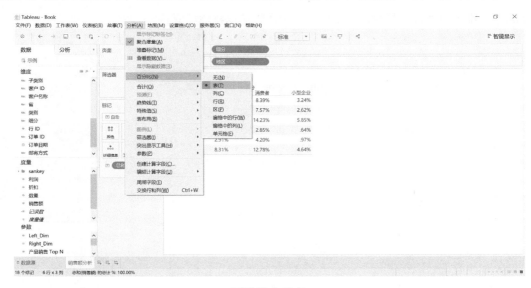

百分比交叉表

每个地区的总占比如何体现？每个客户细分的总占比又如何体现？嗯，加个总计试试……

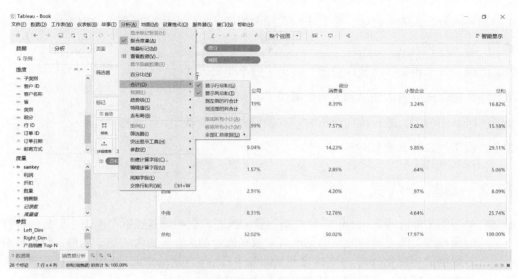

显示总和百分比交叉表

虽然这是个百分比，但还是一堆数字，不怎么具备可视化特点啊？面对一堆数字，真看不出来有什么价值，再加个颜色可视化试试，在 LOD 区域选中"总和（销售额）"胶囊，按住 Ctrl 键拖放到"颜色"按钮上，看起来还是不错滴！

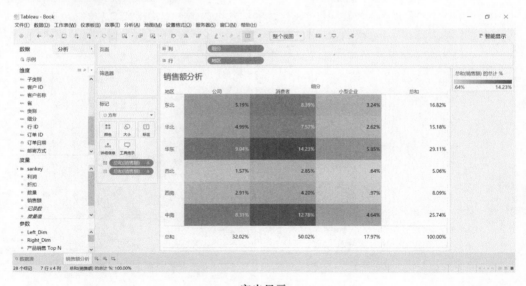

突出显示

小白对自己渲染过的交叉表很满意，不就是这个嘛，横着看知道消费者客户对每个地区的贡献都最大；竖着看知道华东地区销售额占比最高。

正得意的时候，大明走过来，看见小白美滋滋的样子，以及电脑屏幕上的图表。

大明　这么高兴?

小白　哦，汤米想要一个流向分析，我做了这个交叉表。

然后小白把流向分析的意思和大明大概说了说。

大明　哦，明白了，进行流向分析时，有种图表叫作桑基图，听过吗?

小白　没听过，什么桑基图?

19.2　桑基十八式

大明　桑基图（Sankey diagram），即桑基能量分流图，也叫桑基能量平衡图。它是一种特定类型的流程图，图中延伸分支的宽度对应数据流量的大小，通常应用于能源、材料成分、金融等数据的可视化分析。因 1898 年 Matthew Henry Phineas Riall Sankey 绘制的蒸汽机的能源效率图而闻名，此后便以其名字命名为桑基图。

小白　好像不太能理解，有没有例子啊?

大明　好，就比如全球航空旅客流向，你看下这个。

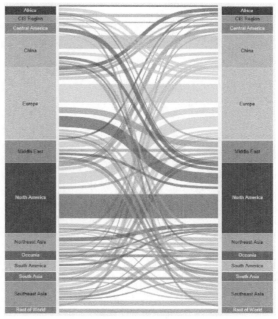

网址为https://public.tableau.com/en-us/s/gallery/boeing-current-market-outlook

桑基图示例

小白 哇塞！这个好酷！关键是很直观啊！旅客流向哪里，来源哪里，清清楚楚！可是这个怎么做？

大明 哈哈，你在网上查一下吧，还是有一些教程的，搞不定再来找我！你就直接用咱们的数据做就行了，使用桑基图分析咱们的业务应该很能说明问题的。我开会去了！

等到中午大明回来的时候，看见小白愁眉苦脸地坐在电脑前，想起来早上桑基图的事儿。

大明 咋样小白，桑基图搞定了没有？

小白 没搞定！在网上找了几个教程，貌似说得挺细的，可怎么弄都弄不出来，一团乱，一会儿曲线是错位的，一会儿顺序是颠倒的。这个桑基图是不是很难做啊？

大明 哈哈，遇到些问题很正常，我当初研究了好几天才整明白。不过既然我已经研究过了，你就可以省点事儿了。我跟你说说步骤。

小白 太好了，你说，我一边听一边做！

大明 第1步，准备数据，在你的数据源上加一列，叫作"link"，这一列只有一个取值，就是"link"。不过我是为了简便，把列名称作成别的名字也行。如果是 Excel，加一列很容易，然后每一行数据都填充为"link"就行，如果是数据库怎么办呢？要修改表结构吗？

小白 哈，我还是学了一点 SQL 基础的，不用修改数据源表，可以用自定义 SQL，先选出需要的值列表，然后加一列常量值，好比这样，你看。

```
SELECT
COL1 AS COL1,
COL2 AS COL2,
COL3 AS COL3,
'link' AS LINK
FROM DATA_TABLE
```

大明 不错不错，还真有点基础，不过呢，如果写 SQL 的话，建议把要分析的度量值聚合，这样可以缩小数据量，性能会更好。

第2步，准备一个 Excel 文件，叫作"桑基图基础"，要有 3 列：link、path、t，数据有 49 行，应该是这样的。

link	path	t
link	0	−6
link	1	−5.75
link	2	−5.5
link	3	−5.25
link	4	−5
link	5	−4.75
link	6	−4.5
link	7	−4.25
link	8	−4
link	9	−3.75
link	10	−3.5
link	11	−3.25
link	12	−3
link	13	−2.75
link	14	−2.5
link	15	−2.25
link	16	−2
link	17	−1.75
link	18	−1.5
link	19	−1.25
link	20	−1
link	21	−0.75
link	22	−0.5
link	23	−0.25
link	24	0
link	25	0.25
link	26	0.5
link	27	0.75
link	28	1
link	29	1.25
link	30	1.5
link	31	1.75
link	32	2
link	33	2.25
link	34	2.5
link	35	2.75
link	36	3
link	37	3.25
link	38	3.5
link	39	3.75
link	40	4
link	41	4.25
link	42	4.5
link	43	4.75
link	44	5
link	45	5.25
link	46	5.5
link	47	5.75
link	48	6

桑基图所需的数据表

大明 第 3 步，在 Tableau 中连接业务数据，同时连接"桑基图基础"，然后通过 link 字段把这两个数据关联起来。

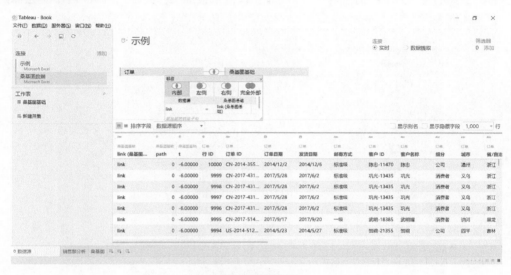

连接桑基图数据

插个问题，你知道这样连接的结果是怎样的吗？比如销售数据中有 10 000 条数据，而"桑基图基础"中有 49 行数据，关联之后的结果有多少数据？

小白 哈，我还是有点 SQL 基础的嘛，应该是 10 000 × 49 = 490 000 条记录喽！

然后似乎又想到了点什么。

小白 这样关联会有数据扩量，如果业务数据量非常大，那岂不是扩量之后的数据量会非常恐怖？

大明 想到这层非常好，不建议在大数据量的明细表上直接制作桑基图，就像我刚才说的，如果你写自定义 SQL，可以把数据聚合一下，目的也是压缩一下数据量，让桑基图的性能好一点。

小白 好！明白了！

大明 第 4 步，切换到分析界面，t 和 path 两个字段被默认识别为度量值，把它们拖放到"维度"窗格。第 5 步，创建几个自定义字段，注意顺序不要反了！

```
(1) sigmoid = 1/(1+EXP(1)^(-[t]))
(2) size = RUNNING_AVG(SUM([销售额]))
(3) rank1 = RUNNING_SUM(SUM([销售额]))/TOTAL(SUM([销售额]))
(4) rank2 = RUNNING_SUM(SUM([销售额]))/TOTAL(SUM([销售额]))
(5) curve = [rank1]+([rank2]-[rank1])*ATTR([sigmoid])
```

19

小白　这么多？rank1 和 rank2 分明是一样的嘛，确定要写两个？

大明　当然确定，为了结构清楚一点，可以把度量值按照文件夹方式组织一下，把它们归到一个文件夹下。

创建字段分组

大明　第 6 步，把"地区"维度和"细分"维度拖放到 LOD 区域，再把"地区"维度拖放到"颜色"按钮上，把自定义字段"size"拖放到 LOD 区域，把"path"维度和"销售额"度量值拖放到 LOD 区域，把维度"t"拖放到"列"功能区，把自定义字段"curve"拖放到"行"功能区。看上去是这样的。

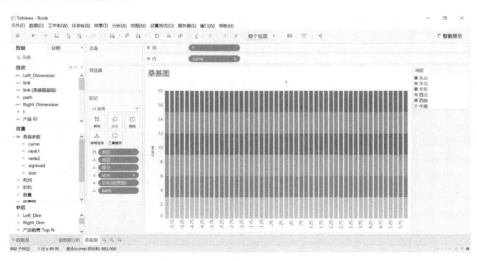

创建桑基图基础（另见彩插图 44）

不过这个看上去与桑基图相差甚远，现在就开始设置。第 7 步用右键单击"行"功能区的"curve"胶囊，弹出的快捷菜单中选择"编辑表计算"，注意这是一个嵌套表计算，先设置 rank1 的计算依据。**这里一定要注意"特定维度"的排列顺序，顺序错误会影响表计算结果。**

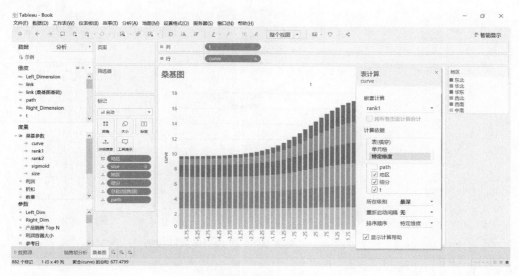

Curve 表计算设置：rank1

然后再设置 rank2 的计算依据。

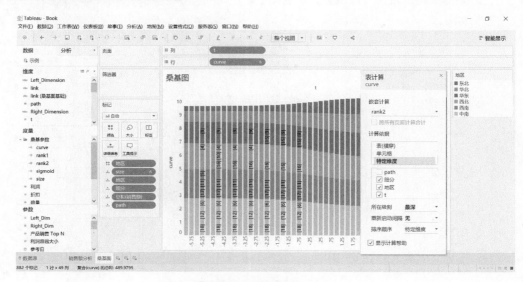

Curve 表计算设置：rank2

第 8 步，用右键单击"列"功能区的"t"胶囊，在弹出的快捷菜单中把类型从"离散"改为"连续"。

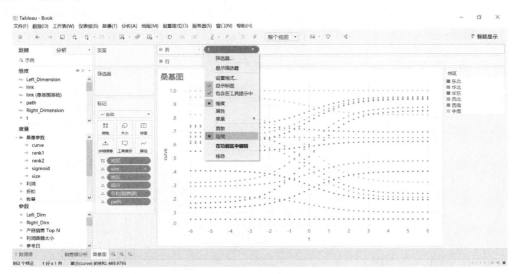

将度量 t 更改为"连续"状态

小白 现在看起来像是线条啦！

大明 别急，还有几步。第 9 步，把标记类型从"自动"改为"线"，然后把"path"胶囊从 LOD 区域拖放到"路径"按钮上。就这样了。

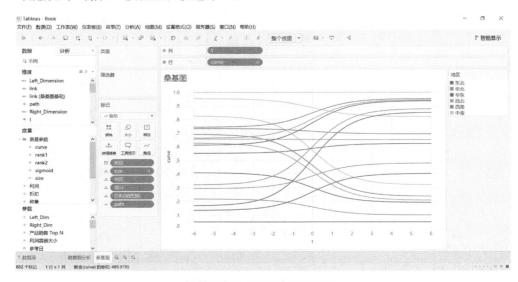

线型图显示（另见彩插图 45）

第 10 步，把 "size" 胶囊从 LOD 区域拖放到 "大小" 按钮上，然后右击这个胶囊，从快捷菜单中选择 "编辑表计算"，然后做这个设置。

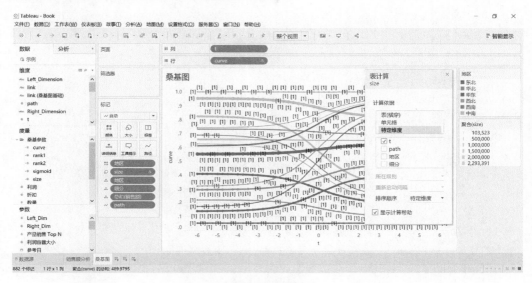

size 表计算设置

第 11 步，把线条粗细调整一下，适当即可，让线条看起来紧密一些。

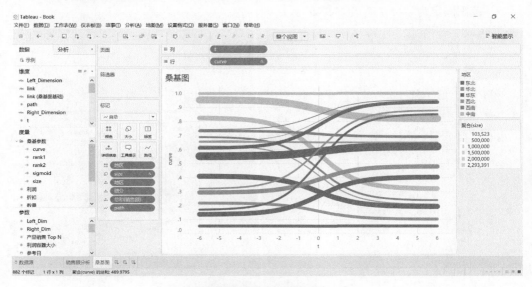

线条粗细调整（另见彩插图 46）

19

第 12 步，右击"curve"数轴，在选项中把轴范围固定为"0"到"1"，然后把轴改成"倒序"。

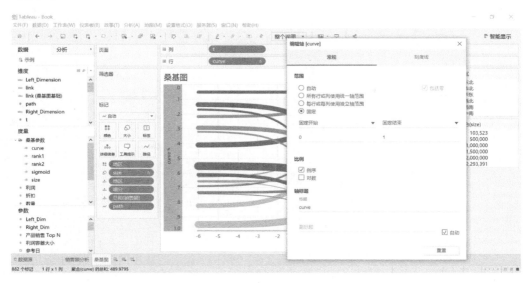

固定 Curve 数轴

第 13 步，与上一步类似，用右键单击"t"数轴，弹出菜单中选择"编辑轴"，然后把轴范围固定为"-5.75"至"5.75"。

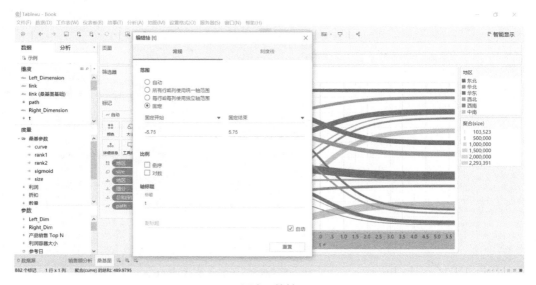

固定 t 数轴

第 14 步，去掉"curve"和"t"两个数轴的标题，方法是分别在两个胶囊上点击右键，勾掉"显示标题"。

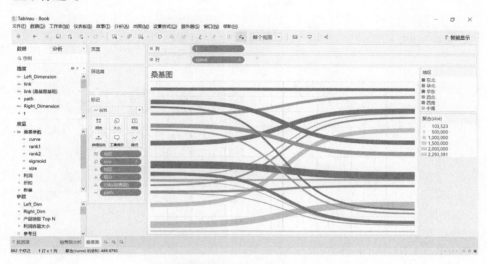

隐藏轴标题（另见彩插 47）

第 15 步，把这个工作表重命名为"sankey"，建一个新的工作表，命名为"地区"，把视图大小改为"整个视图"。把"销售额"拖放到"行"功能区，把"地区"维度拖放到"颜色"按钮上，再把"地区"维度拖放到"标签"按钮上，把"销售额"拖放到"标签"按钮上，然后设置表计算，显示为"合计百分比"。

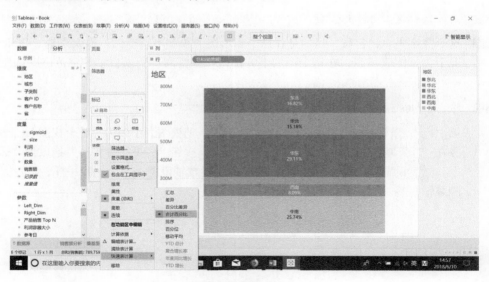

地区销售额占比

第 16 步，编辑"销售额"数轴，把轴范围固定为"0"到"789 759 864"，确定之后隐藏这个轴标签。

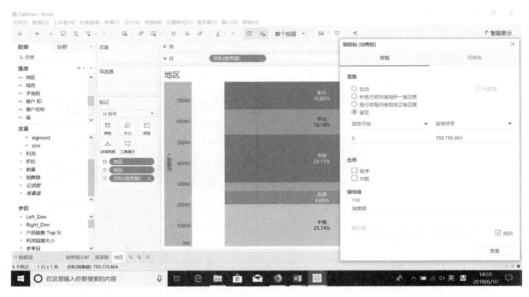

固定销售额数轴

注意：实际工作中由于数据会更新变化，所以不能把数轴范围写死。因此，在数据会发生变化的情况下，请忽略第 16 步。

小白　为什么有这个奇怪的数？

大明　这个数字是总销售额，目的是让这个条形图的顶端不留空白，顶天立地。Tableau 默认情况下为了图表美观，在每个图的上方都留一些空间，所以自动的轴范围默认比总额要多一些。

小白　哦，Tableau 原来这么细致！

第 17 步，新建一个工作表，起名为"细分"，把视图大小改为"整个视图"。把"销售额"放在"行"功能区，把"细分"放到"标签"按钮上，把"销售额"拖放到"标签"按钮上，然后设置表计算为"合计百分比"。设置数轴范围，与上一步一样，设置完毕之后也隐藏轴标签。

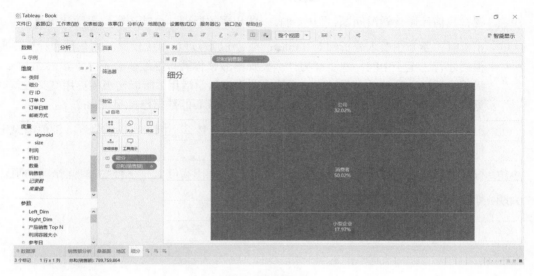

细分销售额占比

第 18 步，创建一个仪表板，起名"桑基图"，照这个布局，把仪表板大小改为"自动"，去掉图例，隐藏每个工作表的标题，调整大小即可。

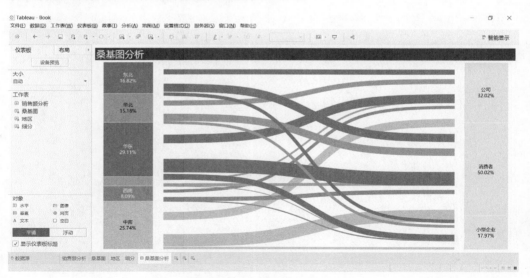

桑基图分析仪表板（另见彩插 48）

小白 大功告成啦！

大明 搞定了，其实就是步骤多一些，也没什么神秘的，网上很多教程中遗漏了一些重要的细节步骤，出来的效果总是不一样，难免让人抓狂。我这个方法是"桑基十八式"，确保成功。

小白 嗯，我估计照着做没问题，但中间有一些步骤的原理，可能还需要再消化消化。

大明 正常啊，桑基图要求分析师对 Tableau 的工作原理理解得比较深，尤其是表计算要理解得很透才行，至于中间一些步骤为什么要那样做，你就得细细体会了。不建议 Tableau 的初级用户死记硬背地学习桑基图，死记硬背很难活学活用，所以初级用户用交叉表就好，毕竟数据也都在那里，虽然可视化效果差点，但核心的数据已经呈现出来了。

对了，你可以试着跳过中间某些步骤，看结果有什么不同。比如轴倒序、轴范围设定和表计算依据设置之类的。哈哈。

小白 好吧，我相信你肯定是深有体会了，今天这盘棋下得够大！下楼喝咖啡清醒清醒吧！

大明 斯达巴克斯大杯拿铁走起！

第 20 章

数据准备也能可视化：Tableau Prep

Tableau 于 2018 年 4 月正式推出数据准备产品 Tableau Prep，目的是帮助业务用户在开始数据分析之前，能够便捷高效地对数据进行加工、清洗、合并等整理工作，使其便于进行分析。本章对 Prep 的功能和应用场景做一个概述，帮助读者快速入门 Tableau Prep。

学习难度：中级
知识点：Tableau Prep 数据准备

Tableau Prep 上手

以往，数据分析部都是对国内的业务数据进行分析，但是随着国外业务的发展，公司希望对国外的数据也做一下分析。由于种种原因，现在拿到的数据都不在数据库里面，是导出的数据文件。而这些导出的销售数据文件，虽然数据结构应该都是一样的，但实际上总是有一些细微差别，数据合并一直不能成功。小白拿着这一堆数据，颇有些烦恼。

大明会不会有什么好方法呢？Tableau 有没有什么好方法呢？这次大明没有直接打开电脑给小白演示。

大明　Tableau 刚出了一个新产品，叫作 Tableau Prep，据说是专门针对数据预处理工作而推出的，咱们不如请大麦来给大家讲讲，看这个产品能不能解决咱们的问题。

大麦来公司之后，跟大家寒暄片刻，就开始分享 Prep 的用法。

大麦　也不用专门介绍这个软件怎么用了，直接拿你们的数据来，一边介绍，一边把数据处理好，岂不是一举两得？

小白　那当然好！这些是我们的数据，南部地区销售数据是每年一个 CSV 文件，西部、中部销售数据各自一个 CSV 文件，东部销售数据是一个 Excel 文件，这些销售订单需要合并起来。此外，还有退货数据，也在 Excel 文件中，不分地区，我们需要把这个退货与销售订单数据进行关联分析。另外还有一个销售任务表，里面记录了每个地区每年的销售任务，我们要做销售任务绩效分析，所以需要把这个数据与实际销售做关联分析。数据目录就是这样，你看下。

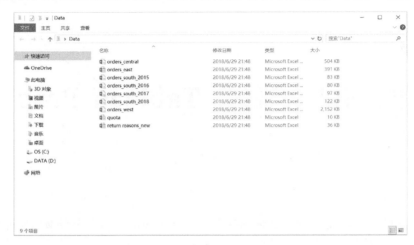

数据目录

大麦 好吧，我们直接开始。先认识一下 Tableau Prep。

大麦说着，打开了 Tableau Prep 软件。

大麦 初始画面包括数据连接窗格、历史文件、示例流程和学习资源几个部分。跟 Tableau Desktop 很像吧？

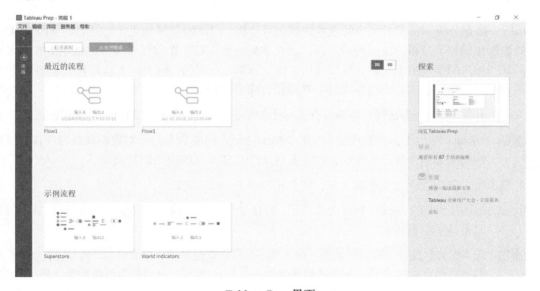

Tableau Prep 界面

要处理数据，第一步当然是要连接数据。我们点击界面左侧的"连接"，把几个业务数据都连进来。选择"文本设置"，在对话框中定位到数据文件所在的路径，选择"orders_south_2015.csv"文件。Tableau Prep 会自动识别字段名称、字段类型、字符串标志、分隔符等。如果识别得不对，也可以手工设定。

添加 TXT 数据源

对于南方地区的订单数据，我们需要将多个数据文件合并。把选项卡切换到"多个文件"这一页，选择"通配符并集"，然后输入搜索条件"orders_south*"，点击"应用"之后，我们发现软件自动识别并包含了 4 个文件的数据。

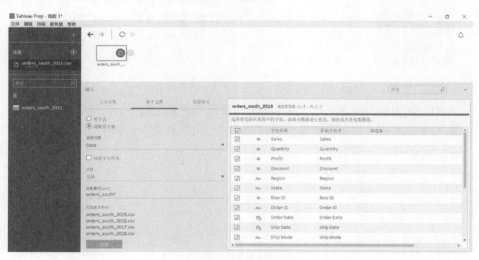

批量添加数据源

20

小白 我看到元数据窗口的最后一栏是数据样本，Tableau Prep 在连接数据的时候就从数据源系统中进行数据采样吗？还是全部都加载进来？

大麦 这个问题很好，Tableau Prep 连接数据时是进行数据采样的，我们把选项卡切换到"数据样本"页面。我们可以看到 Tableau Prep 的采样数量可以使用默认示例量、使用所有数据或者固定行数，此外，采样方法可以使用快速选择或者随机抽样。

小白 可是这个采样的意义何在呢？

大麦 又一个好问题。Tableau Prep 如果连接文件数据源，则需要判断字段类型，这时就要基于采样获取到的数据值来判断；后续还要进行数据的剖析和清洗，也需要根据采样数据判定每个字段的取值或者取值范围。这样我们就可以发现数据中的质量问题，并对有问题的数据进行针对性的清洗。

查看数据样本

我们继续来观察南部订单数据，点击订单图标右边的加号，可以添加一个步骤，然后开始进行数据剖析，如果发现数据质量问题，也可以在这个步骤中加以纠正。

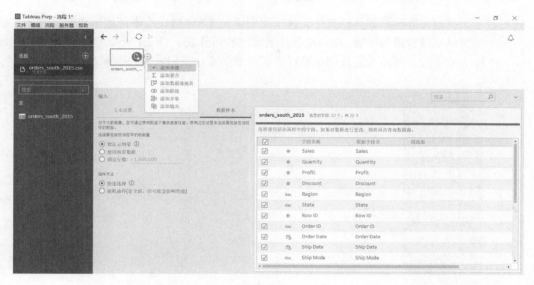

添加 Step

数据观察窗格分为两个部分，上半部分是数据剖析，每个字段的取值范围和数据量统计都列在这里。下半部分是样本数据窗口。实际上，上半部分的数据剖析窗格更有用。我们从前向后翻阅一下，没有发现什么明显的问题，但是最后一个字段是"File Paths"，这个字段是多个文件进行合并的时候，软件为了区别数据来源于哪个文件自动添加的一个字段，实际分析中并不需要，我们可以在标题的地方右击鼠标，选择"移除字段"删掉它。

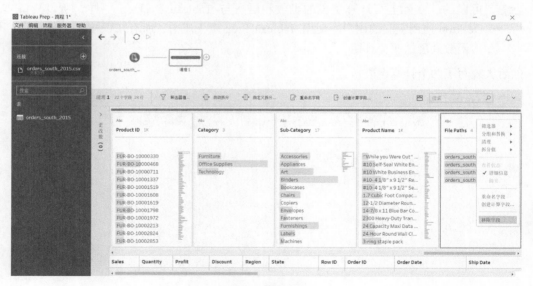

移除部分数据

下面我们再继续添加其他文件。这次我们添加 CSV 格式的中部地区数据文件。在数据剖析窗口观察数据的时候，我们发现订单日期被切分成了 Order Year、Order Month、Order Day 这 3 个字段，同样发货日期也被拆成了 3 个字段。我们需要一个标准格式的日期。

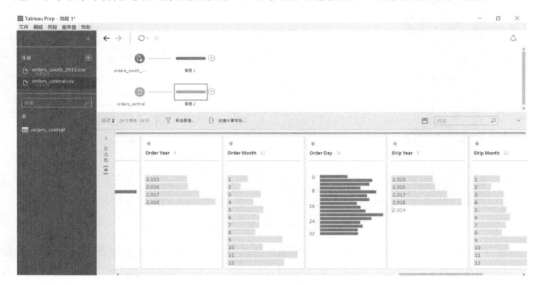

添加 central 数据源

小白 可以写计算字段合并吗？跟 Tableau Desktop 里一样？

大麦 可以的。实际上写计算字段的函数和语法与 Tableau Desktop 一样，所以具备 Tableau Desktop 使用经验的用户，使用 Tableau Prep 毫无压力，所有知识技能全部重用。我们就用函数处理这两个日期。

然后大麦写了两个计算字段。

一个是 Order Date。

```
Order Date = MAKEDATE([Order Year],[Order Month], [Order Day])
```

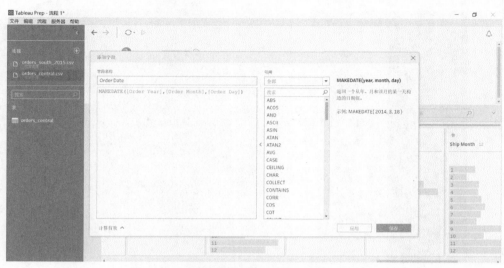

创建 Order Date 计算字段

另一个是 Ship Date。

$$Ship\ Date = MAKEDATE([Ship\ Year], [Ship\ Month], [Ship\ Day])$$

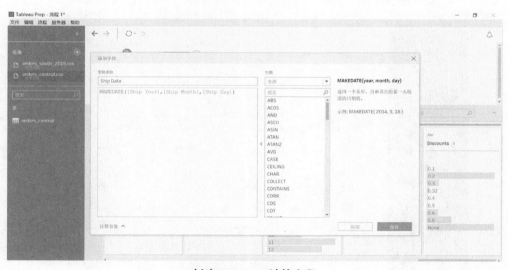

创建 Ship Date 计算字段

20

大麦 这两个字段写完之后，可以把原始的 Order Year 和 Order Month 之类的字段删掉，不会影响计算字段。但是这时候我们发现 Discounts 字段有一些问题。首先，它的图标显示的是字符串类型的，而不是数字类型；其次，取值中有一个"None"取值。我们需要对这个字段的数据进行纠正。

覆盖 None 值

纠正方法也很简单，直接双击"None"的取值，将其改为 0 即可。然后再点击"Abc"的
图标，将其改为数字型就可以了。

修改 Discounts 数据类型

小白 这么多步骤，我都忘了前面几步了，哪里能够查看数据处理的历史动作呢?

大麦 有一个默认折叠的窗格记录了每一个操作。展开它，可以随时查看历史步骤，也可以删除
其中的一些步骤，点击每个步骤还可以看到与这个步骤相对应的数据状态。

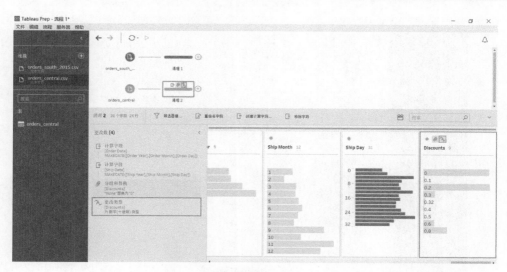

查看修改记录

我们继续增加数据文件，现在增加 CSV 格式的西部订单数据。在数据剖析窗格中，我们发现 State 字段有点问题，首先"CA"和"California"应该是同一个州，而其他州都是简写，我们查看一下其他数据文件中这个字段的取值，可以发现都是全称，因此这个字段需要处理，把"California"改成"CA"之后，两个取值就会被合并，在字段的标题栏可以看见一个曲别针图标，表明数据已经分组。

覆盖数据

小白　这与 Tableau Desktop 使用分组方法清理脏数据是一个原理啊！

自动分组

 没错，是一个原理，所以有 Desktop 使用经验的人，使用 Prep 就更容易，而且在 Prep 中的这个操作更简单。现在我们导入东部地区的订单数据，它是 Excel 格式的。

对这个数据进行观察，发现 Sales 字段是字符串类型，而不是数字类型，原因是取值中都有 "USD" 这 3 个字母。我们需要把这个取值中的数字提取出来，去掉 "USD" 这 3 个字母。直接在字段标题栏上调出快捷菜单，选择 "拆分值"→"自定义拆分" 即可。

分隔字符 Sales

在"使用分隔符"中输入"USD"，然后选择"最后一个"以及"1"即可。

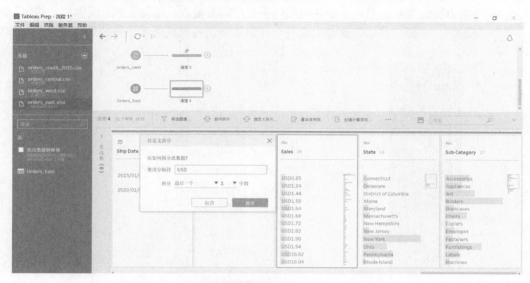

自定义分隔字符 Sales

拆分之后删掉原始的 Sales 字段，把拆出来的字段改名为"Sales"并更改为数字型数据即可。

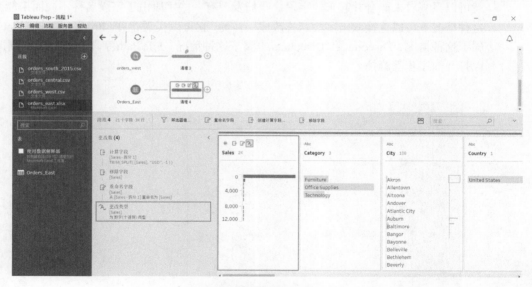

重命名分隔字段 Sales

小白 现在可以合并了吧？

20

大麦　可以合并了。合并之前我们把几个步骤的名字都改为地区名，便于后续进行数据处理。合并的方法也简单，把一个步骤向另外一个步骤上拖放，就会有提示问你要"并集"还是要"联接"，选择"并集"就会出现一个并集步骤，再把其他步骤拖放到这个并集步骤即可。

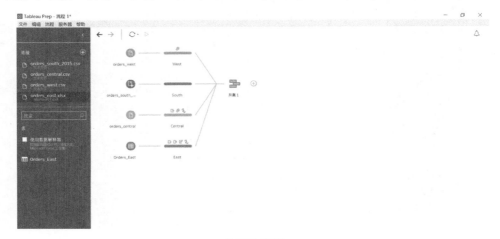

并集数据源

点击这个并集步骤，展开数据处理窗格，可以查看合并结果，选择"仅显示不匹配字段"，就可以只查看未能合并起来的字段。我们发现有一些字段由于字段名称不同而未能合并，这种情况下可以直接双击字段名称改成一样的，就可以实现合并。Product 和 Product Name 属于这种情况，Discount 和 Discounts 也属于这种情况。File Path 字段是刚才忘了删掉，可以打开前序步骤删掉。

显示未匹配字段

大麦 但我们发现中部没有 Region 字段，我们也可以回到中部前序步骤，增加一个计算字段。大麦写的计算字段很简单，是这样的。

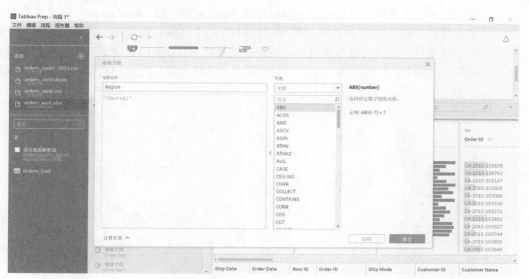

创建 Region 字段

大麦 再回到并集步骤中，已经没有不匹配的字段了。

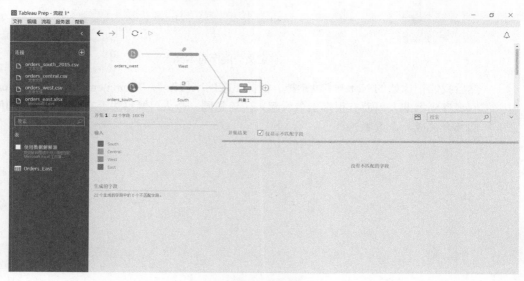

清理未匹配字段

下一步，我们把退货数据与订单数据关联起来。添加数据源，选择 Excel 文件，选择退货数据文件。在数据剖析窗格观察数据。

我们发现这份数据中字段很多，但是除了"Order ID"和"Product ID"两个字段要用来与销售数据关联，"Return Reason"和"Notes"两个字段有用之外，其他字段都与订单表中的字段重复，所以可以全部删掉。我们还观察到 Notes 字段包含了一个说明和批准人，中间用"-"隔开，我们把这个字段拆分成两个。选择自定义拆分，输入分隔符"-"，选择"第一个"以及"2"完成拆分。

自定义分隔字符 Notes

然后我们把原始的 Notes 字段删掉，把拆出来的字段改为"Comment"和"Approver"。我们观察到批准人里面有很多人名看起来应该是同一个人，但写法上有细微差别，如何把他们都合并成一个人呢？

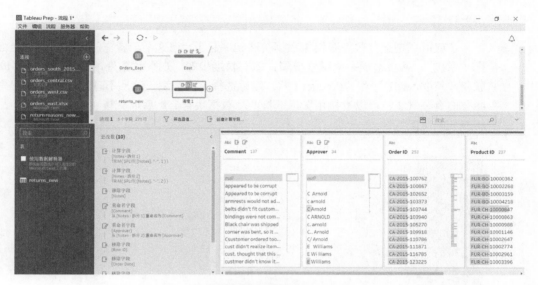

重命名分隔字段 Notes

小白　分组合并？

大麦　分组合并是个好方法，但是手工分组会比较麻烦，而且不准确，Tableau Prep 在分组合并中加入了模糊聚类算法，可以根据读音或者拼写自动识别相同值，并将它们合并起来。大家看下效果。

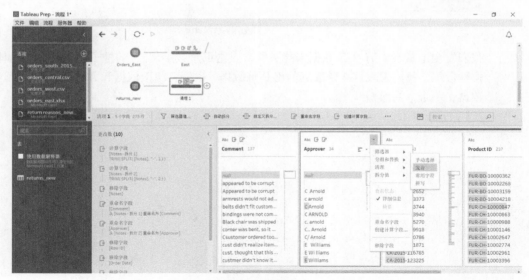

自动识别及分组

小白 厉害！

大麦 下一步就可以把退货数据跟销售数据关联到一起了，把这个步骤拖放到并集步骤上面，选择"联接"，就会出现一个联接步骤，单击联接步骤，观察数据处理逻辑。首先要设定关联条件"Order ID"和"Product ID"，然后选择关联类型，这回不理解左关联和右关联的朋友们有福气了，可以直接用鼠标选择两个数据集合，然后取交集、并集、差集等，下面就有数据匹配统计。

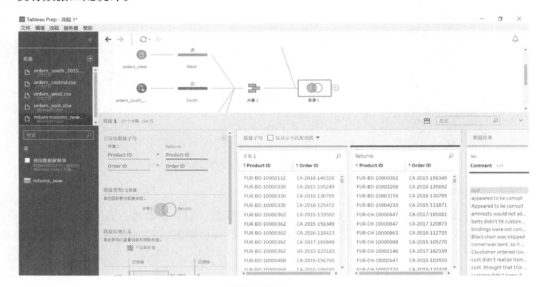

关联数据源 Return

我们发现退货表中有 3 条数据未能关联，点击那个数字"3"的柱子，直接查看具体的被排除数据。我们发现这 3 条数据的确是脏数据，也没有纠正依据和方法，因此丢弃这几条数据，不进入后续流程。

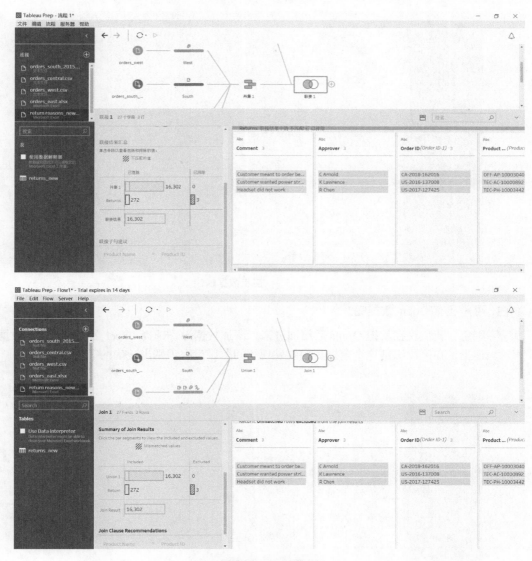

浏览 Excluded 数据

现在可以输出数据了，点击联接步骤右边的加号，选择"添加输出"，设置输出。Tableau Prep可以将结果输出为 CSV 文件、TDE 文件或者 Hyper 文件，可以输出本地文件，也可以直接将结果发布到 Tableau Server 上。

20

初步数据输出

小白 可是还有 Quota 数据呢？

大麦 别急，我们现在就把 Quota 数据加进来。添加数据源，选择 Excel 文件，把这个数据文件连上，在字段识别这个窗格我们就发现了问题，没有识别出正确的字段名称。

未正确识别字段名称

不过没关系，与 Tableau Desktop 类似，Prep 也提供了数据解释功能，点击"数据解释"就能正确解析了。

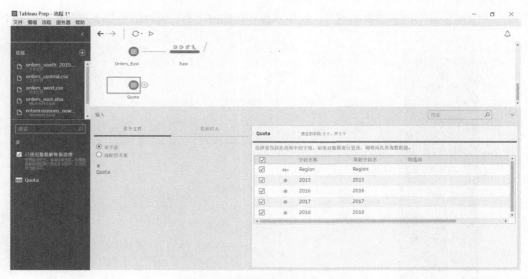

使用数据解释功能

可是这个数据表看起来是个交叉表格式，需要把它转成普通二维表格式，变成 Region、Year、Quota 三列。我们在后续添加一个数据透视表步骤，完成这个转换。

把几个年份字段拖放到"透视字段"窗格，然后把字段分别改名为"Year"和"Quota"即可。

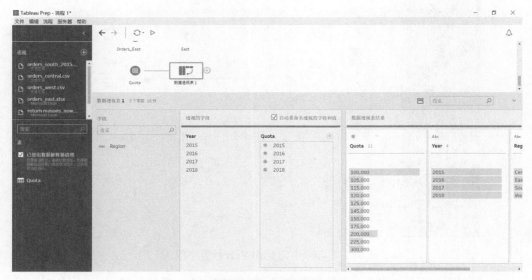

使用数据透视表功能

20

注意 Year 字段是字符串类型，这里不能直接修改类型，可以增加一个步骤来修改这个类型。

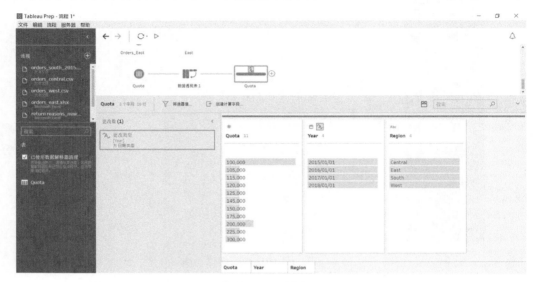

修改 Year 数据类型

Quota 数据的处理还没有结束，这里还需要把 Year 的数据由一个具体的日期转换为年份。

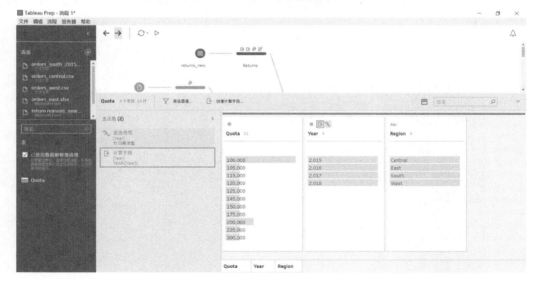

创建 Year 计算字段

看起来似乎是可以与订单数据关联了，但是还是有一些问题。Quota 数据是高度汇总数据，而订单数据是非常细致的，所以在关联之前，还需要把订单数据汇总到相同的颗粒度。点

击"输出"之前的"联接"步骤,选择"添加分支",在新增加的步骤里面,先删除不需
要的冗余字段,只保留图中这几个有用的字段。

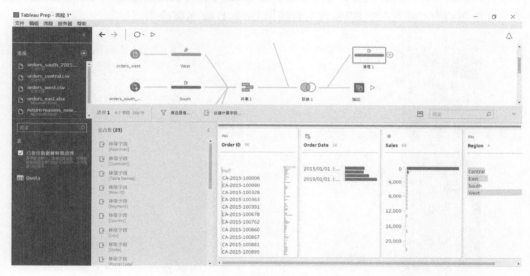

添加分支

特别需要注意的是,被退货的订单销售额不应计入实际完成销售中,因此需要排除被退货
的订单,其方法是选中"Order ID"取值列表中的"null"值,单击右键,从快捷菜单中
选择"只保留",这样剩下的订单才是没有退货的订单。

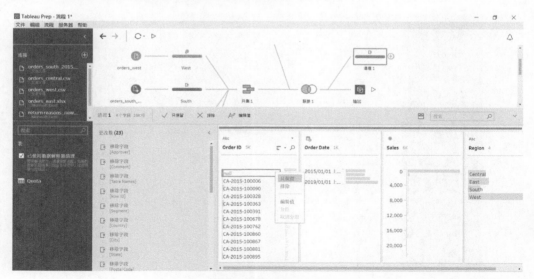

保留未退货订单数据

20

下一步是点击步骤右边的加号，选择"添加聚合"，然后设置汇总。

汇总时用拖曳的方式选择分组字段，把 Sales 字段作为聚合字段。可以直接选择日期的汇总级别为"年"，也可以在这里直接把 Order Date 名称改为"年"。

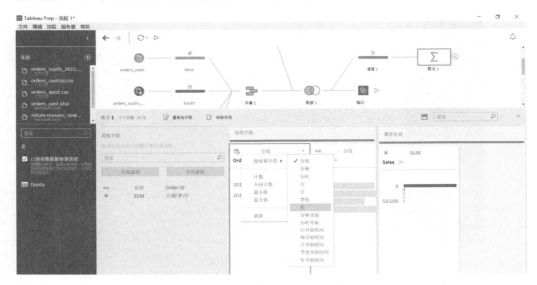

添加聚合

此时会得到以下结果。

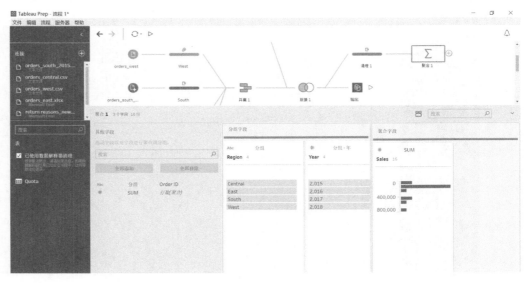

分组设置

下一步就是与 Quota 数据进行联接。

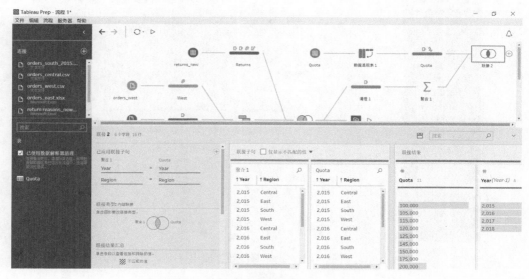

联接数据源 Quota

完成联接之后会有两个 Year 字段和两个 Region 字段，因此还需要增加一个步骤把冗余字段删掉。

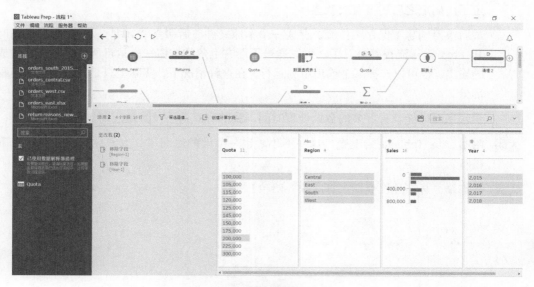

清理冗余数据

最后就可以输出数据了。

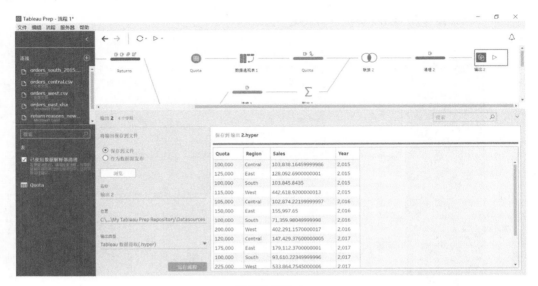

最终数据输出

小白　一步步处理数据，看上去每一步都挺简单明了，全部处理完成之后，发现还是蛮复杂的流程嘛！

大麦　俗话说"眼愁手不愁"，看见复杂的数据处理任务，不要着急，慢慢来，一步步就全都搞定了。搞定之后还挺有成就感！

最后千万别忘了保存工作流，存成一个本地文件，后缀是".tfl"。以后数据要刷新时，打开 Prep 运行流程就可以了。可以通过界面右上角的按钮一次运行所有的分支，完成所有的输出，也可以选择某个输出单独运行，在这种情况下，实际上只是运行了全部流程的一部分。

小白　看起来的确能节省好多的数据处理时间，我都有点迫不及待地想要试试了！

大明　哈哈，玩 Tableau 会上瘾！这一不小心也一节课的时间了，大家休息一会儿呗！下楼喝咖啡？

大麦　跟你蹭一杯斯达巴克斯大杯拿铁？哈哈！

第 21 章

职业困惑：数据分析师有没有前途

本章是本书的最后一章了，在产品应用方面，介绍了锚点分析的方法，同时希望借助本章与读者一起思考数据分析师的未来。越来越多的企业在向数据驱动的组织转型，传统 IT（Information Technology）转型为 DT（Data Technology）。作为数据工作者，未来是做一个专业的报表工程师，还是去做一个数据科学家？或是去业务一线兑现数据价值？希望每个读者都能找到自己的答案。

学习难度：中级
涉及的业务分析场景：锚点分析
涉及的图表类型：折线图
知识点：自定义计算字段，参考线

21.1 机会与困惑

新年伊始，公司里开始出现各式各样的总结，业绩总结、产品总结和奖金总结。还有各种会，庆功会、计划会、茶话会还有吃吃喝喝大聚会。日常的工作中穿插着无数的大会小会，有不少会议上还需要数据，虽然大部分都是业务部门自己分析，但一些关键的会议还是需要大明自己拿数据出来讲，业务部门也有不少的重要报告要请大明帮忙审定，确定分析的数据无误以及方法正确。

好在大明向来工作都做在前面，日常的分析模型已经被大明固化，因此只是刷新数据的问题。对于年底的战略发展会议，大明也提前做了准备，所以工作虽然忙碌，对他来说却也算有条不紊。

不过还是有令他烦恼的事。最近的周末，大明参加了 Tableau 用户小组的聚会活动，在会上他分享了一些自己的数据分析心得，与大家交流经验，没想到这个分享给他带来些新的机会，同时也带来一些烦恼。大明的分享很精彩，一位来自某著名咨询公司的 BI 业务总监邀请大明到他的团队工作。

本来，大明没有跳槽的想法，现在的工作得心应手，工作氛围也很开心，这些东西都让大明感到满足。可是，对方开出来的薪水要比现在高出 50%，这个增长幅度又让大明没法不动心。可是问及工作内容呢，却是给甲方做报表或者仪表板，换句话说，就是乙方的"表哥"。这份工作看似跟数据分析相关，实际上不沾边，不用关心数据里面有没有问题，更不必在意这个数据究竟能不能支持决策。大明对这些工作内容也有所了解，他的一些朋友在乙方做项目，整天满天飞地给甲方去做报表，挣钱虽多一些，不过在大明看来，总觉得那份工作缺点实际的价值感。"表哥""表姐"这种角色在业内有很多，大明并不认为自己是个"表哥"，并且心底里颇为反感这个定位。

可是，看在工资的面子上，大明没当场答应，也没回绝，说再考虑一下。两天大明内心的纠结，让他有点神不守舍。年轻人，谁不想多挣点钱？可是谁又不想做自己喜欢的事情？为什么这两者要发生矛盾呢？

大明跟老婆聊这个事，希望能听到建设性的意见。

大明　总之这事，让我有点纠结。

老婆　纠结什么！难道跟钱过不去啊？

老婆显然不能理解他。

大明　没跟钱过不去，跟你说了我并不喜欢那种工作。

老婆　不喜欢咋地？谁不是为人民币服务？你当你为人民服务啊？

大明　算了算了，不跟你说了。

老婆很现实，钱是真金白银，喜欢能当饭吃？而且在她看来，工作不就是份工作？还挑喜不喜欢，你当找对象啊！所以大明甚至有点后悔跟老婆说这些了，如果不说，自己拒绝这个机会也不会怎么心痛，但现在老婆知道了，要是真放弃这个机会，不知道老婆还要怎么唠叨，所以大明自己给自己挖了个坑。有人"挖"，大明有点小得意，但很快这点小得意就给自己带来小麻烦。

好在也不急于做什么决定，能拖一天是一天吧，照常上班，但心里总像是搁着点东西，时不时就让大明有点不自在。

这天下午，大明开了半天会，回到座位上泡了壶普洱。普洱熟茶色泽红亮，香气氤氲，捧在手里暖暖的，喝一口热茶，肚子里热乎乎的，很配忙里偷闲的感觉。正享受这片刻闲暇，小白又端着电脑出现在面前。

小白　大明老师……

大明　咳，小姑娘捧个大电脑，老爷们儿捧一杯茶，不搭调不搭调，你要不要来杯茶？

小白　好啊好啊，老想喝你的茶了！不过现在没空，你得先帮我看看这个图……

大明　三句话不离图表，算不算职业病啊？

大明一边说，一边接过小白的电脑。

21.2　锚点分析

小白的电脑上有一个特别的图表，大明一下没看明白。

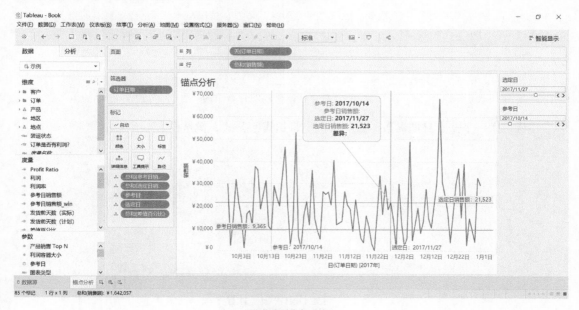

销售额锚点分析

大明 这是啥？每天的销售额曲线，横线是什么？

小白 哦，横线是参考线，是市场经理问我的，他说给定某一天的销售额作为参考值，然后选定另外一天，要计算这一天的销售额与参考日销售额差异的百分比。

大明 为什么要做这个计算呢？

小白 参考日是这个产品的广告投放日，他想要评估广告效果，所以要看选定日与广告日的差异。

大明 明白了，这是个典型的锚点计算问题，用于广告效果和生命周期评估的确比较合适，能够观察效果提升与衰减的过程。你的问题是什么呢？

小白 我算不出来啊！弄了半天，我写了一个计算字段，求参考日的销售额，这个倒是简单，用一个日期参数，然后写公式，像这样。

21

"参考日销售额"计算字段

我再做一个选定日期参数，做一个选定日销售额公式，像这样。

"选定日销售额"计算字段

其实这些都不难，问题是，我怎么也算不出来选定销售额和参考日销售额的百分比差异！你看我写的这个公式。

"差值百分比"计算字段

我在图上加了两条参考线，标记了参考日、选定日以及两个销售额，用注释来显示这些数值，以及百分比差异，然后问题就出在这里，注释里参考日销售额怎么是空的？而且百分比差异也没有！你瞧？

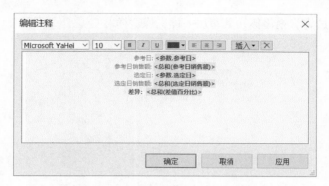

锚点分析注释

我本来想让市场经理自己拿计算器去算了，可是又觉得这样效率太低、方法太 low，被人家笑话，所以就思考怎么能在 Tableau 里实现计算。

大明 嗯，计算器太 low，业务部门都把咱们部门几个人当数据分析大师，不能给咱们丢脸。这个参考线加的好，整个图看着明白多了。你知道问题出在哪儿吗？

小白 不知道啊，琢磨半天了！感觉应该能实现计算吧……就不知道咋弄！

大明 呵呵，怀疑 Tableau 的计算能力之前，可以先怀疑一下自己……

小白 我这不是在怀疑自己嘛！否则找你来干嘛？

大明 哎，好吧。你知道参考线是什么原理吗？

小白 参考线是……是表计算。

大明 概念还是知道的嘛，为啥就不知道咋用呢？你瞧，两天参考线实际是表示了两个点的数据，为什么会变成直线呢？

小白 是啊……不是啊，谁知道参考线怎么算的！

大明 刚才还不是说表计算吗？你瞧，比如这样。

说着大明在电脑上写了两个公式。

"参考日销售额-改"计算字段

大明　还有一个选定日销售额，其写法一样，像这样。

"选定日销售额-改"计算字段

那么，差异百分比自然就要用这两个字段来计算了。

说着大明又写了差异百分比公式。

"差值百分比-改"计算字段

大明　然后把这几个字段放到 LOD 区域，再添加注释。注释有 3 种——标记、区域和点，知道它们有什么区别吗？

小白　哦，知道知道……

其实小白心里没底，并不是很清楚这 3 种注释的细致区别，又实在不好意思问，心里暗想大明千万别追问，回去再好好研究研究。

大明　在注释里插入这几个字段和文字说明……

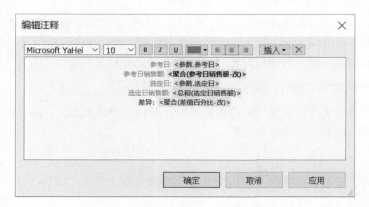

锚点分析：修改注释

像这样，大功告成。你看看。

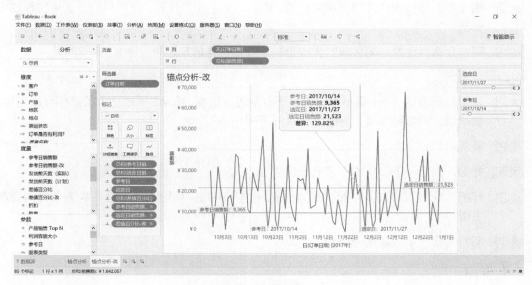

锚点分析：正确结果

小白 怎么问题到了你这，都能"三下五除二"就搞定了呢？有时候我都怀疑我的智商是不是有问题了……

小白真是有点无奈啊。

大明 你智商没问题，就是经验少了点儿，哈哈。

等等，你刚才说这个分析是干啥用来着？分析广告效果衰减周期对吗？但是"点对点"的对比似乎不是很合理啊？

21

小白　你这么一说……好像还真是有点，是不是……分析时间区间比较合理？比如说选定广告投放前的一段时间区间，取平均值作为参考数据，然后在广告投放日之后选择另一个时间区间，取均值与参考区间做对比，这样是不是更有意义？

大明　我说你智商没问题吧！瞧这问题想得很到位！

锚点区间对比分析的实现原理跟锚点对比分析是非常类似的，回头可以自己去试试，建议市场部门按照区间来进行分析。

小白　好嘞！

小白也挺高兴，又学了一招，又受启发，显得有点兴奋。

大明　别臭美哈小白，再给你出个题。

留作业是大明惯用的招数，来打击小白的兴奋感。

大明　刚才咱们是用表计算的方法实现的，你能不能不用表计算，换用别的方法来实现这个计算分析？

小白　啊？什么？还要一题多解？大明哥！不带你这样的！还留一手！

小白假装生气。

大明　我要是真想留一手，就不给你提示还有别的方法啦，哈哈！不过这次需要你自己实现出来，加油哦，我看好你哦，要不要提示一下呢……

小白　要提示！

大明　好吧，提示一下。LOD，或者数据混合。

小白　好吧，我研究研究。不过大明哥，跟你说个事儿，你给我保密哈！我下个月调到产品部去啦！

大明　啊？为啥？不做数据分析师了？

大明很惊讶地问。

小白　首先呢，我实习期满了，老板和我自己一致决定留在咱们公司继续工作！其次呢，我现在可以自由选择去哪个部门。不过最重要的是，我这半年学习用 Tableau 分析数据有点上瘾，所以我还做数据分析，我发现真的能从数据中发现一些特别有价值的东西。当我意识到数据分析能够为业务带来实实在在的收益的时候，我就不甘心只当一个数据分析师了，我要把这种业务价值兑现！所以我想到业务部门去，用数据分析解决业务问题，关键是要把业务行动的想法和建议付诸实践！

大明　原来这样啊！那太恭喜你了！

大明还想继续说下去，桌上的电话却响了，接起来却是部门经理。

大胡 大明你到我办公室来一下。

没等大明答应，电话就挂了。

21.3 柳暗花明

大明 大胡找我，回头再聊！

小白 好吧……

大明走向大胡的办公室，大胡一直这个风格，挂电话快，说话直接，时不时要喊大明过去讨论，大明也习惯了。这次大胡没说具体啥事儿，但大明还是习惯性地把笔记本电脑夹在胳膊下。

大明坐到大胡对面的小沙发上，没等大明问，大胡就开口了。

大胡 刚开完会，公司明年工作有一些调整，鉴于数据分析工作对各业务线的业务执行和决策都发挥了重要作用，公司决定把与数据相关的岗位职能归拢一下，建立数据战略部，由我负责，给了个新头衔儿叫作 CDO，首席数据官。数据分析部也要相应做一些调整，由你来任部门经理。

大明 欸……

这个太突然了，可是没等大明插上半句话，大胡就继续说下去。

大胡 总的来说这是个很创新的做法，目前还没有见到哪个企业在做类似的事情，所以具体的工作内容和程序还有待进一步梳理，但信息系统部门和数据分析部门都设在数据战略部下面，两个是平级部门。现在的数据分析部，也就是咱们现在的这个部门，也要调整一下职能，改成 CoE，卓越中心，数据分析的职能要逐渐从这一个部门转移到公司的各个业务部门中，让业务部门能够利用数据自己进行充分分析，挖掘业务潜力，实现最高限度的业务敏感和数据驱动。

所以 CoE 的职能平行或者向下看，是要培养业务部门的数据分析能力；向上看，是能做单个业务部门做不到的综合性分析，为公司的战略级业务决策提供专题分析，做真正的战略决策支持。这个重任要落到你的肩上了，年轻人。对于这一块东西……你有什么想法吗？

看大明的表情有点呆，似乎也感觉到自己这么一直说下去，有点不大对头，大胡停下来问大明。

大明 我……这个对我来说有点突然，我还没有考虑过……

大胡 嗯，没考虑过……也对，这不也刚跟你说这个事儿。不过 CoE 也是业界的一个新玩法，我从 Tableau 那里了解到，目前有一些企业也在尝试做 CoE，我们可以参考借鉴一下，但是总的来说能参考的不多，怎么定义职能，怎么工作开展，这些问题更多要靠我们自己。不过你不要担心，咱们公司的文化，是要创新而不是守旧，公司鼓励创新，鼓励尝试，允许犯错，你在公司工作一年了，对公司文化应该也很有体会了。

21

大明　是的，有体会。

大胡　不过事情还有另一个方面，我也给你交个底儿。你如果沿着数据分析师的路继续做下去，将来也可以做一个资深的数据科学家，一心研究你的数据；而当经理基本上就是另外一条发展路径了，更重要的职责是带队伍了。

大明　我也觉得是。

大胡　我们自己的员工在公司里面就应该有成长的空间，内部提拔永远都是我们的第一选择。所以，综合下来，尽管你欠缺管理上的经验，但你仍然是最佳人选。

大明知道大胡为人，绝不是给人恩惠，要"卖好"的那种人，给大明升职，跟大明说这些，也绝非让大明记他个人情。这一点，大明很清楚，一年多的共事，虽然是上下级，但素来没有隔阂，彼此都很了解。所以大明很感动，不知道该不该表示感谢。

大明　谢谢！

大胡　你不用谢我，你的未来是你自己创造出来的，而不是任何人施舍给你的。拿不准的事，可以来问我，我给你出出主意，但不会替你处理。

大明　好，我记下了。

大胡　对了大明，这段时间部门里几个同事成长很快，Tableau 的使用能力也提升得很快，你带的那个小白现在水平也很不错了，不过她想调到业务部门去，这样 CoE 这边人就少了一个。不过这个却是大趋势，未来真正的数据分析员都应该在业务部门，而不应该在所谓的数据分析部门里面。

大明　真正的数据分析员都应该在业务部门，我也这么认为。

大胡　后续你们几个要推广自助分析文化，大规模向业务部门用户培训 Tableau，你看你们能不能总结一份类似教材的资料？我希望业务部门用户也能够快速提升能力。

大明　啊哈，这个问巧了，我正在写一本书，从分析员的角度讲解 Tableau 的使用技能，产品使用技能是一方面，讲解分析思维也是重点。

大胡　哦？那太好了！书出来之后我也跟你学习学习！

大明　学习不敢当，请您指正，嘿嘿！

大胡　哦，对了，很快就会正式发邮件通知工作调整决定，公司年会上会按照新的组织架构部署工作，正式宣布之前你还需要暂时保密。

大明　了解。

走出大胡的办公室，阳光从落地窗里照进来，办公室四处摆放的绿植青葱翠绿。大明走下楼，他需要一杯咖啡，需要一小段安静的时间让自己兴奋的心平静下来。推开咖啡厅的玻璃门，暖意扑面而来，店里正在播放那首 Louris Armstrong 的 *What A Wonderful World*。